Bibliografische Information Der Deutschen Bibliothek

Die Deutsche Bibliothek verzeichnet diese Publikation in der Deutschen Nationalbibliografie; detaillierte bibliografische Daten sind im Internet über htttp://dnb.ddb.de abrufbar.

Fachbuchreihe Schweißtechnik

Band 155

ISBN 978-3-87155-994-5

Herstellung: D+L PRINTPARTNER GmbH, Bocholt

Mußmann

Aufgaben und Verantwortung einer Schweißaufsicht

Leitfaden für Werkstatt und Montage

Vorwort

„Übernehmen Sie mal die Schweißaufsicht in unserem Betrieb, Sie sind doch Schweißfachmann, Schweißfachingenieur!" so oder ähnlich wird recht oft an (junge) Schweißfachmänner und Schweißfachingenieure die Aufforderung an die Übernahme einer größeren Aufgabe gestellt. Der Betriebsinhaber und auch viele Vorgesetzte in metallverarbeitenden Schweißbetrieben sind sich der Tragweite der damit auch zu übernehmenden Verantwortung, die er seinem schweißtechnischen Nachwuchs aufbürdet, oft nicht bewusst. Mit dem Begriff Schweißaufsicht wird allzu oft nur die reine Schweißüberwachung in der Werkstatt und auf der Baustelle assoziiert. Doch mit der in Zertifikaten und Zuerkennungsschreiben benannten verantwortlichen Schweißaufsichtsperson wird damit weit mehr an Aufgaben und auch damit verbundener Verantwortung aufgebürdet, deren Tragweite sich oft keiner so recht bewusst ist.

Mit diesem Handbuch will der Autor einer angehenden Schweißaufsichtsperson, aber auch schon langjährigen betrieblichen Schweißaufsichtspersonen ihren Verantwortungsbereich näher erläutern und ihnen Tipps im beruflichen Alltag geben. Zu diesem Thema gilt die weltweit einheitliche Norm DIN EN ISO 14731 „Aufgaben und Verantwortung der Schweißaufsicht"; anhand dieser Norm wird die Komplexität und die Wechselwirkung der zu berücksichtigen Einzelaufgaben erläutert.

Dieses Buch soll die Unsicherheit vor der Übernahme der verantwortungsvollen Tätigkeit nehmen und motivieren, die Aufgabe als Schweißaufsichtsperson mit Sachverstand wahrzunehmen. Es ersetzt nicht die fundierten Kenntnisse der Inhalte der in diesem Buch angesprochenen Normen und Regelwerke, die bei den verschiedenen Tätigkeitsfeldern einer Schweißaufsichtsperson benötigt werden.

Der Autor bedankt sich ausdrücklich bei Rosemarie Karner aus dem Lektorat DVS Media für die effiziente und konstruktive Zusammenarbeit.

Meerbusch, Mai 2021 — Jochen Mußmann

Inhaltsverzeichnis

Vorwort

1 Einleitung

Was ist und macht eigentlich eine Schweißaufsicht?

Wer ist als Schweißaufsichtsperson geeignet?

Diese zwei grundlegenden Fragen sollen zu Beginn kurz schon einmal einleitend beantwortet werden. Der Leser wird nach Ende Lektüre dieses Buches wissen, dass die Tätigkeit einer Schweißaufsicht eine sehr komplexe Tätigkeit ist und mehr bedeutet als sich aus der reinen Begrifflichkeit landläufig vermuten lässt.

Man wird bzw. ist Schweißaufsicht durch die Bestellung durch den Firmeninhaber oder den Geschäftsführer. Durch die Vielzahl von Tätigkeiten, die in einem Schweißbetrieb anfallen, von Vertriebsaktivitäten, Entwurfsberatung, Auftragsabwicklung hin zu allen kaufmännischen Abläufen, wäre eine Einzelperson oft überfordert. Also wird vielfach für jede „Stabstelle" vom Firmeninhaber eine Person bestellt, die in seinem Sinne für diese Arbeiten verantwortlich ist und zur Ausübung dieser Tätigkeiten auch Weisungsrechte bekommt. So wie es für das Betriebspersonal einen Personalchef gibt, für die Beschaffung den Einkaufschef usw., so gibt es auch eine für das Schweißen verantwortliche Person, die Schweißaufsichtsperson. Die Schweißaufsicht soll bei ihrer Stellung im Betrieb unabhängig und frei von Weisungen sein. Das heißt sie soll unabhängig von einem möglichen Fertigungsdruck frei nach Qualitätsanforderungen entscheiden und weisen können. Die Schweißaufsicht, die die nachfolgend beschriebenen Aufgaben verantwortlich übernimmt, ist als Stabstelle in einem Unternehmen zu verankern.

Einfach beantwortet, ohne auf die in diesem Buch beschriebenen Aufgaben jetzt schon einzugehen, heißt Schweißaufsicht sein, verantwortlich zu sein für alle mit dem Schweißen verbundenen Tätigkeiten. Hierzu zählen nicht nur die Überwachung der Schweißer in der Werkstatt oder auf der Baustelle sowie die Schlusskontrolle der fertig gestellten Nähte. Es beginnt schon bei der Planung, der Materialauswahl, der Festlegung der Schweißverfahren, der Bestimmung der Fugenform, Bestimmung des geeigneten Schweißzusatzes und der Hilfsstoffe; geht dann über in die bekannte Fertigungsüberwachung beim Schweißen und endet mit der Abnahme der geschweißten Nähte einschließlich der Dokumentation. Die Schweißaufsicht, oder wie es richtig heißt, die Schweißaufsichtsperson, soll alle diese Aktivitäten planen, überwachen und überprüfen.

Insofern wäre der englische Titel der internationalen Norm ISO 14731 „Welding coordination – Tasks and reponsibilities" eigentlich in der deutschen Ausgabe DIN EN ISO 14731 mit „Schweißaufsicht – Aufgaben und Verantwortlichkeiten" besser übersetzt. Denn wie später hier noch gezeigt wird, kann die Tätigkeit der Schweißaufsicht auch auf mehrere Personen mit unterschiedlichen Tätigkeitsgebieten verteilt werden, wodurch sich dann auch mehrere Verantwortlichkeiten ergeben.

Wer wäre denn als Schweißaufsicht für einen metallverarbeitenden Betrieb geeignet? Wenn eine Person die Verantwortung für die spezielle Tätigkeit des Schweißens, erhält, muss sie sich auch in diesem Gebiet besonders gut auskennen und fundierte Kenntnisse besitzen.

Sie soll schließlich das Schweißen planen, überwachen, ggf. korrigierend eingreifen und am Ende bewerten, ob die Schweißkonstruktion den meist in Normen gestellten Anforderungen genügt. Dazu muss die Schweißaufsichtsperson Kenntnisse vom Produkt selbst haben (Tragwerksbauten, Rohrleitungen, Schienenfahrzeugen), das Verhalten der Stähle oder der Nichteisenmetalle kennen, besonders mit den anzuwendenden Schweißverfahren mit ihren Möglichkeiten und Grenzen vertraut sein und vieles mehr. Dieses Wissen kann durch theoretische und praktische Lehrgänge, aber auch durch Erfahrung erworben werden.

Im Zuge der Gleichberechtigung wird auch gerne aus jedem Wort ein männlicher und ein weiblicher Begriff gebildet. Der Begriff „Schweißaufsicht" ist ein semantisches Nullmorphem, d. h. ein geschlechtsneutraler Begriff. Man versteht darunter laut Norm die „Koordination von Herstellungsprozessen für alle schweißtechnischen und mit dem Schweißen verbundenen Tätigkeiten". Die Person, die kompetent und verantwortlich ist, eben diese Schweißaufsicht durchzuführen, ist das Schweißaufsichtspersonal. Umgangssprachlich hat sich dafür aber der Begriff „Schweißaufsicht" eingeprägt.

Das Internationale Institut für Schweißtechnik (IIW) hat auf freiwilliger Basis Empfehlungen für die Mindestanforderungen für die Ausbildung, Prüfung und Zertifizierung des Schweißaufsichtspersonals erstellt. In der DVS®-IIW/EWF-Richtlinie 1170 sind die Anforderungen an die Qualifizierung von Schweißaufsichtspersonen detailliert beschrieben. In Deutschland werden diese Inhalte zu den Anforderungen in Lehrgängen des DVS vermittelt.

Je nach Voraussetzung hinsichtlich der beruflichen Vorbildung der Person und nach Umfang des Lehrgangsstoffes bilden dann die Abschlüsse:

- Internationaler Schweißfachingenieur,
- Internationaler Schweißtechniker,
- Internationaler Schweißfachmann

die Basis, ob die Person als Schweißaufsicht für alle Aufgaben und Verantwortlichkeiten der schweißtechnischen Herstellung vorgesehen werden kann oder ob sie nur Teilbereiche aus dem gesamten Spektrum später wahrnimmt und als unterstützende Schweißaufsichtsperson im Unternehmen tätig wird.

Bei Schweißaufsichtspersonal, welches durch Prüfung nachgewiesen hat, die Anforderungen obiger Richtlinie zu erfüllen und damit über ausreichende Kenntnis des dort beschriebenen Lehrgangsstoffes verfügt, kann davon ausgegangen werden, dass die entsprechenden Anforderungen erfüllt sind.

Die Forderung nach einer Schweißaufsichtsperson ist heute in vielen Produktnormen und Anwendungsregelwerken zu finden. Die Qualifizierung von Schweißaufsichtspersonen spielt in Deutschland eine wichtige Rolle, da sie in zahlreichen Unternehmensbereichen eine Voraussetzung für die Zulassungen zum Schweißen im geregelten Bereich ist. In folgenden Produktnormen und Vorschriften werden beispielsweise Schweißaufsichtspersonen vorausgesetzt:

- DIN EN ISO 3834 Qualitätsanforderungen für das Schmelzschweißen von metallischen Werkstoffen
- DIN EN 1090-2 Ausführung von Stahltragwerken und Aluminiumtragwerken - Teil 2: Technische Regeln für die Ausführung von Stahltragwerken
- DIN EN 1090-3 Ausführung von Stahltragwerken und Aluminiumtragwerken - Teil 3: Technische Regeln für die Ausführung von Aluminiumtragwerken
- RIL 804 Eisenbahnbrücken (und sonstige Ingenieurbauwerke) planen, bauen und instand halten
- DB-Richtlinie 951.0010 Schweißtechnische Bauweisenprüfung durch die DB AG
- DIN 27201-6 Zustand der Eisenbahnfahrzeuge und Fertigungstechnologien – Schweißen
- DIN EN 15085-2 Bahnanwendungen – Schweißen von Schienenfahrzeugen und -fahrzeugteilen – Teil 2: Anforderungen an Schweißbetriebe
- AD 2000-Regelwerk Herstellung und Prüfung von Druckbehältern, Merkblatt HP 3 „Schweißaufsicht, Schweißer"
- DVGW GW 301 Verfahren für die Ertellung der DVGW Bescheinigung für Rohrleitungsbauunternehmer
- DVGW GW 350 Schweißverbindungen an Rohrleitungen aus Stahl in der Gas- und Wasserversorgung – Herstellung, Prüfung und Bewertung
- Richtlinie DVS 2715-1 Aufsichtspersonen / Fachverantwortliche für das Schweißen, Löten, thermische Spritzen im Luft- und Raumfahrtbau
- DIN 2303 Schweißen und verwandte Prozesse – Qualitätsanforderungen an Herstell- und Instandsetzungsbetriebe für wehrtechnische Produkte

Zu den Aufgaben einer Schweißaufsicht auf Basis von DIN EN ISO 14731 werden in den Kapitel 6.1 bis 6.20 zahlreiche Beispiele aus Produktnormen gegeben.

Im bauaufsichtlichen Bereich ist in Deutschland der Übergang von nationalen Normen auf europäische Normen erfolgt. Die DIN 18800-7:2008-11 für die Ausführung von Stahlbauten und die Herstellerqualifikation wurde vor Jahren durch die europäische Normenreihe DIN EN 1090 ersetzt.

DIN EN 1090 besteht derzeit aus drei Teilen:

- DIN EN 1090 Teil 1: 2012-02 Ausführung von Stahltragwerken und Aluminiumtragwerken – Teil 1: Konformitätsnachweisverfahren für tragende Bauteile
- DIN EN 1090 Teil 2: 2018-09 Ausführung von Stahltragwerken und Aluminiumtragwerken – Teil 2: Technische Ausführung von Stahltragwerken
- DIN EN 1090 Teil 3: 2019-07 Ausführung von Stahltragwerken und Aluminiumtragwerken – Teil 3: Technische Ausführung von Aluminiumtragwerken.

Stahlbauten und Aluminiumkonstruktionen, die exportiert werden, mussten in vielen europäischen Ländern bereits im Jahre 2010 nach der Normenreihe DIN EN 1090 gefertigt werden.

Am 17.12.2010 ist die EN 1090-1 im Amtsblatt der Europäischen Union veröffentlicht worden. Damit wurde die Grundlage geschaffen, um die Normenreihe DIN EN 1090 in Deutschland bauaufsichtlich einzuführen und die Stellen, die beim DIBt einen Antrag gestellt haben, als Überwachungs- bzw. Zertifizierungsstellen nach DIN EN 1090-1 zu notifizieren. In Deutschland sind die Norm DIN EN 1090-2 und -3 in der Muster-Liste der Technischen Baubestimmungen (MLTB) im Abschnitt 2.4 „Metall- und Verbundbau" gelistet und erfüllen so die EU-Bauproduktеverordnung EU 305/2011 als harmonisierte europäische Norm. Die deutsche Verwaltungsvorschrift Technische Bedingungen (VVTB) ist Januar 2019 erschienen.

2 Historische Entwicklung

In Deutschland waren die Tätigkeiten und Verantwortlichkeiten der Schweißaufsicht in DIN 8563 Teil 2 aus dem Jahr 1964 bzw. 1978 bereits mit grundsätzlichen Anforderungen beschrieben. Mit dieser Norm wurden erstmals für alle Anwendungsbereiche geltende Aufgaben und Zuständigkeiten festgelegt. DIN 8563 fand dann auch Eingang und Berücksichtigung in vielen Anwendungsnormen und anderen Regelwerken für den Stahl-, Brücken-, Dampfkessel-, Behälter-, Rohrleitungs-, Schienenfahrzeug- und Schiffsbau.

Unter dem Titel „Sicherung der Güte von Schweißarbeiten – Anforderungen an den Betrieb" wurden bestimmte Mindestanforderungen an die technische und personelle Ausstattung eines Betriebes für die Durchführung von Schweißarbeiten gestellt. Hinsichtlich der Schweißaufsicht wurde gefordert, dass sie über eine dem Aufgabengebiet entsprechende Ausbildung, verbunden mit Fertigungserfahrung auf dem im Betrieb angewendeten Gebiet der Schweißtechnik, verfügen sollte. Bereits hier konnte die Schweißaufsicht von mehreren Personen wahrgenommen werden, jedoch war der Arbeits- und Verantwortungsbereich für jede Schweißaufsichtsperson festzulegen. Diese Norm war noch sehr von den am Fertigungsablauf orientierten Aufgaben geprägt. Die dort genannten Aufgaben umfassten:

a) Einhalten der auf den Fertigungsunterlagen gemachten Angaben, z. B. Nahtvorbereitung, Schweißfolge, Schweißverfahren, Nahtausführung;
b) Einsatz der Schweißer oder Fachkräfte und Überwachung ihrer Arbeit;
c) Einsatz einwandfreier Grundwerkstoffe, Schweißzusätze und Hilfsstoffe;
d) Einsatz einwandfreier und geeigneter Schweißgeräte, -anlagen und -vorrichtungen;
e) die schweißtechnische Beratung der Konstrukteure und Angehörigen anderer Betriebsstellen;
f) die Wahl geeigneter Grundwerkstoffe sowie geeigneter Schweißzusätze und Hilfsstoffe und des Schweißverfahrens sowie die Abstimmung aufeinander;
g) die Lagerung der Schweißzusätze und Hilfsstoffe;
h) die Auswahl einwandfreier und geeigneter Schweißgeräte, -anlagen und -vorrichtungen;
i) die Durchführung der Nahtvorbereitung;
j) die betriebliche Ausbildung und Prüfung des Schweißpersonals;
k) gegebenenfalls Festlegung des Prüfumfanges, Durchführung der Schweißnahtprüfung, z. B. Sicht- und Maßkontrolle, zerstörungsfreie bzw. zerstörende Prüfung;
l) Festlegung und Überwachung der Schweißparameter bei mechanisierten und automatischen Schweißanlagen.

Bei diesen Aufgaben war es möglich, die Punkte e) bis l) auch in den Verantwortungsbereich anderer fachkundiger Personen des Betriebes zu verlegen. Auch mit dieser Norm bestand schon die Verpflichtung, bei Nichteinhalten der geforderten Schweißnahtgüte, die notwendigen Maßnahmen zu veranlassen.

Als Personen mit ausreichenden Kenntnissen und Erfahrungen kamen Schweißfachingenieure, Schweißtechniker und Schweißfachmänner in Betracht. Ergänzt wurde dies durch die Gruppe anderer Schweißaufsichtspersonen, die zwar nicht die Ausbildung der drei erstgenannten besaßen, die jedoch aufgrund vergleichbarer schweißtechnischer Kenntnisse und Erfahrungen als Schweißaufsichtsperson geeignet sind (z. B. Handwerks- oder Industriemeister).

Im Jahre 1994 wurde die deutsche Norm DIN 8563 Teil 2 durch die neu geschaffenen europäische Norm EN 719 abgelöst. In Deutschland galt damit dann die DIN EN 719. Der Aufbau und die Inhalte sind im nachfolgenden Kapitel 3 beschrieben.

Im Dezember 2006 löste die heute bekannte Norm DIN EN ISO 14731 als weltweit gültiges Dokument die europäische EN 719 bzw. die deutsche Fassung DIN EN 719 ab. Eine Kurzübersicht ist im Kapitel 4 beschrieben. Im Abschnitt 5 sind die Veränderungen von DIN EN ISO 14731 gegenüber DIN EN 719 dargestellt.

In der Neuausgabe von DIN EN ISO 14731 im Juli 2019 wurde der Anhang A gestrichen. Gründe waren, dass Verweise auf Ausbildungsregeln nach Verbänden (wie IIW) in Normen nach CEN-CENELEC-Guide 31 (Competition law for participants in CEN-CENELEC activities; Edition 1, 2015-12) nicht zulässig sind. Somit entfallen die Verweise auf die IAB-252 (Richtlinie DVS 1170) geben und damit auf die gewohnten Begriffe wie Schweißfachmann, Schweißtechniker und Schweißfachingenieur. Diese Qualifikationsstufen wurden durch die Kompetenzlevels ersetzt.

3 Europäische Norm DIN EN 719

DIN EN 719, die seit 1994 als Leitfaden für die Aufgabenstellung und Abgrenzung einer Schweißaufsicht diente, listete die zu beachtenden schweißtechnischen Tätigkeiten in 10 Punkten auf, welche sich beim Ablauf der Schweißarbeiten in einem Betrieb ergaben. Gegenüber DIN 8563 Teil 2 wurden hier in ausführlicheren Beschreibungen die Aufgaben und Verantwortlichkeiten für Schweißaufsichtspersonen geregelt. Die Gliederung in Personen mit umfassenden technischen Kenntnissen im Sinne eines Schweißfachingenieurs, mit speziellen technischen Kenntnissen eines Schweißtechnikers sowie mit technischen Basiskenntnissen im Sinne eines Schweißfachmannes, wurde beibehalten. Der Gedanke der Trennung zwischen Aufgaben und Verantwortung wurde deutlicher herausgearbeitet. Die Norm enthielt eine Tabelle, welche in 10 Punkten die zu beachtenden schweißtechnischen Tätigkeiten, soweit diese zutreffend waren, beschrieb. Ausdrücklich sprach die Norm dabei von einem Leitfaden, der für die Festlegung der qualitätsbezogenen Aufgaben und Verantwortungen des Schweißaufsichtspersonals herangezogen werden konnte. Dabei konnte auf einzelne dieser Punkte verzichtet werden, wenn diese nicht für die Tätigkeiten einer Schweißaufsicht zutreffend waren.

Zu diesem Themenkomplex bot die Tabelle in dieser Norm ergänzende Stichworte, welche der Schweißaufsichtsperson Hinweise auf zu überwachende Einzeltätigkeiten lieferten. Diese Tabelle kam bereits einer Checkliste zur Auftragsabwicklung sehr nahe.

Der Aufbau dieser Tabelle 1 aus der DIN EN 719 gab auch den Charakter der im Jahre 1994 erstmalig in Deutschland veröffentlichten DIN EN ISO 9001 wieder. In der Ausgabe ISO 9001:1994 wurde ein Qualitätsmanagementsystem anhand von 20 Einzelbausteinen beschrieben. Der chronologische Ablauf in der Tabelle spiegelte auch die Reihenfolge der Tätigkeiten beim Schweißen wider, in der ein Produkt gefertigt wird. DIN 8563 Teil 2 berücksichtigte allein die Kriterien zur Erfüllung der Qualitätssicherung beim Schweißen, DIN EN 719 setzte darüber hinaus das Gedankengut eines Qualitätsmanagements in der Schweißtechnik um.

Gegenüber der nationalen DIN 8563 Teil 2 wurde mit der europäischen DIN EN 719 die Zuordnung zwischen Aufgaben und Verantwortlichkeiten wesentlich deutlicher beschrieben. Wenn mehrere Schweißaufsichtspersonen tätig waren, sollten die Aufgaben und die Verantwortung für jede Person beschrieben sein.

Ein informativer Anhang A enthielt Empfehlungen für technische Kenntnisse mit Ausbildungen nach den Richtlinien des Europäischen Verbands für Schweißtechnik (EWF). Diese beinhalten die Ausbildung, Prüfung und Zertifizierung von europäischen Schweißfachingenieuren, Schweißtechnikern und Schweißfachmännern. Bei eingesetztem Personal mit diesen Qualifikationen konnte stets davon ausgegangen werden, dass die Anforderungen nach umfassenden technischen Kenntnissen (Schweißfachingenieuren), speziellen technischen Kenntnissen (Schweißtechniker) und technischen Basiskenntnissen (Schweißfachmänner) erfüllt waren.

4 Internationale Norm DIN EN ISO 14731

In der Einleitung zu dieser Norm wird indirekt Bezug auf DIN EN ISO 9001 genommen: „Schweißen ist ein spezieller Prozess, für den eine Abstimmung der schweißtechnischen Tätigkeiten erforderlich ist, um Vertrauen in die schweißtechnische Fertigung und in die zuverlässige Funktion im Betrieb sicherzustellen. Die Aufgaben und Verantwortung des Personals, das die mit der Schweißtechnik verbundenen Tätigkeiten beeinflusst, z. B. Planung, Ausführung, Überwachung und Überprüfung, sind eindeutig festzulegen.“ DIN EN ISO 14731 legt dazu die qualitätsbezogene Verantwortung und die Aufgaben einschließlich der Koordinierung der schweißtechnischen Tätigkeiten fest.

Neu aufgenommen wurde die Definition des Begriffes „Schweißaufsicht“. Hierunter ist die Koordinierung von Herstellungsprozessen für alle schweißtechnischen und mit dem Schweißen verbundenen Tätigkeiten zu verstehen. Der Begriff des „Schweißaufsichtspersonals“ wurde kürzer und prägnanter definiert als die Person, die verantwortlich und kompetent ist, die Schweißaufsicht auszuüben.

Der normative Anhang B ist als Leitfaden für die Festlegung der qualitätsbezogenen Aufgaben und der Verantwortung des Schweißaufsichtspersonals zu verwenden. Dieser Katalog darf für besondere Anwendungen ergänzt werden. Es ist jedoch nicht notwendig, dass für alle

Hersteller oder für alle Anforderungen an die Qualitätssysteme sämtliche dort aufgeführten Punkte angewendet werden. Daher wird empfohlen, daraus eine geeignete Auswahl zu treffen, wenn beispielsweise einige Tätigkeiten nicht zum Tragen kommen, unter anderem, wenn z. B. keine zerstörende oder zerstörungsfreie Prüfung gefordert ist. Die einzelnen Tätigkeiten, die beim Schweißen zu berücksichtigen sind, sind dabei identisch mit denen der Normreihe DIN EN ISO 3834.

Unverändert und eindeutig ist die Bestimmung, dass bei Ausübung der Schweißaufsicht durch mehrere Personen die Aufgaben und die Verantwortung für jede Person festzuschreiben sind.

Neu ist nach DIN EN ISO 14731 die ausdrückliche Zulässigkeit der Untervergabe der Schweißaufsichtstätigkeit. Die Einhaltung des Inhaltes der Norm bleibt jedoch weiterhin in Verantwortung des Herstellers, für den die unterbeauftragte Schweißaufsichtsperson dann tätig ist.

Unverändert ist im Abschnitt „Arbeitsbeschreibung" die Darstellung der Aufgaben und der Verantwortung geblieben. Bei den Aufgaben einer Schweißaufsicht wird auf den oben erwähnten normativen Anhang B der Norm verwiesen. Im Falle der Verantwortung wird eine Festlegung der Verantwortung mit Stellung der Schweißaufsichtsperson in der Hierarchie der Herstellerorganisation gefordert, sowie eine Festlegung des Umfanges der Befugnisse, z. B. Berechtigung zur Unterzeichnung von Dokumenten. Hierzu zählt auch die Berechtigung zum Sperren von Schweißpersonal beim Einsatz als Schweißer im Falle mangelhafter Handfertigkeit.

Als verantwortliches Schweißaufsichtspersonal kommt unverändert Personal mit umfassenden technischen Kenntnissen, speziellen technischen Kenntnissen und technischen Basiskenntnissen zum Einsatz. Zwischenzeitlich sind die Richtlinien für die Ausbildung, Prüfung und Zertifizierung des Schweißaufsichtspersonals des Europäischen Verbands für Schweißtechnik (EWF) vom Internationalen Institut für Schweißtechnik (IIW) „übernommen" worden. Die Mindestanforderungen an die Ausbildung, Prüfung und Qualifizierung von Schweißaufsichtspersonen wie

- Internationaler Schweißfachingenieur (SFI) [International Welding Engineer (IWE)],
- Internationaler Schweißtechniker (ST) [International Welding Technologist (IWT)],
- Internationaler Schweißfachmann (SFM) [International Welding Specialist (IWS)] und
- Internationaler Schweißpraktiker (SP) [International Welding Practitioner (IWP)]

sind in der Richtlinie DVS®-IIW/EWF 1170 niedergelegt.

Den hilfreichen informativen Anhang A in DIN EN ISO 14731 Ausgabe 2006, gibt es in der Neuausgabe nicht mehr. In der Ausgabe 2006 wie auch in DIN EN 719 lieferte dieser Anhang A Empfehlungen für die technischen Kenntnisse beim Schweißen und informiert darüber, dass Schweißaufsichtspersonal, welches anerkannte Qualifikationen nach den Richtlinien des IIW besitzt, die Anforderungen für eine Schweißaufsicht erfüllt. Dies sind analog zur DIN EN 719 solche mit umfassenden technischen Kenntnissen (Internationaler Schweißfachingenieur), mit speziellen technischen Kenntnissen (Internationaler Schweißtechniker) und mit technischen Basiskenntnissen (Internationaler Schweißfachmann).

Die nach DIN EN 719 in einer Tabelle zu beachtenden schweißtechnischen Tätigkeiten wurden in DIN EN ISO 14731 in einen normativen Anhang verlegt. Normativ bedeutet, dass die hier beschriebenen Aufgaben zwingend zur Wahrnehmung einer Schweißaufsicht gehören.

Normative Anhänge in Normen enthalten zu den Festlegungen des Hauptdokumentes ergänzende Festlegungen. Sie stellen ein gegebenenfalls erforderliches Element dar.

Informative Anhänge dagegen enthalten zusätzliche Informationen zur Erleichterung des Verstehens oder der Anwendbarkeit eines Dokuments; sie dürfen bis auf die Ausnahmen wie alternative Anforderungen (z. B. ein alternatives Prüfverfahren) keine Festlegungen enthalten. Sie stellen ein gegebenenfalls erforderliches Element dar.

Tabelle 4-1. Anhang B (normativ) von DIN EN ISO 14731 - Wesentliche mit dem Schweißen verbundene Aufgaben nach DIN EN ISO 3834, die zu berücksichtigen sind, sofern zutreffend.

1	Überprüfung der Anforderungen a) die anzuwendende Produktnorm zusammen mit etwaigen ergänzenden Anforderungen b) die Fähigkeit des Herstellers, die vorgeschriebenen Anforderungen zu erfüllen
2	Technische Überprüfung a) Festlegung der/s Grundwerkstoffe(s) und der Eigenschaften der Schweißverbindung b) Lage der Verbindung in Übereinstimmung mit den Konstruktionsanforderungen c) Qualitäts- und Annahmeanforderungen für Schweißnähte d) Lage, Zugänglichkeit und Schweißfolge, einschließlich der Zugänglichkeit für Überprüfung und zerstörungsfreie Prüfung e) andere schweißtechnische Anforderungen, z. B. Losprüfung von Schweißzusätzen, Ferritgehalt des Schweißgutes, Aushärten, Wasserstoffgehalt, bleibende Badsicherung, Hämmern, Oberflächenbearbeitung, Schweißprofil f) Abmessungen und Einzelheiten der Nahtvorbereitung und der fertigen Schweißnaht
3	Untervergabe Eignung eines Unterlieferanten für die schweißtechnische Fertigung
4	Schweißtechnisches Personal Qualifizierung der Schweißer und Bediener, Qualifizierung der Hartlöter und Bediener
5	Einrichtungen a) Eignung der Schweiß- und Zusatzeinrichtungen b) Bereitstellung, Kennzeichnung und Handhabung von Hilfsmitteln und Einrichtungen c) persönliche Arbeitsschutz- und sonstige Sicherheitseinrichtungen, die in unmittelbarem Zusammenhang mit dem angewendeten Fertigungsprozess stehen d) Instandhaltung der Einrichtungen e) Verifizierung und Validierung der Einrichtungen
6	Fertigungsplanung a) Bezug auf geeignete Verfahrensanweisungen für das Schweißen und für verwandte Prozesse b) Reihenfolge, in der die Schweißnähte auszuführen sind c) Umgebungseinflüsse (z. B. Schutz vor Wind, Temperatureinfluss und Regen) d) Benennung von qualifiziertem Personal e) Einrichtungen zum Vorwärmen und zur Wärmenachbehandlung einschließlich Temperaturanzeige

7	<u>Qualifizierung von Schweißverfahren</u> Methode und Geltungsbereich
8	<u>Schweißanweisungen</u> Methode und Geltungsbereich
9	<u>Arbeitsanweisungen</u> Ausstellung und Anwendung von Arbeitsanweisungen
10	<u>Schweißzusätze</u> a) Eignung b) Lieferbedingungen c) etwaige Zusatzanforderungen für die Lieferbedingungen der Schweißzusätze, einschließlich der Art des Zeugnisses d) Lagerung und Handhabung der Schweißzusätze
11	<u>Werkstoffe</u> a) etwaige Zusatzanforderungen für die Lieferbedingungen der Werkstoffe, einschließlich der Art des Werkstoffzeugnisses b) Lagerung und Handhabung des Grundwerkstoffes c) Rückverfolgbarkeit
12	<u>Überwachung und Prüfung vor dem Schweißen</u> a) Eignung und Gültigkeit der Schweißerprüfungsbescheinigungen b) Eignung der Schweißanweisungen c) Kennzeichnung der Grundwerkstoffe d) Kennzeichnung der Schweißzusätze e) Schweißnahtvorbereitung (z. B. Form und Maße) f) Zusammenbauen, Spannen und Heften g) etwaige besondere Anforderungen in der Schweißanweisung (z. B. Vermeiden von Verzug) h) Vorkehrungen für etwaige Arbeitsprüfungen i) Eignung der Arbeitsbedingungen für das Schweißen, einschließlich der Umgebungsbedingungen
13	<u>Überwachung und Prüfung während des Schweißens</u> a) wesentliche Schweißparameter (z. B. Schweißstrom, Lichtbogenspannung, Schweißgeschwindigkeit) b) Vorwärm-/Zwischenlagentemperatur c) Reinigung und Form der Raupen und Lagen des Schweißgutes d) Ausarbeiten der Wurzel e) Schweißfolge f) richtiger Gebrauch und Handhabung der Schweißzusätze g) Kontrolle des Verzuges h) etwaige Zwischenprüfungen (z. B. Maßkontrollen)
14	<u>Überwachung und Prüfung nach dem Schweißen</u> a) durch Sichtprüfungen (Vollständigkeit der Schweißung, Größe der Schweißnaht, Form) b) durch zerstörungsfreie Prüfungen c) durch zerstörende Prüfungen d) Form, Gestalt, Toleranzen und Maße des Bauteils e) Ergebnisse und Berichte über die Behandlungen nach dem Schweißen (z. B. Wärmenachbehandlung, Aushärten)
15	<u>Wärmenachbehandlung nach dem Schweißen</u> Ausführung entsprechend den Vorgaben

16	Mangelnde Übereinstimmung und Korrekturmaßnahmen erforderliche Maßnahmen und Tätigkeiten (Schweißnahtreparaturen, Nachbewertung der reparierten Schweißnähte, Korrekturmaßnahmen)
17	Kalibrierung und Validierung von Mess-, Überwachungs- und Prüfeinrichtungen erforderliche Methoden und Tätigkeiten
18	Kennzeichnung und Rückverfolgbarkeit a) Kennzeichnung von Fertigungsplänen b) Kennzeichnung von Begleitkarten c) Kennzeichnung der Lage der Schweißnähte im Bauteil d) Kennzeichnung der Verfahren für zerstörungsfreie Prüfungen und des Personals e) Kennzeichnung der Schweißzusätze (z. B. Bezeichnung, Markenname, Hersteller der Schweißzusätze und Los- oder Schmelzenummern) f) Kennzeichnung und/oder Rückverfolgbarkeit des Grundwerkstoffes (z. B. Typ, Schmelzenummer) g) Kennzeichnung der Lage von Reparaturen h) Kennzeichnung der Lage von Zusammenbauhilfen i) Rückverfolgbarkeit von vollmechanischen und automatischen Schweißgeräten zu speziellen Schweißnähten j) Rückverfolgbarkeit der Schweißer und Bediener zu speziellen Schweißnähten k) Rückverfolgbarkeit von Schweißanweisungen zu speziellen Schweißnähten
19	Qualitätsberichte Erstellung und Aufbewahrung der erforderlichen Berichte (einschließlich untervergebener Tätigkeiten)
20	Umwelt, Gesundheit und Sicherheit Hinsichtlich der Umwelt-, Gesundheits- und Sicherheitsaspekte müssen alle einschlägigen Regeln und Vorschriften berücksichtigt werden.

Auf die Änderungen in der Ausgabe 2019 im Vergleich zur Ausgabe 2006 wird im Kapitel 7.1.2 detailliert eingegangen.

5 Änderungen in DIN EN ISO 14731 gegenüber DIN EN 719

Im Folgenden werden die wesentlichen Änderungen oder auch Umstellungen in DIN EN ISO 14731:2006-12 gegenüber DIN EN 719:1994-08 kurz beschrieben. Im Wesentlichen sind hier früher sehr verständliche Bezeichnungen durch neutralere Begriffe ersetzt worden, was die Verständlichkeit nicht gerade fördert. Da auch die aktuelle Ausgabe von DIN EN ISO 14731:2019-07 diese Begriffe weiterhin benutzt, soll dies hier kurz erläutert werden.

Aus der ehemaligen „Vertragsüberprüfung“ wurde vom Titel her „Überprüfung der Anforderungen“. Ergänzt wurde, dass vor Auftragsunterzeichnung die anzuwendende Produktnorm z. B. DIN EN 13480 „Metallische Industrielle Rohrleitungen“ auf Erfüllbarkeit zu überprüfen ist. Hier geht es um die Überprüfung auf Erfüllbarkeit von generellen Forderungen aus den im Vertrag herangezogenen Produktnormen. Dieser Merkposten war früher unter „Konstruktionsüberprüfung“ aufgeführt.

Aus „Konstruktionsüberprüfung“ wurde die „Technische Überprüfung“. An dieser Stelle wurde die Festlegung der zu verschweißenden Grundwerkstoffe sowie die Bewertung der Eigenschaften der späteren Schweißverbindung aus dem ehemaligen Abschnitt „Grundwerkstoff“ aufgenommen. Im Vorfeld soll somit geklärt werden, ob die geplanten Werkstoffe sich auch für eine Schweißverbindung eignen. Hier ist auch die Überprüfung von zusätzlichen vertraglich festgeschriebenen Forderungen, wie Losprüfung von Schweißzusätzen, Nachbehandlungen, geregelt.

Die „Untervergabe“ wurde präzisiert auf die schweißtechnische Fertigung.

„Schweißtechnisches Personal“ wurde ein eigenständiger Aufgabenpunkt, der früher unter Ziffer 1.7.2 „Schweißen“ behandelt worden war. Er wurde erweitert um Bediener und Hartlöter.

„Einrichtungen“ wurden inhaltlich ergänzt um die Instandhaltung, Verifizierung und Validierung der verwendeten Einrichtungen. Damit wird dem Qualitätsmanagement-Prinzip auch bei den Aufgaben Rechnung getragen. Auch die Einleitung von Reparaturmaßnahmen fällt künftig in das Aufgabengebiet der Schweißaufsichtsperson. Mit Verifizierung und Validierung ist gemeint, dass zum Schweißen vorgesehene Einrichtungen auch für die Anforderungen nach Normen und laut Vertrag spezifizierten Arbeiten geeignet sein müssen. Dies soll im Vorfeld überprüft werden.

Aus der „Herstellungsplanung“ wurde jetzt „Fertigungsplanung“. Die darin enthaltenen Merkposten „Schweißanweisung“ und „Anerkennung des Schweißverfahrens“ wurden in die neuen Aufgaben „Qualifizierung von Schweißverfahren“, „Schweißanweisungen“ und „Arbeitsanweisungen“ überführt.

„Schweißzusätze“ wurde aus dem Bereich „Werkstoffe“ herausgezogen, blieb jedoch inhaltlich unverändert.

Das Merkmal „Werkstoffe", früher „Grundwerkstoffe", blieb nahezu unterverändert. Die Schweißeignung wurde, wie erwähnt, in Ziffer 2 „Technische Überprüfung" einbezogen.

Die „Schweißtechnischen Vorgänge" (vorbereitende Tätigkeiten und das Schweißen) wurden in die Merkmale „Überwachung und Prüfung vor dem Schweißen" bzw. „Überwachung und Prüfung während des Schweißens" überführt. Hier werden jetzt die Merkmale kurz überprüft, die in den oben genannten Merkmalen umfangreich zu berücksichtigen waren. Die Merkmale während des Schweißens wurden praxisbezogener formuliert.

Aus dem ehemaligen Doppelabschnitt „Sichtprüfung" und „Zerstörende und zerstörungsfreie Prüfung" wurde das Merkmal „Überwachung und Prüfung nach dem Schweißen" ohne inhaltliche Veränderung. Die Bewertung der Schweißung ist in der Prüfung somit enthalten.

Neu aufgenommen wurde das Merkmal „Wärmebehandlung nach dem Schweißen". Leider fehlen hier unterstützende Stichworte für eine effektive Aufgabenbeschreibung, wie Kontrolle der Haltetemperatur, der Haltezeit, der Aufheiz- und Abkühlgradienten sowie der Anordnung der Temperaturmessstellen.

Ein neues Merkmal gegenüber von DIN EN 719 ist die „Mangelnde Übereinstimmung und Korrekturmaßnahmen". Derartige Elemente sind aus DIN EN ISO 9001 und DIN EN 729 aus der Vergangenheit bestens bekannt und wurden somit konsequent auch in DIN EN ISO 14731 übernommen.

Die „Kalibrierung und Validierung von Mess-, Überwachungs- und Prüfeinrichtungen" als Aufgabe für die Schweißaufsicht ist ebenfalls neu aufgenommen worden. Mit Erscheinen von DIN EN ISO 17662 „Schweißen - Kalibrierung, Verifizierung und Validierung und von Einrichtungen, einschließlich ergänzender Tätigkeiten, die beim Schweißen verwendet werden" steht ein geeignetes Hilfsmittel zur Verfügung.

„Kennzeichnung und Rückverfolgbarkeit" von technischen Unterlagen, eingesetzten Werkstoffen und Hilfsstoffen sowie Einrichtungen und eingesetzten Schweißern und Bedienern wurden aus DIN EN 729 bzw. DIN EN ISO 3834 übernommen.

Das Merkmal „Dokumentation" blieb inhaltlich unverändert und wurde in „Qualitätsberichte" umformuliert.

6 Die Aufgaben im Detail

Im Folgenden werden die Wesentlichen mit dem Schweißen verbundenen Aufgaben nach DIN EN ISO 3834 in einzelnen Abschnitten beschrieben. Hierzu werden die Aufgaben und Verantwortung aus DIN EN ISO 14731 (siehe Kapitel 4) als Unterüberschrift genannt und danach die Merkpunkte (als Beispiele) der dabei auszuübenden Überwachung genannt. Was mit diesen Merkpunkten gemeint ist, wird dann erläutert und mit Beispielen belegt. Die detaillierte Beschreibung der Merkpunkte dieser Aufgaben wurde jedoch nur in einem Abschnitt vorgenommen und an anderen Stellen mit Querverweisen auf eben diesen detaillierten Abschnitt versehen. Auf eine datierte Verweisung in den zitierten Normen für das Schweißen und Prüfen wurde bewusst verzichtet, um die Aktualität zu wahren. Wenn aus Anwendungsregelwerken Passagen hier zitiert werden, wird stets das Ausgabedatum der jeweiligen Norm genannt.

6.1 Überprüfung der Anforderungen

Die Norm DIN EN ISO 14731 nennt dazu:

- die anzuwendende Produktnorm zusammen mit etwaigen ergänzenden Anforderungen
- die Fähigkeit des Herstellers, die vorgeschriebenen Anforderungen zu erfüllen.

Wie eingangs schon angesprochen, hieß dieser Abschnitt in DIN EN 719 früher „Vertragsprüfung". Dieser alte Titel beschreibt wesentlich besser, was mit „Überprüfung der Anforderungen" gemeint ist.

In dieser Phase sollen die Anforderungen aus einer Ausschreibung, Anfrage oder Bestellung bereits geprüft werden, ob der Betrieb die dort aufgeführten Regelwerke, Werkstandards oder Normen (DIN, DIN EN, DIN EN ISO) mit den geforderten Zulässigkeitsgrenzen oder Genauigkeitsklassen erfüllen kann. Zu diesen zu prüfenden Anforderungen gehören auch europäische Richtlinien, nationale Gesetze und Verordnungen. Dabei muss nicht nur geprüft werden, ob die Inhalte und Anforderungen der direkt in der Anfrage bzw. der Bestellung aufgeführten Dokumente erfüllt werden können, sondern auch, ob das zu liefernde Produkt unter den Geltungsbereich der betreffenden EG- bzw. EU-Richtlinien und -Verordnungen fällt.

Die Forderung nach einer regelmäßigen Überarbeitung technischer Normen ist auf der Erkenntnis begründet, dass der Stand von Wissenschaft und Technik stetig voranschreitet. Eine verabschiedete Norm kann daher möglicherweise rasch veraltet und technisch überholt sein. Technische Normen sind daher turnusmäßig auf Aktualität hin zu überprüfen.

In regelmäßigen Abständen, üblicherweise von 5 Jahren, werden Normen von den Normungsgremien hinsichtlich ihrer Aktualität überprüft, ob sie in ihrer bestehenden Ausgabe bestätigt, inhaltlich geändert oder ganz zurückgezogen werden. Dies geschieht ausgelöst von einem ISO- bzw. CEN-Gremium und dann auch auf nationaler Ebene über das DIN.

In Produktnormen wie z. B. DIN EN 13480 wird vielfach auf bestehende Normen wie EN oder EN ISO-Normen Bezug genommen. Hier werden dann z. B. eine Prüfung mittels Ultraschall nach einer darin zitierten Norm und eine Bewertung nach einer der dort aufgeführten Normen gefordert.

Im Verlauf eines Auftrages können folglich oben beschriebene Normen wie der Durchführung der Ultraschallprüfung im Rahmen einer Umfrage durch revidierte nachfolgende Ausgaben ersetzt werden. Mit Erscheinen einer Norm wird die davor gültige Ausgabe zurückgezogen. Danach sollte nur die nun verfügbare neue Ausgabe verwendet werden.

Nachfolgeausgaben oder gar vollständige und inhaltlich überarbeitete Ausgaben (z. B. von EN auf EN ISO) können somit andere, umfangreichere oder umfangärmere, schärfere oder weniger strenge Anforderungen beinhalten als die Vorgängerausgabe. Für den Auftragnehmer muss aber Anwendungssicherheit von Regelwerken bestehen.

Daher sollten immer die Normausgaben als Vertrags- und Ausführungsgrundlage vereinbart werden, die zum Zeitpunkt der Vertragsunterzeichnung gültig waren.

Juristisch gesehen, muss aber der Hersteller genau alle die Normen erfüllen, die am Tag der Übergabe des Produktes an den Besteller Gültigkeit haben. Dies bedeutet, dass er bei der Planung, Herstellung und Prüfung eines Produktes gegebenenfalls stetig „nachbessern“ muss, sprich nach den soeben veröffentlichten Normen (nach)prüfen muss. Wenn ein Kunde immer die Ausführung, Prüfung etc. nach der letzten Ausgabe will, setzt dies immer eine vollständige inhaltliche Prüfung und einen Vergleich mit der Vorgängerausgabe voraus und erfordert ggf. eine Nachprüfung am Produkt nach der neuen Ausgabe der Norm. Über den daraus resultierenden Mehraufwand für den Hersteller sollte im Vorfeld eines Auftrages eine Regelung getroffen werden.

Zu diesen meist über Einführungserlasse oder Gesetze ohnehin umzusetzenden Anforderungen werden bei Projekten dann noch vielfach Spezifikationen mitgeliefert. Deren Inhalte und Anforderungen gilt es dann ebenfalls intensiv auf Erfüllbarkeit zu prüfen. Neben der Prüfung, ob die dort gestellten Anforderungen an Werkstoffe, Fertigung, Prüfung, Dokumentation u. a. auch umgesetzt werden können, ist diese Prüfung auch dringend erforderlich, um diese Zusatzanforderungen bei der kaufmännischen Bewertung (Preisabgabe) einfließen zu lassen.

Für Bauprodukte ist zu prüfen, nach welchem Regelwerk und nach welcher Ausgabe diese zu bemessen und herzustellen sind. Die Liste der Technischen Baubestimmungen enthält technische Regeln für die Planung, Bemessung und Konstruktion baulicher Anlagen und ihrer Teile, deren Einführung auf der Grundlage des § 3 der Musterbauordnung erfolgt.

Regeln der Technik, die dazu dienen, die Grundsatzanforderungen der Landesbauordnung (LBO) in den einzelnen Bundesländern zu erfüllen, werden von der obersten Baurechtsbehörde als Technische Baubestimmungen bekannt gemacht und damit bauaufsichtlich eingeführt. Die Technischen Baubestimmungen sind einzuhalten und müssen von allen am Bau Beteiligten bei der Planung, Berechnung, Ausführung und baurechtlichen Überprüfung von baulichen Anlagen beachtet werden.

Eine technische Regel kann – je nach Inhalt – entweder über die Liste der Technischen Baubestimmungen (LTB) oder über die Bauregelliste A als Technische Baubestimmung bauaufsichtlich eingeführt werden:

Die LTB umfasst Regeln zur Standsicherheit von Gebäuden sowie zum Brand-, Wärme-, Schall-, Erschütterungs- und Gesundheitsschutz. In den Anlagen zur LTB können bestimmte Normenteile von der Einführung ausgenommen, zusätzliche Anforderungen erhoben, Erleichterungen festgelegt und Druckfehler korrigiert werden. Die LTB wird auf der Basis einer länderübergreifend abgestimmten Musterliste der Technischen Baubestimmungen (MLTB) von jedem Bundesland gesondert bekannt gemacht. Die Bauregelliste A enthält nationale technische Regeln für Bauprodukte, an die aus bauordnungsrechtlicher Sicht Anforderungen bezüglich der Verwendbarkeit gestellt werden.

Die Bauregelliste A wird entsprechend zusammen mit der Bauregelliste B und der Liste C vom Deutschen Institut für Bautechnik (DIBt) im Einvernehmen mit den Ländern bekannt gemacht. Die Bauregellisten werden jährlich in einem Sonderheft der Mitteilungen des DIBt abgedruckt. Zwischen den jährlichen Gesamtausgaben erscheint in den Mitteilungen des DIBt im Allgemeinen eine weitere Ausgabe der Bauregelliste. In dieser werden jedoch nur die bis dahin erfolgten Änderungen bekannt gegeben. Weitere Informationen zu den Bauregellisten, insbesondere zu den jeweils gültigen Ausgaben und zu geplanten Änderungen, finden sich im Internetangebot des Deutschen Instituts für Bautechnik.

Beispiel Stahltragwerke, Geländer (nach DIN EN 1090-2)

Ein Betrieb, der ein Geländer als eine Absturzsicherung, fertigen möchte, muss abhängig davon ob dieses Geländer später vollflächig mit z. B. Trespa-Platten oder mit Glas ausgefacht wird, verkleidet wird und so über eine erhöhte Windlast erfährt, über eine Herstellerzertifizierung nach DIN EN 1090-2 verfügen. Ein derartiges Geländer fällt in die Ausführungsklasse EXC 2, wenn die horizontale Holmlast größer ist als 0,5 kN/m; ist sie kleiner, fällt das Geländer in EXC 1, sowie auch Treppen und Geländer in Wohnhäusern. Diese fordert dann die Umsetzung der Standard-Qualitätsanforderungen nach DIN EN ISO 3834-3, mindestens zwei geprüfte Schweißer nach DIN EN ISO 9606-1 in jedem eingesetzten Schweißverfahren und eine dem Betrieb ständig angehörende Schweißaufsichtsperson mit technischen Basiskenntnissen (Schweißfachmann) nach Richtlinie DVS®-IIW 1170 oder gleichwertiger Ausbildung.

Beispiel Lagertank

Sollen z. B. liegende einwandige Tanks aus Stahl zum Lagern, Abfüllen und Umschlagen von wassergefährdenden Stoffen hergestellt werden, unterliegen diese Tanks den Anforderungen der Muster-Verwaltungsvorschrift Technische Baubestimmungen, Ausgabe 2017/1.

Diese Tanks waren dann nach DIN 6608-1:1989-09 zu bauen und mit ÜZ – Übereinstimmungszertifikat durch eine anerkannte Zertifizierungsstelle zu liefern. Bereits 2003 wurde sie durch die DIN EN 12285 abgelöst.

In diesem Fall ist weiterhin zu prüfen, ob die Anforderungen des Wasserhaushaltsgesetzes (WHG) erfüllt sind, besonders die Anforderungen an den Fachbetrieb. Hierzu muss der Auftragnehmer ein Fachbetrieb im Sinne des WHG sein.

Fachbetrieb im Sinne des WHG ist, wer

- über die Geräte und Ausrüstungsteile sowie über das sachkundige Personal verfügt, durch welche die Einhaltung der Anforderungen nach WHG gewährleistet wird und
- berechtigt ist, das Gütezeichen einer baurechtlich anerkannten Überwachungs- oder Gütegemeinschaft zu führen oder einen Überwachungsvertrag mit einer Technischen Überwachungsorganisation abgeschlossen hat, der eine mindestens zweijährige Überprüfung einschließt.

Das Wasserhaushaltsgesetz besagt, dass Anlagen mindestens entsprechend den allgemein anerkannten Regeln der Technik beschaffen sein sowie eingebaut, aufgestellt, unterhalten und betrieben werden müssen. Zu den zu erfüllenden Voraussetzungen zählt also nicht nur die Fähigkeit, einen derartigen Behälter bauen zu können, es müssen auch die personellen Voraussetzungen in Form eines Sachkundigen nach WHG erfüllt sein. Weiterhin hat der Betrieb wie oben beschrieben, einen Überwachungsvertrag z. B. mit der Technischen Überwachung zu schließen und bei den jährlichen bzw. zweijährigen Überprüfungen nachzuweisen, dass er über die aktuellen Verordnungen, Verwaltungsvorschriften und technischen Regelwerke informiert ist. Anlässlich dieser Überprüfungen wird dann auch die Dokumentation der im vergangenen Überwachungszeitraum hergestellten Anlagen eingesehen.

Beispiel Rohrleitung

Seit dem Stichtag 30. Mai 2002 müssen alle Druckgeräte, die für einem maximalen Druck von mehr als 0,5 bar in Verkehr gebracht werden, und dazu zählen auch Rohrleitungen, der Richtlinie über Druckgeräte 2014/68/EU (DGRL) genügen. Bei der Bearbeitung von Anfragen, Angeboten und Aufträgen ist zu prüfen, ob der Lieferumfang unter den Geltungsbereich der DGRL fällt. Entscheidend ist, ob der maximal zulässige Druck mehr als 0,5 bar beträgt und der Lieferumfang unter den Artikel 1 der DGRL fällt oder von der DGRL ausgenommen ist (siehe Artikel 1, Abschnitt 2 a) bis u) der DGRL). Derartige Ausnahmen wären z. B. Rohrfernleitungen, Rohrleitungen in Warmwasserheizsystemen, Bohrlochkontrollgeräte, Auspuffschalldämpfer und Reparaturen an Rohrleitungen.

Für eine Anfrage oder einen Auftrag ist im Vorfeld mit dem Auftraggeber zu klären, ob das beauftragte Unternehmen als Hersteller im Sinne der DGRL oder als Lieferant für einen Hersteller auftritt. Die Definition des Herstellers ist vor dem Hintergrund der DGRL ein gänzlich anderer als er im üblichen Sinn zu verstehen ist. Ein Hersteller im althergebrachten Sinn war immer ein Produktions- bzw. Fertigungsbetrieb.

Mit der DGRL 2014/68/EU wird als Hersteller derjenige bezeichnet, der die Verantwortung für den Entwurf und die Herstellung eines Produktes trägt. Er ist für die Durchführung der Konformitätsbewertung verantwortlich und bringt das CE-Kennzeichen an. Er erstellt auch die Gefahrenanalyse und die Bedienungsanleitung für das Druckgerät. Der Hersteller kann einzelne Teile der Wertschöpfung wie Berechnung, Konstruktion oder Schweißen an einen (Unter-) Lieferanten vergeben. Dabei behält er jedoch immer die Oberaufsicht. Die folgenden Angaben in Klammern beziehen sich auf den Text der DGRL.

Ein Hersteller

- trifft die Kategorie-Einstufung (Artikel 13);
- trifft die Modul-Auswahl (Artikel 14 und Anhang II);
- erstellt die Gefahrenanalyse (Anhang I, Vorbemerkung);
- beauftragt die notifizierte Stelle (Anhang III);
- ist verantwortlich für Entwurf und Herstellung (Anhang I);
- trifft die Werkstoffauswahl (Anhang I, Abschnitt 4);
- erstellt die Betriebsanleitung (Anhang I, Abschnitt 3.4);
- stellt die EU-Konformitätserklärung aus (Anhang VII);
- nimmt die CE-Kennzeichnung vor (Artikel 19);
- bei Untervergabe behält er die Oberaufsicht.

Der Lieferant tritt dagegen als Fertiger / Errichter / verlängerte Werkbank des eigentlichen Herstellers im Sinne der Richtlinie auf. Hierzu zählen auch Werkstoff(halbzeug)lieferanten und Dienstleister wie Prüffirmen. Wird nach vorgegebenen Planungsunterlagen montiert oder gefertigt und liegt die Auslegung (Festlegung von Druck und Temperatur, Berechnung, Werkstoffauswahl) nicht beim Auftragnehmer (dem Lieferanten, Fertiger), sondern beim Auftraggeber.

Ein Lieferant

- arbeitet nach vorgegebenen Planungsunterlagen;
- trifft keine Werkstoffauswahl;
- macht keine Berechnung;
- ist verantwortlich für Herstellung im Sinne des Anhang I, Abschnitt 3.1.2;
- ist verantwortlich für Werkstoffbeschaffung gemäß der Vorgabe in den Planungsunterlagen (Bestellung nach genannter Norm und entsprechende Prüfbescheinigung);
- ist verantwortlich für geeignetes Personal (Schweißer, Prüfer);
- ist verantwortlich für geeignete Arbeitsverfahren;
- erstellt die übliche Dokumentation;
- bringt kein CE-Zeichen an;
- kann eine Lieferantenerklärung ausstellen.

Ein Unternehmen, welches eine Rohrleitung liefern bzw. fertigen soll, muss im Vorfeld bereits einiges mit seinem Auftraggeber klären und seine Position „Hersteller oder Lieferant" klar und deutlich klären. Weiterhin ist mit dem Auftraggeber festzulegen, nach welchem Regelwerk zu bauen ist: DIN EN 13480 „Metallische industrielle Rohrleitungen" als harmonisierte europäische Norm oder nach AD 2000-Merkblatt HP 100 R „Bauvorschriften – Rohrleitungen aus metallischen Werkstoffen" als deutsches und nicht harmonisiertes Regelwerk. Je nach Wahl des Regelwerkes ergeben sich besondere Anforderungen an den Erprobungsumfang und die

Prüfbescheinigung des Werkstoffes sowie an den unterschiedlichen Prüfumfang bei der zerstörungsfreien Prüfung der Schweißnähte. Dies sind Details, die in der Phase der Preisfindung von großer Bedeutung sind.

„Überprüfung der Anforderungen" heißt neben der Vertragsprüfung auch eine Selbstüberprüfung, ob die in den zitierten Regelwerken oder mit vereinbarten Spezifikationen gestellten Anforderungen an den Betrieb überhaupt erfüllbar sind bzw. entsprechende Zulassungen wie z. B. eine Zulassung nach DVGW GW 301 „Unternehmen zur Errichtung, Instandsetzung und Einbindung von Rohrleitungen - Anforderungen und Prüfungen" für das Arbeiten von Rohrleitungen in der Gas-Wasser-Versorgung vorliegen.

Für den Abschnitt „Überprüfung der Anforderungen" hilfreiche Normen und Regelwerke:

DIN EN 1090-2 2 *„Ausführung von Stahltragwerken und Aluminiumtragwerken - Teil 2: Technische Regeln für die Ausführung von Stahltragwerken; Deutsche Fassung EN 1090-2:2018"*

2014/68/EU *„Richtlinie 2014/68/EU des Europäischen Parlaments und des Rates vom 15. Mai 2014 zur Harmonisierung der Rechtsvorschriften der Mitgliedstaaten über die Bereitstellung von Druckgeräten auf dem Markt"*

DIN EN 13480 *„Metallische industrielle Rohrleitungen"*

AD 2000-Merkblatt HP 100 R *„Bauvorschriften - Rohrleitungen aus metallischen Werkstoffen"*

DVGW GW 301 *„Unternehmen zur Errichtung, Instandsetzung und Einbindung von Rohrleitungen – Anforderungen und Prüfungen"*

DVGW GW 350 *„Schweißverbindungen an Rohrleitungen aus Stahl in der Gas- und Wasserversorgung; Herstellung, Prüfung und Bewertung"*

6.2 Technische Überprüfung

Die Norm DIN EN ISO 14731 nennt dazu:

- Festlegung der/s Grundwerkstoffe(s) und der Eigenschaften der Schweißverbindung
- Lage der Verbindung in Übereinstimmung mit den Konstruktionsanforderungen
- Qualitäts- und Annahmeanforderungen für Schweißnähte
- Lage, Zugänglichkeit und Schweißfolge, einschließlich der Zugänglichkeit für Überprüfung und zerstörungsfreie Prüfung
- andere schweißtechnische Anforderungen, z. B. Losprüfung von Schweißzusätzen, Ferritgehalt des Schweißgutes, Aushärten, Wasserstoffgehalt, bleibende Badsicherung, Hämmern, Oberflächenbearbeitung, Schweißnahtkontur
- Abmessungen und Einzelheiten der Nahtvorbereitung und der fertigen Schweißnaht.

In der früheren Ausgabe von DIN EN 719 wurde dieser Abschnitt mit „Konstruktionsüberprüfung" überschrieben. Dieser alte Begriff beschrieb anschaulicher, welche Überprüfung hier durchzuführen war. Bei der Technischen Überprüfung soll der Entwurf (die Zeichnung) für eine Schweißkonstruktion vor Weiterleitung in die Fertigung oder an einen Unterlieferanten kontrolliert werden.

a) Festlegung der/s Grundwerkstoffe(s) und der Eigenschaften der Schweißverbindung

In diesem Stadium wird geprüft, ob die vorgesehenen Werkstoffe für den Anwendungsfall geeignet sind und sich auch in den vorgesehenen Werkstoffkombinationen schweißen lassen. Es ist zu überprüfen, ob die Werkstoffe zum Beispiel für die vorgesehenen hohen oder tiefen Anwendungstemperaturen geeignet sind oder nach Produktnorm überhaupt zugelassen sind.

Beispiel Stahlbau

Im Stahlbau müssen nach DIN EN 1090-2 für Erzeugnisse aus den Stahlsorten größer als S235 mit einem Abnahmeprüfzeugnis 3.1 nach DIN EN 10204 geliefert werden. DIN EN 10025-1 fordert, dass die in der CEV-Formel enthaltenen Elemente in der Prüfbescheinigung anzugeben sind. Die Angabe weiterer, nach DIN EN 10025-2 geforderter, zugefügter Elemente muss Al, Nb, und Ti enthalten.

Da wie oben beschrieben Prüfbescheinigung verlangt werden, ist nach DIN EN 10025-2 Abschnitt 6.3 darin der Lieferzustand mit der jeweiligen Kurzbezeichnung (+N, +AR oder +M) anzugeben. Falls die Erzeugnisse im Lieferzustand +N, +AR oder +M bestellt werden, ist die jeweilige Kurzbezeichnung (+N, +AR oder +M) an die Bezeichnung anzufügen.

Beispiel Rohrleitungsbau

Bei Rohrleitungen, bei denen heißer oder überhitzter Dampf in einem Kraftwerk geleitet wird, müssen die vorgesehen Werkstoffe bei den hohen Temperaturen von bis zu 600 °C und Drücken bis zu über 100 bar eine ausreichende Langzeitfestigkeit besitzen. Die Werkstoffe werden in langlaufenden und auch kostenintensiven Zeitstanduntersuchungen erprobt, um informative Daten über die Zeitstandfestigkeit bei 10.000, 100.000, 200.000 und 250.000 Stunden bei unterschiedlichen Betriebstemperaturen zu ermitteln. In Normen wie der DIN EN 10216-2 „Nahtlose Rohre für Druckbeanspruchungen – Technische Lieferbedingungen - Teil 2: Rohre aus unlegierten und legierten Stählen mit festgelegten Eigenschaften bei erhöhten Temperaturen" sind diese Werte im informativen Anhang A in Tabellenform zu finden. Darüber hinaus sind die VdTÜV-Werkstoffblätter eine Informationsquelle über die Einsatzgrenzen von Werkstoffen und liefern Kennwerte über die einzelnen Werkstoffe.

Weiterhin muss von der Schweißaufsicht geprüft werden, ob die Werkstoffe für die vorgesehenen Werkstoffe ausreichend korrosionsbeständig sind. Diese Fragestellungen tauchen im Kraftwerkrohrleitungsbau oder im Chemieapparatebau auf. Dies gilt in gleicher Form dann auch für geplante Schweißverbindungen unter Beachtung des vorgesehenen Schweißverfahrens und der dabei zu verwendenden Schweißzusätze.

Informationen darüber, ob ein vorgesehener Schweißzusatz für diese eben beschriebenen Anwendungsfälle, wie Temperaturhöhe und Zeitstandeigenschaft, geeignet ist, kann in den gültigen VdTÜV-Kennblättern für Schweißzusätze entnommen werden.

b) Lage der Verbindung in Übereinstimmung mit den Konstruktionsanforderungen

Mit Verbindungen sind in erster Linie Schweißverbindungen gemeint. Dies ist aber auch übertragbar auf Löt-, Schrumpf- oder Klebverbindungen wie auch Verbindungen durch mechanisches Fügen (Stanznieten mit Hohl- oder Vollstanzniet, Blindnieten, Clinchen, Verbinden durch Schließringbolzen, Verbinden durch Funktionselemente, Verbinden durch loch- und gewindeformendes Verschrauben). In gleicher Weise gilt dies auch für Schraubverbindungen, wie verschraubte Kopfplatten im Stahlbau oder Flanschverbindungen im Apparate- und Rohrleitungsbau.

Unter Konstruktionsanforderungen sind sowohl die Anforderungen aus den Produktnormen wie auch aus zusätzlich vereinbarten Spezifikationen gemeint.

In den technischen Zeichnungen werden die Forderungen aus den Konstruktionsunterlagen umgesetzt. In diesen Unterlagen ist die vorgesehene Lage aller Schweißverbindungen zu überprüfen. Hier geht es um die Lage von Verbindungsstößen in Bezug auf die dort herrschenden Spannungen infolge von äußeren Lasten, aber auch durch innere Beanspruchung wie Innendruck. Schweißverbindungen wie auch Schraubverbindungen sollten nicht in den Bereich der höchsten Spannung gelegt werden. An dieser Stelle ist schon der Berechner und Konstrukteur angehalten, diese Bereiche nicht mit Stoßstellen zu planen. Ebenso ist eine Anhäufung von Schweißnähten zu vermeiden, insbesondere Kreuzstöße.

Beispiel Stahlbau

Mit der verbindlichen Anwendung von der DIN EN 1090-2 haben sich für die Bemessung von Kehlnähten auch die Berechnungsgrundsätze gegenüber DIN 18800 leicht geändert. Bei der Bemessung von Stahltragwerken muss im Zusammenhang mit der DIN EN 1090 die Normenreihe DIN EN 1993 (Eurocode 3) angewendet werden. Sie gilt für den Entwurf, die Berechnung und die Bemessung von Bauwerken aus Stahl. In dem Teil DIN EN 1993-1-8 wird ein neues a-Maß beschrieben.

Die bisherige Definition lautete: „Das a-Maß ist die Höhe des größtmöglichen gleichschenkeligen Dreiecks, welches sich in den Nahtquerschnitt einzeichnen lässt". Nach neuer Definition muss nun der oben genannte Merksatz um: „und ungleichschenkeligen Dreiecks" erweitert werden. Von den Formeln zur Ermittlung der Kehlnahtdicken nach DIN 18800-1 ist nur die Bemessung von a_{min} übernommen worden. Eine obere Begrenzung des a-Maßes ist damit entfallen. Auch hat sich das absolut minimale a-Maß von 2 mm auf 3 mm erhöht.

Das „neue“ a-Maß lässt sich bei ungleichschenkeligen Kehlnähten (leider) nach wie vor nicht direkt messen. Zur Bestimmung werden die Längen z_1 und z_2 ermittelt und dann die folgende Formel angewendet:

$$a_{\substack{neu \\ (EC3)}} = \frac{z_1 \cdot z_2}{\sqrt{z_1^2 + z_2^2}}$$

Diese Formel gilt für einen üblichen Flankenwinkel von 90°: Anmerkung: Kehlnähte dürfen zur Verbindung von Bauteilen verwendet werden, deren Flanken einen Öffnungswinkel von 60° bis 120° aufweisen. Bei einem kleineren Öffnungswinkel als 60° ist die Kehlnaht tunlichst als nicht durchgeschweißto Stumpfnaht zu behandeln. Bei einem größeren Öffnungswinkel als 120° ist die Tragfähigkeit der Kehlnaht durch Versuche nachzuweisen.

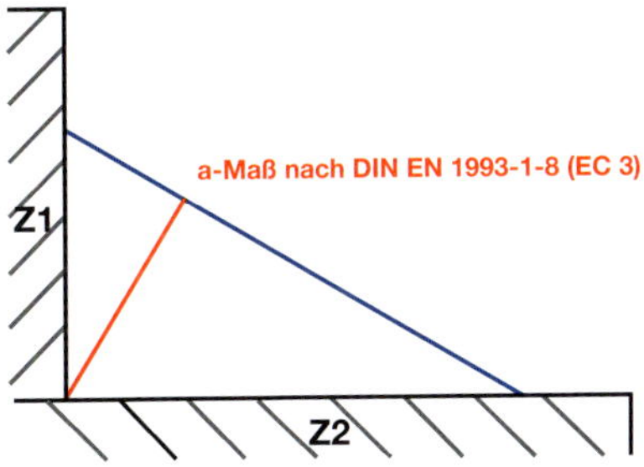

Ergänzend zu diesen Festlegungen wird in DIN EN 1993-1-8/NA (Nationaler Anhang) zum Abschnitt 4.5.3 der Grenzwert für die Kehlnahtdicken näher definiert:

„Bei Flacherzeugnissen und offenen Profilen mit Querschnittsteilen t > 3 mm muss folgender Grenzwert für die Schweißnahtdicke a von Kehlnähten zusätzlich eingehalten werden:

a > √ max t - 0,5   mit a und t in mm.

In Abhängigkeit von den gewählten Schweißbedingungen darf auf die Einhaltung von Bedingung (dieser Formel) verzichtet werden, jedoch sollte für Blechdicken t > 30 mm die Schweißnahtdicke mit a > 5 mm gewählt werden.“

Im Stahlbau werden vielfach Halbzeuge kalt umgeformt. In diesem verformten Bereich in Abhängigkeit von Werkstückdicke und dem vorgesehen Biegeradius kommt es dann zu Kaltverfestigungen im Werkstoff. Dieser kaltgereckte Bereich ist für ein nachträgliches Anschweißen nicht geeignet. Es darf daher nur in Bereichen mit ausreichendem Abstand (5 x t) geschweißt werden. Nach DIN EN 1090-2 müssen die Bedingungen für das Schweißen in kaltgeformten Bereichen die Anforderungen aus DIN EN 1993-1-8:2005, Abschnitt 4.14 erfüllt sein.

Tabelle 6.2-1. Grenzwerte min (r/t) für das Schweißen in kaltverformten Bereichen (Tabelle 4-2 aus DIN EN 1993-1-8)

r/t	**Dehnungen infolge der Kaltverformung (%)**	**Maximale Dicke (mm)**		
		Allgemeines		**Durch Aluminium vollberuhigter Stahl (Al ≥ 0,02 %)**
		Überwiegend statische Lasten	**Überwiegend ermüdungsbeansprucht**	
≥25	≤2	jede	jede	jede
≥10	≤5	jede	16	jede
≥3,0	≤14	24	12	24
≥2,0	≤20	12	10	12
≥1,5	≤25	8	8	10
≥1,0	≤33	4	4	6

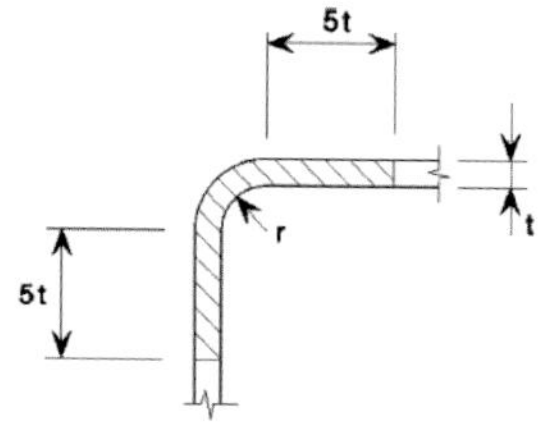

Beispiel Rohrleitungsbau

Schweißverbindungen im Rohrleitungsbau sollten bevorzugt in die Bereiche mit niedriger Spannung gelegt werden. Dazu zählt, dass eine Rohrstumpfnaht selbstverständlich nicht im Bereich einer Biegung liegen sollte. Ausnahme sind z. B. einfache Blechleitungen, in den Krümmer in Segmentrohrtechnik hergestellt werden; die Zulässigkeit eines Segmentbogens hängt von den Anforderungen der Produktnorm ab.

Müssen zwei Rohre, hergestellt aus längsnahtgeschweißten Rohren, mit einer Rundnaht verbunden werden, sind Kreuzstöße zu vermeiden. Dazu sind nach DIN EN 13480-4 die Längsschweißnähte um mindestens die zweifache Nennwanddicke zueinander zu versetzen, Mindestabstand jedoch 20 mm.

In der Norm DIN EN 12952-5 *„Wasserrohrkessel und Anlagenkomponenten - Teil 5: Verarbeitung und Bauausführung für drucktragende Kesselteile“* wird für die konstruktive Gestaltung benachbarter Rundnähte im Abschnitt 8.11.4 festgelegt: Für Rohre mit Durchmesser bis einschließlich 250 mm darf der Abstand zwischen zwei Stumpfnähten nicht weniger als der Wert des doppelten Außendurchmessers betragen. Für Rohre mit äußerem Durchmesser über 250 mm darf der Abstand nicht weniger als 500 mm betragen.

Ferner gibt es auch Anforderungen für die Mindestabstände von Rundnähten in einer Rohrleitung. Rohrleitungen sollen nicht aus kleinen Rohrstücken zu einer Gesamtleitung zusammengestückelt werden. Weitere Gründe liegen in der Anwendung der Prüftechnik, besonders Ultraschallprüfung. Bei der Ultraschallprüfung wird rechts und links neben der Rundnaht ein ausreichender Verschiebeweg (Ankopplungsbereich) benötigt, um die Rundnaht im ganzen Sprung auch nahe der Decklage prüfen zu können. Eine eng benachbart liegende Rundnaht würde ein Prüfen von dieser Seite her unmöglich machen, da der Schall dann durch eine vorhandene Schweißnaht geschickt werden müsste. Eine Faustformel für ausreichenden Abstand bezogen auf die Prüftechnik lautet: Mindestabstand > 3,5 x t + 50 mm.

Ein weiterer Grund liegt in der Wärmenachbehandlung. Es muss ein ausreichender Abstand zu bereits geschweißten Nähten vorhanden sein, damit durch eine sich anschließende Wärmebehandlung (Spannungsarm- oder Anlassglühung) nicht andere Nähte eine womöglich schädliche Wärme erleiden könnten. Dazu setzt man einen Mindestabstand von etwa 1 bis 1,5 x Rohraußendurchmesser an.

c) Qualitäts- und Annahmeanforderungen für Schweißnähte

Je nach gestellten Anforderungen an das Produkt aus dem Stahlbau, Dampfkessel-, Rohrleitungs-, Schienenfahrzeugbau, Komponenten in kerntechnischen Anlagen usw. gibt es unterschiedliche Anforderung an die zu erzeugende Schweißnahtqualität. Zur Festlegung der Annahmekriterien für Unregelmäßigkeiten gilt die DIN EN ISO 5817 von 2014, welche die Ausgabe 2006 bzw. davor die Ausgabe 2003 ablöste. Vorgängernorm war DIN EN 25817 von 1992 und davor in Deutschland DIN 8563 Teil 3 mit den Ausgaben 1985-10, 1979-01, 1975-07 und 1972-04. Eine Norm mit langer Entwicklung.

Die DIN EN ISO 5817 enthält eine vereinfachte Auswahl von Unregelmäßigkeiten an Schmelzschweißverbindungen mit Benennungen entsprechend DIN EN ISO 6520-1. In drei Gruppen – B, C und D – werden darin Grenzwerte für Unregelmäßigkeiten definiert. Bewertungsgruppe B lässt dabei die geringsten Größen von Unregelmäßigkeiten zu, D dagegen größere Ausdehnungen und Häufigkeiten. Dieses Konzept von drei Bewertungsgruppen wurde aus der europäischen DIN EN 25817 (Vorgängernorm von der heutigen DIN EN ISO 5817) übernommen. Eingeteilt werden die Unregelmäßigkeiten in:

- Oberflächenunregelmäßigkeiten mit 23 Merkmalen,
- Innere Unregelmäßigkeiten mit 13 Merkmalen,
- Unregelmäßigkeiten in der Nahtgeometrie mit 2 Merkmalen und
- Mehrfachunregelmäßigkeiten.

Der Konstrukteur ist aufgefordert, für den Einzelfall zusammen mit dem Hersteller, Anwender des Produkts und/oder anderen betroffenen Stellen die Bewertungsgruppe festzulegen. Die entsprechende Bewertungsgruppe ist vor Fertigungsbeginn vorzugsweise schon im Angebots- oder Bestellstadium festzulegen. In Sonderfällen können Zusatzangaben, wie geringere Grenzwerte oder weitere Merkmale erforderlich sein. Die Festlegung der Bewertungsgruppe soll sich auf die Schweißnähte in der Fertigung und nicht auf das ganze Erzeugnis oder Bauteil beziehen. Es ist deshalb möglich, dass unterschiedliche Bewertungsgruppen für die jeweilige Schweißnaht am gleichen Bauteil oder Erzeugnis spezifiziert werden.

Für nahezu alle Erzeugnisse gibt es entsprechende Produktnormen. In den verschiedenen Anwendungen und Regelwerken wird dann Bezug genommen auf die erwähnten Normen für Unregelmäßigkeiten an Schmelzschweißverbindungen. Damit ist nicht pauschal DIN EN ISO 5817 von 2006 und damit die letzte Ausgabe gemeint.

Beispiel Stahlbau

Für die Ausführung von Stahltragwerken stehen dem Hersteller DIN EN 1090-2 zur Verfügung: Je nach Beanspruchungsfall – vorwiegend ruhend – oder – nicht vorwiegend ruhend beansprucht – werden die Merkmale mit unterschiedlichen Grenzwerten (Bewertungsgruppen) definiert.

Nach DIN EN 1090-2:2008 richtet sich die Bewertungsgruppe von EN ISO 5817 nach der eingestufter Ausführungsklasse (EXC). Die Merkmale „schroffer Nahtübergang" und „Mikrobindefehler" sind nicht zu berücksichtigen.

EXC 1: Bewertungsgruppe D

EXC 2: Bewertungsgruppe C mit Ausnahme von Bewertungsgruppe D für „Einbrandkerbe", „Schweißgutüberlauf", „Zündstelle" und „Offener Endkraterlunker".

EXC 3: Bewertungsgruppe B

EXC 4: Bewertungsgruppe B+. Hier gilt die Bewertungsgruppe B mit zusätzlichen Anforderungen (Verschärfungen) bezüglich „Einbrandkerbe" (generell nicht zulässig), „Poren", „Fester Einschluss", „Kantenversatz", „Wurzelrückfall (generell nicht zulässig). Für die Anwendung im Brückenfahrzeugbau gelten weitere ergänzende (einschränkende) Anforderungen.

Die für die Ausführung eines Tragwerkes erforderliche Bewertung, in welche Ausführungsklasse ein Stahl- oder Aluminiumtragwerk fällt, hat allein der Konstrukteur festzulegen. Nur er kennt die Randbedingungen, die für das Tragwerk zur Eingruppierung in

- eine Schadensfolgeklasse, Consequence Category; CC 1 (gering), CC 2 (mittel) oder CC 3 (hoch),
- eine Beanspruchungskategorie, Service Category, SC 1 (vorwiegend ruhende Belastung wie Gebäude) oder SC 2 (nicht vorwiegend ruhende Belastung wie Brücken),
- eine Herstellkategorie, Production category, PC 1 (nicht geschweißte Produkte, Herstellung in der Werkstatt, Werkstoff S235 und S275) oder PC 2 (Herstellung in der Werkstatt oder Baustelle, Werkstoff > S355)

führen, um die richtige Ausführungsklasse, Execution class (EXC 1 bis 4) zu bestimmen (siehe DIN EN 1090-2 Tabelle B.3).

Beispiel Wasserrohrkessel und Großwasserraumkessel

Die beiden Regelwerke für Dampfkessel beziehen sich auf die aktuelle EN ISO 5817 jedoch in undatierter und datierter Fassung:

Wasserrohrkessel	DIN EN 12952-6:2011	EN ISO 5817 undatiert
Großwasserraumkessel	DIN EN 12953-5:2020	EN ISO 5817:2014

Bei undatierten Verweisungen gilt die letzte Ausgabe der in Bezug genommenen Publikation (einschließlich Änderungen). Das bedeutet, dass bei Produkten wie den Wasserrohrkesseln nach der geltenden Ausgabe von DIN EN ISO 5817 und in der Produktnorm genannten Bewertungsgruppe und dessen Grenzwerten für Unregelmäßigkeiten, eine Schweißnaht zu beurteilen ist.

In jeder Norm wird im Kapitel 2 unter der Überschrift „Normative Verweisungen" dieser Hinweis auf die Verwendung von in dieser Norm zitierten datierten oder undatierten Verweisungen gegeben. Diese normativen Verweisungen sind an den jeweiligen Stellen einer Norm im Text zitiert. Zu erkennen sind datierte Verweisungen daran, dass im Text hinter der zitierten Norm nach einem Doppelpunkt das Ausgabejahr steht. Ein Beispiel für eine datierte Verweisung wird in dieser Form beschrieben: EN 12062:1997.

Bei datierten Verweisungen gehören spätere Änderungen oder Überarbeitungen dieser Publikationen nur zu dieser europäischen Norm, falls sie durch Änderung oder Überarbeitung eingearbeitet sind.

Durch die Verwendung von datierten Verweisungen soll ein zum Zeitpunkt der Erstellung der Norm mit Bezug auf eine datierte Verweisung ein einmal festgelegtes (Sicherheits-)Niveau auch bei Herausgabe eines Nachfolgedokumentes der zitierten Norm sichergestellt bleiben. Für den Anwender insbesondere der harmonisierten Normen zur Druckgeräterichtlinie bedeutet dies, auch inzwischen durch Nachfolgedokumente ersetzte Normausgaben verfügbar zu halten.

Beispiel Druckbehalter und Druckbehälterteile

Bei der Fertigung von Druckbehältern und Druckbehälterteilen besteht in Deutschland die Wahl, ob diese nach der europäisch harmonisierten Norm EN 13445 konstruiert, berechnet, gebaut und geprüft werden sollen oder ob der Hersteller das deutsche AD 2000-Regelwerk nutzen möchte.

DIN EN 13445-5: 2018-12	EN ISO 5817:2014-11
AD 2000-Merkblatt HP 5/1: 2008	DIN EN ISO 5817:2014-11 für äußeren Befund Bewertungsgruppe B. Abweichend hiervon genügt die bei Kehlnähten ohne Dichtheitsfunktion, Nr. 1.7 Einbrandkerbe, Nr. 1.8 Wurzelkerbe, Nr. 1.10 Zu große Nahtüberhöhung bei Kehlnähten, Nr. 1.11 Zu große Wurzelüberhöhung, Nr. 1.14 Decklagenunterwölbung, Nr. 1.16 Übermäßige Asymmetrie bei Kehlnähten, Nr. 1.17 Wurzelrückfall, Nr. 3.1 Kantenversatz h bei beidseitig geschweißten Rundnähten, Bild B. Für die Bewertung des inneren Befundes gelten die Regelungen des AD 2000-Merkblattes HP 5/3.

Bei beiden Regelwerken liegt eine datierte Verweisung vor. Das heißt, auch bei späteren Überarbeitungen von EN ISO 5817 mit möglichen Änderungen der Grenzwerte für Unregelmäßigkeiten, muss der Hersteller von Druckbehältern und Druckbehälterteilen die Schweißverbindungen nach den Ausgaben von 2007 bzw. 2014 von DIN EN ISO 5817 bewerten.

Beispiel Rohrleitungen

Bei Rohrleitungen gilt die gleiche Wahlfreiheit bei der Auswahl der Produktnormung wie oben angesprochen.

Industrielle Rohrleitungen DIN EN 13480-4:2017-12: EN ISO 5817:2007 mit weiteren Zusatzanforderungen für die Sichtprüfung

AD 2000 Merkblatt HP 100 R:2007: AD 2000-Merkblatt HP 5/1:2008 (siehe Druckbehälter und Druckbehälterteile).

Bei Bau und Prüfung nach harmonisiertem europäischem Normenwerk EN 13480 gilt derzeit die Fassung von 2007 für EN ISO 5817 verpflichtend. Das AD 2000-Regelwerk ist bei der Pflege der Normen flexibler und konnte schneller auf Änderungen in der Normierung reagieren. Dort gilt die letzte veröffentlichte Fassung von EN ISO 5817 von 2006 mit Ergänzungen bezüglich der Bewertungsgruppen für verschiedene Merkmale.

d) Lage, Zugänglichkeit und Schweißfolge, einschließlich der Zugänglichkeit für Überprüfung und zerstörungsfreie Prüfung

Im Rahmen der Technischen Prüfung (Zeichnungskontrolle) sind die vorgesehenen Schweißverbindungen hinsichtlich ihrer Ausführbarkeit zu prüfen. Schweißverbindungen sollen zum einen bevorzugt in Bereiche niedriger Spannungen gelegt werden. An dieser Stelle müssen die Schweißnähte aber auch zugänglich oder besser herstellbar sein. Es ist also zu prüfen, ob die an dieser Stelle vorgesehene Schweißnaht sich mit dem vorgesehenen Schweißverfahren auch herstellen lässt, ob ein Schweißer mit einem MSG-Brenner in diesen engen Spalt gelangen kann. Entscheidend für die Zugänglichkeit ist nicht nur, ob für den Schweißkopf (MSG-Brenner, WIG-Brenner, Stabelektrode mit Stabelektrodenhalter, UP-Schweißkopf) ein räumlicher Zugang garantiert ist, es muss auch der Schweißer mit den Händen an den Schweißstoß gelangen können und uneingeschränkte Sicht beim Schweißen haben.

Angepasst an das Schweißverfahren ist bei der Zeichnungserstellung bereits die Fugenform mit Öffnungswinkel und Stegabstand sowie die ein- oder beidseitige Nahtausführung festzulegen. Jedes Schweißverfahren, jede Kombination mehrere Schweißverfahren erfordert eine spezielle Nahtvorbereitung. Gerade im Hinblick auf zukünftige Hybridverfahren (Strahl- mit Lichtbogenverfahren kombiniert) werden hier Sonderfugenformen erforderlich werden.

Da in der Regel in technischen Zeichnungen das Bauteil im zusammengefügten (endmontierten) Zustand gesamt oder in Schnitten dargestellt wird, ist in diesen Unterlagen auch die Reihenfolge der vorgesehenen Schweißungen anzugeben. Damit wird sichergestellt, dass alle Schweißverbindungen auch hergestellt werden und keine Schweißung durch das Aufschieben eines folgenden Anschweißteils vergessen wird.

Diese Planung der Reihenfolge und Zugänglichkeit gilt dann auch für die sich anschließende Sichtprüfung und ggf. nachfolgende zerstörungsfreie Prüfungen. Für eine Durchstrahlungsprüfung muss ein ausreichender Abstand zwischen Strahlenquelle und Film (Film-Fokus-Abstand, FFA) gegeben sein sowie auch die Chance bestehen, den Film und den Bildgüteprüfkörper anlegen zu können. Diese Zugänglichkeitsprüfung bezieht sich speziell auf die Durchstrahlungsprüfung, ob sich bei dem Bauteil eine Röntgenröhre überhaupt positionieren lässt oder ob mit einem Präparat (Ir-192, Se-75) gearbeitet werden muss. Bei der Ultraschallprüfung ist je nach Fehlertyp, den es zu untersuchen gilt, auf eine ausreichende Fläche beidseits der Naht für den Verschiebeweg des Prüfkopfes zu achten.

e) Andere schweißtechnische Anforderungen, z. B. Losprüfung von Schweißzusätzen, Ferritgehalt des Schweißgutes, Aushärten, Wasserstoffgehalt, bleibende Badsicherung, Hämmern, Oberflächenbearbeitung, Schweißkontur

Losprüfung bei Schweißzusätzen bedeutet, dass die zu liefernden Schweißzusätze (WIG-Schweißstäbe, MSG- oder UP-Drahtelektroden, umhüllte Stabelektroden) nicht wie üblich mit einem Werkszeugnis nach DIN EN 10204 – 2.2 belegt werden, sondern gewisse Prüfungen an der gelieferten Ware mit einem Abnahmeprüfzeugnis 3.1 oder 3.2 attestiert werden. Die bloße Angabe Schweißzusätze mit einem „höherwertigen“ Zeugnis zu liefern, reicht nicht aus. Bei der Bestellung an den Schweißzusatzhersteller oder dessen Händler muss bereits beschrieben werden, was oder welche Art von Prüfung an der zu liefernden Ware mit einem Abnahmeprüfzeugnis zu belegen ist. Eine derartige Attestierung kann sich aus der chemischen Zusammensetzung des Drahtes, Stabes bzw. auf das niedergeschmolzene reine Schweißgut beziehen. Vielfach werden aber damit Anforderungen an die Festigkeit und Zähigkeit des Schweißgutes bei erhöhten Temperaturen damit gemeint. So wird bei Schweißzusätzen für Frischdampf- und Zwischenüberhitzerleitungen aus den Werkstoffen X10CrMoVNb9-1 (Werkstoff-Nr. 1.4903;

P91) oder X10CrWMoVNb9-2 (Werkstoff-Nr. 1.4901; P92) neben der chemischen Zusammensetzung auch ein Zugversuch bei Raumtemperatur, ein Warmzugversuch bei z. B. 400 °C und der Nachweis der Kerbschlagarbeit bei Raumtemperatur gefordert.

Bei der Verarbeitung von Feinkornbaustählen kann ein Nachweis des diffusiblen Wasserstoffgehaltes nach DIN EN ISO 3690 im niedergeschmolzenen Schweißgut zusätzlich verlangt werden. Dies betrifft UP-Pulver und umhüllte Stabelektroden. Diese Prüfung wird beim Hersteller des Schweißzusatzes durchgeführt und dann auch abmessungs- und chargenbezogen in Attesten dokumentiert. Sollte die Menge an Schweißzusatz dann später in der Fertigung und der Montage nicht ausreichen und muss nachbestellt werden, kann es passieren, dass die mit dem Zeugnis belegte Charge ausverkauft ist. Dann muss an der nachzuliefernden Schmelze die gleiche Erprobung (abmessungsbezogen) wiederholt und somit erneut vom Besteller bezahlt werden.

Bei den hier vorgestellten Beispielen wird darauf hingewiesen, dass bei derartigen Forderungen in Spezifikationen die Kalkulation der benötigten Mengen an Schweißzusätze größte Aufmerksamkeit zu widmen ist. Diese Untersuchungen sind nicht im normalen Preis einer üblichen 2.2-Attestbelegung enthalten. Es sind kostenintensive Sonderprüfungen.

f) Abmessungen und Einzelheiten der Nahtvorbereitung und der fertigen Schweißnaht

In die Konstruktionsprüfung ist die Überprüfung der geplanten Fugenform mit einzubeziehen. Um hier eine vernünftige Aussage über die Verwendungsfähigkeit des Schweißnahtdetails treffen zu können, muss das Schweißverfahren bekannt sein. Beispiele für vorzusehende Schweißnahtvorbereitungen (umgangssprachlich Fugenformen) sind in entsprechenden Normen wie DIN EN ISO 9692-1, DIN EN ISO 9692-2, DIN EN ISO 9692-3, DIN EN ISO 9692-4, DIN EN 1708-1, DIN EN 1708-2, DIN EN 1708-3 zu finden.

Diese genannten Normen geben jedoch immer Bereiche für z. B. die Steghöhe, den Spalt (Stegabstand), Flankenhöhe und Flankenwinkel an. In Abhängigkeit von der Werkstückdicke, der Schweißposition und dem Schweißprozess mit seinen Parametern müssen diese Variablen dann genau beziffert werden.

Bei der Ausführung von Kehlnähten ist eine Mindestkehlnahtdicke entsprechend der Produktnorm auszuführen (siehe oben). Über die symbolische Darstellung nach DIN EN ISO 2553 kann jede Schweißung mit den erforderlichen Informationen über die (Kehl-)Nahtdicke, Länge der Schweißung, durchgehende oder unterbrochene Kehlnaht, versetzte unterbrochene Kehlnaht, Ringsum-Naht, Baustellenaht mit weiterer Angabe über das Schweißverfahren, die Bewertungsgruppe, die Schweißposition und den zu verwendenden Schweißzusatz beschrieben werden. Alternativ zur Beschriftung jeder einzelnen Naht kann - auch wenn möglich - ein Hinweis auf der Zeichnung in tabellarischer Form erfolgen.

Entsprechend den Anforderungen an das fertige Bauteil aus der Produktnorm oder aus kundenseitigen Spezifikationen können Nachbearbeitungen der geschweißten Nähte erforderlich werden. Hierzu zählen das kerbfreie Beschleifen der Nähte und Nahtnebenbereiche, eine

Ausführung als flache Stumpfnaht (eben ohne Nahtüberhöhung) oder als Hohlkehlnaht. Die entsprechend erforderliche Ausführung dieser Nähte wird durch die Zusatzsymbole nach DIN EN ISO 2553 ausgedrückt.

Für den Abschnitt „Technische Überprüfung" hilfreiche Normen und Regelwerke:

DIN EN ISO 2553 *„Schweiß- und Lötnähte – Symbolische Darstellung in Zeichnungen"*

DIN EN ISO 9692-1 *„Schweißen und verwandte Prozesse – Empfehlungen zur Schweißnahtvorbereitung - Teil 1: Lichtbogenhandschweißen, Schutzgasschweißen, Gasschweißen, WIG-Schweißen und Strahlschweißen von Stählen"*

DIN EN ISO 9692-2 *„Schweißen und verwandte Prozesse – Schweißnahtvorbereitung – Teil 2: Unterpulverschweißen von Stahl"*

DIN EN ISO 9692-3 *„Schweißen und verwandte Prozesse – Empfehlungen für Fugenformen – Teil 3: Metall-Inertgasschweißen und Wolfram-Inertgasschweißen von Aluminium und Aluminiumlegierungen"*

DIN EN ISO 9692-4 *„Schweißen und verwandte Prozesse – Empfehlungen für Schweißnahtvorbereitung - Teil 4: Plattierte Stähle"*

DIN EN 1708-1 *„Schweißen – Verbindungselemente beim Schweißen von Stahl – Teil 1: Druckbeanspruchte Bauteile"*

DIN EN 1708-2 *„Schweißen – Verbindungselemente beim Schweißen von Stahl – Teil 2: Nicht innendruckbeanspruchte Bauteile"*

DIN EN 1708-3 *„Schweißen – Verbindungselemente beim Schweißen von Stahl – Teil 3: Plattierungen, Pufferungen, Auskleidungen druckbeanspruchter Bauteile"*

6.3 Untervergabe

DIN EN ISO 14731 führt dazu als Merkposten lediglich auf:

Eignung eines Unterlieferanten für die schweißtechnische Fertigung.

Eine Untervergabe erfolgt in der Regel wegen Kapazitätsmangel in der eigenen Fertigung. Hierzu wird dann ein Betrieb gesucht, der Teile des Gesamtauftrages fertigen kann. Meistens sind bei der Auswahl eines geeigneten Unterlieferanten der Preis und die Terminzusage entscheidend. Unter Eignung ist aber im schweißtechnischen Sinn mehr zu verstehen. An den Betrieb, der untervergeben möchte, der also die Erstbeauftragung erfahren hat, wurden gewisse Anforderungen hinsichtlich seiner Qualifizierung und Fähigkeiten gestellt (▶ „Abschnitt 6.1 – Überprüfung der Anforderungen"). Für den Nachweis dieser Eignung musste der Betrieb mit der Erstbeauftragung einen je nach Produktnorm erforderlichen Qualifizierungsnachweis erbringen, z. B. Herstellerqualifizierung nach DIN EN 1090-2 in der entsprechenden Ausführungsklasse.

Der Unterlieferant muss folglich für die Bauteile, die er im Unterauftrag zu fertigen hat, die erforderlichen Qualifikationen besitzen. Zu diesen Qualifikationen zählen auch die Nachweise über qualifizierte Schweißer, Hartlöter und Bediener und die Nachweise über die nach den Produktnormen erforderlichen Qualifizierungen der Schweißverfahren.

Dem Unterlieferanten müssen somit alle Unterlagen, insbesondere Spezifikationen des Auftraggebers schon bei der Anfrage beigestellt werden, damit auch er seine Fähigkeit, die Unterbeauftragung ausführen zu können, prüfen kann. Der Unterlieferant führt dann bei sich im Unternehmen die Selbstüberprüfung hinsichtlich der zu erfüllenden Anforderungen durch (▶ „Abschnitt 6.1 – Überprüfung der Anforderungen").

Vor der eigentlichen Beauftragung empfiehlt es sich, den Betrieb des Unterlieferanten zu überprüfen, um sich vor Ort von den Fertigungsbedingungen und -einrichtungen zu überzeugen.

Bei dieser Betriebsprüfung wird das Vorliegen der Herstellerqualifikationen nach DIN EN 1090 oder der Herstellerüberprüfung nach AD 2000-Merkblatt HP 0 vorausgesetzt. Bei dieser „Papierprüfung" wird auch kontrolliert, ob die in der Herstellerqualifikation des Unterlieferanten genannte Schweißaufsichtsperson noch im Betrieb tätig ist. Dazu gehört dann auch die Einsichtnahme in die Schweißerprüfungsbescheinigungen: liegen gültige Schweißer-, Bedienerprüfungen für die geplanten Schweißverbindungen im vorgesehenen Schweißverfahren und im geometrischen Geltungsbereich vor? (▶ „Abschnitt 6.4 – Schweißtechnisches Personal").

Beim Rundgang durch die Fertigungsstätte des Unterlieferanten sollte sich ein Überblick über die maschinelle Ausstattung des Betriebes verschafft werden und um einen Eindruck von der zu erwartenden Fertigungsqualität des Unterlieferanten zu erhalten. Welche Schweißnahtgüte produziert dieser Unterlieferant, wie ist ein Umgang mit Werkstoffen (Lagerhaltung), Verarbeitung (Zuschnitt, Anarbeiten der Schweißfasen, Heften, Schweißen) während der Fertigung gesichert? Gibt es eine Trennung von ferritischen und austenitischen Werkstoffen in der Fertigung? Sind auch die Werkzeuge für die Schwarz/Weiß-Fertigung getrennt und sind diese Werkzeuge (ggf. durch Farbkennzeichnung) voneinander unterscheidbar. Ein Augenmerk ist auch auf ausreichende Fertigungsfläche in der Werkstatt zu richten, um infolge von Platzmangel beim Schweißen mögliche Fehler beim Schweißen im Freien auf dem Außengelände zu vermeiden.

Bezogen auf die Bauteilgeometrie sind die Stromquellen hinsichtlich ihrer elektrischen Leistung zu überprüfen: lassen sich mit diesen Stromquellen und den vorgesehenen Verfahren auch die erforderlichen Schweißströme bei entsprechender Einschaltdauer abrufen?

Zu überprüfen sind auch die Lagerbedingungen, Aufbewahrung und Handhabung der Schweißzusätze (▶ „Abschnitt 6.10 – Schweißzusätze").

6.4 Schweißtechnisches Personal

DIN EN ISO 14731 führt dazu als Merkposten lediglich auf:

Qualifizierung der Schweißer und Bediener, Qualifizierung der Hartlöter und Bediener.

An dieser Stelle enthält die Norm nicht ausreichende Hinweise, an welche Punkte bei der Überprüfung von einzusetzendem Personal zu denken ist. Aber Normen haben auch nicht die Aufgabe, ein Lehrbuch zu sein, sie wenden sich vielmehr an Anwender mit entsprechendem Sachverstand. Deshalb werden hier Merkpunkte aufgeführt, die bei der Überprüfung von einzusetzendem fügetechnischem Personal von Bedeutung sind.

Qualifizieren bedeutet, dass der Schweißer/Bediener/Hartlöter seine Fähigkeit nachweisen muss, vorgegebene Prüfstücke mit einem Mindestmaß an handwerklichem Geschick herstellen zu können. In Abhängigkeit vom

- Schweißverfahren, Lötverfahren,
- Produktform (Blech oder Rohr),
- Nahtart (Stumpf- oder Kehlnaht),
- Werkstoffgruppe,
- Schweißzusatz, Lot
- Abmessung (Werkstückdicke und Rohraußendurchmesser),
- Schweißposition, Lötposition,
- Schweißnahteinzelheit (mit / ohne Schweißbadsicherung, einseitiges / beidseitiges Schweißen, einlagig /mehrlagig, nach links / nach rechts Schweißen),
- Einzelheiten zum Löten

ergibt sich dann ein Geltungsbereich für das Schweißen bzw. das Löten auf Grundlage des bestandenen Prüfstücks.

Grundlage, nach welchem Regelwerk Schweißer, Bediener und Hartlöter zu qualifizieren sind, bildet *das* Regelwerk, nach dem die zu liefernden Produkte zu fertigen sind. In diesen Produktnormen ist aufgeführt, nach welcher Norm das Personal zu qualifizieren ist. Die Qualifizierung von Schmelzschweißern geschieht nach Normen der Reihe DIN EN ISO 9606, die Prüfung von Schweißer an Stählen wurde noch in Deutschland und in Europa nach DIN EN 287-1 bis 2013 durchgeführt. Seit Dezember 2013 werden Schweißer, je nach Anwendungsregelwerk, auch nach DIN EN ISO 9606-1 qualifiziert.

Für die Prüfung der Löter gilt DIN EN ISO 13585.

In folgenden Produktnormen bzw. -regeln wird derzeit noch folgende Ausgabe für Schweißerprüfungen zugrunde gelegt:

Stahlbauten Stahltragwerke DIN EN 1090-2	DIN EN ISO 9606-1 undatiert
Wasserrohrkessel DIN EN 12952-4	EN ISO 9606-1:2017

Großwasserraumkessel DIN EN 12953-4	EN ISO 9606-1:2017
Unbefeuerte Druckbehälter DIN EN 13445-4	EN ISO 9606-1:2013
Druckbehälter AD 2000-Merkblatt HP 3	DIN EN ISO 9606-1:2013
Industrielle Rohrleitungen DIN EN 13480-4	EN ISO 9606-1:2017

Diese normativen Verweisungen sind an den jeweiligen Stellen im Text zitiert, und die Publikationen sind nachstehend aufgeführt. Bei datierten Verweisungen gehören spätere Änderungen oder Überarbeitungen dieser Publikationen nur zu dieser Norm, falls sie durch Änderung oder Überarbeitung eingearbeitet sind. Bei undatierten Verweisungen gilt die letzte Ausgabe der in Bezug genommenen Publikation (einschließlich Änderungen).

Für Druckgeräte, wie Dampfkessel, Wasserrohrkessel, Großwasserraumkessel, unbefeuerte Druckbehälter und Rohrleitungen gilt unabhängig von den Produktnormen die europäische Richtlinie für Druckgeräte (DGRL, PED, 2014/68/EU). Danach müssen für Schweißverbindungen in den Kategorien II, III oder IV diese Prüfungsbescheinigungen durch eine zuständige unabhängige Stelle zugelassen sein. Hierbei handelt es sich nach Wahl des Herstellers um eine benannte Stelle (Artikel 12) oder eine von einem Mitgliedstaat gemäß Artikel 13 anerkannte unabhängige Prüfstelle. Diese Prüfstelle darf nicht mit den Prüfstellen aus dem nationalen deutschen Vorwort der DIN EN 287-1 verwechselt werden.

Diese Anforderung gilt auch für Personal von Unterlieferanten oder Unternehmen für Arbeitnehmerüberlassung! Meist geschieht diese Zulassung des schweißtechnischen Personals für Druckgeräte durch einen zusätzlichen Stempelaufdruck auf der Schweißerprüfungs-Bescheinigung mit Unterschrift durch eine benannte Stelle bzw. eine anerkannte unabhängige Prüfstelle. Im Rahmen dieser Zulassung von Personal wird dann auch von einem Zertifikat gesprochen.

Bescheinigungen von Schweißern und Bedienern, welche im Geltungsbereich der Druckgeräterichtlinie Kategorie II, III und IV arbeiten, dürfen aber nur von Prüfern/Prüfstellen verlängert werden, die eine *„notifizierte Stelle bzw. eine anerkannte unabhängige Prüfstelle“* im Sinne der Druckgeräterichtlinie sind. Diese sind ebenfalls nicht identisch mit denen nach dem nationalen Vorwort der DIN EN 287-1.

Bei der Erstprüfung und für eine Verlängerung nach 2 Jahren ist jeweils ein Nachweis der Fachkunde erforderlich. Eine ausgestellte Prüfungsbescheinigung nach DIN EN ISO 9606-1 beinhaltet eben auch den Nachweis der erforderlichen Fachkenntnisse des Schweißers für seinen betrieblichen Einsatz. In der Fachkunde wird ein Schwerpunkt auf Arbeitssicherheit gelegt, aber auch die theoretischen Kenntnisse im angewendeten Schweißverfahren abgefragt.

Das bedeutet, dass für den Einsatz beim Schweißen von Stahlbauten (DIN EN 1090-2) die eingesetzten Schweißer über einen Nachweis der Fachkunde verfügen müssen. Werden hier aber Schweißer beispielsweise aus dem Ausland eingesetzt, die zwar eine gültige EN ISO 9606-1 – Prüfungsbescheinigung besitzen, aber keinen Nachweis der Fachkunde nach DIN EN ISO 9606-1 nachweisen müssen, dürfen diese Schweißer streng genommen nur mit einer Zustimmung im Einzelfall eingesetzt werden.

Für das Schweißen von Stahltragwerken (DIN EN 1090-2) und Druckgeräten ist, da nach EN-Produktnormen ausgeführt wird, keine Fachkunde vom Regelwerk her erforderlich. Eventuell kann über die Liste der Technischen Baubestimmungen vom DIBt (Deutsches Institut für Bautechnik) noch eine Zusatzanforderung für Deutschland beschrieben werden.

Im Nationalen Vorwort der DIN EN ISO 9606-1 heißt es:

„Schweißer, die in der Bundesrepublik Deutschland beschäftigt werden und über eine gültige Schweißerprüfung nach EN ISO 9606-1 verfügen, jedoch ***keine*** *fachkundliche Prüfung abgelegt haben, müssen aufgrund der derzeitig geltenden Rechtsvorschriften mindestens Kenntnisse auf dem Gebiet der Arbeitssicherheit und Unfallverhütung sowie Kenntnisse über das Entstehen und Vermeiden von Schweißnahtfehlern nachweisen."*

Dieser Nachweis kann durch eine nachträgliche schriftliche Zielsetzungsprüfung (Auswahlfragen); eine mündliche Befragung entsprechend einem schriftlichen Fragenkatalog; eine Prüfung entsprechend Computer-Programm oder eine Vorführungs-/ Beobachtungsprüfung entsprechend einem schriftlichen Merkmalskatalog durchgeführt werden. Dabei beschränkt sich die Fachkundeprüfung inhaltlich auf das in der Prüfung benutzte Schweißverfahren.

Für die Fertigung von Druckbehältern und Druckbehälterteilen allein nach dem deutschen Regelwerk AD 2000, erfolgt der Hinweis auf die notwendige Qualifizierung durch das AD 2000-Merkblatt HP 3. Dieses Merkblatt schränkt den Geltungsbereich einer Prüfung nach DIN EN ISO 9606-1 nach Abschnitt 3.4 ein:

„Zur Verlängerung von Schweißerqualifikationen in den Prozessen 131, 135, 138 und 311 sind ergänzend zu den Forderungen aus DIN EN ISO 9606-1 Ergebnisse von Bruchprüfungen vorzulegen.

Für Druckbehälter oder Druckbehälterteile der Kategorien II, III und IV ist eine Verlängerung nach Abschnitt 9.3 c) nach DIN EN ISO 9606-1 bzw. 5.3 c) nach DIN EN ISO 14732 nicht zulässig."

Die Einteilung der Schweißprozesse erfolgt bei den Prüfungsnormen auf Basis der DIN EN ISO 4063 *„Schweißen und verwandte Prozesse – Liste der Prozesse und Ordnungsnummern"*. Jedem Schweiß- bzw. Lötverfahren ist nach dieser Norm eine Ordnungsnummer zugeordnet. In dieser Norm ist neben der Ordnungsnummer dann auch die deutsche, die englische und französische Bezeichnung des Schweißprozesses angegeben.

Beispiel 1:
111 Lichtbogenhandschweißen
111 Manual metal arc welding (metal arc welding with covered electrode)
Shielded metal arc welding, USA
111 Soudage manuel à l'arc ave électrode enrobée.

Beispiel 2: 141 Wolfram-Inertgasschweißen mit Massivdraht- oder Massivstabzusatz; WIG-Schweißen

141 TIG welding with solid filler material (wire/rod) Gas tungsten arc welding using inert gas and solid filler material (wire/rod), USA

141 Soudage TIG avec fil d'apport (soudage à l'arc sous protection de gaz inerte avec électrode de tungstène et fil d'apport).

In dieser Norm wird auch die Art des Werkstoffübergangs mit Kurzzeichen hinterlegt: D (short-circuit transfer, dip transfer) für Werkstoffübergang im Kurzschluss, G (globular transfer) für großtropfigen Werkstoffübergang, S (spray transfer) für feintropfigen Werkstoffübergang und P (pulsed transfer) für impulsgesteuerten Werkstoffübergang.

Wird z. B. beim Unterpulverschweißen (121) zusätzlicher Schweißzusatz eingesetzt, so kann die Angabe Heißdraht oder Kaltdraht mit den Buchstaben C für Kaltdraht (cold wire) und H für Heißdraht (hot wire) angegeben werden. 121-C steht dann für das Unterpulverschweißen mit Massivdrahtelektrode und zusätzlichem zugeführten stromlosen Schweißdraht.

Im informativen Anhang dieser Norm findet sich dann auch eine Vergleichstabelle für üblicherweise in den USA verwendete Bezeichnungen nach AWS (American Welding Society) für Schweißen und verwandte Prozesse. Beispiele: SMAW = 111, GMAW-P = 13-P, GMAW-S = 13-D.

Die Einteilung der Werkstoffe erfolgt nach den chemischen Grenzen des CEN/ISO-Berichts (DIN CEN ISO/TR 15608 *„Schweißen – Richtlinien für eine Gruppeneinteilung von metallischen Werkstoffen“*). In diesem internationalen Technical Report (TR) werden, bezogen auf wesentliche chemische Bestandteile, schweißgeeignete Werkstoffe (Stähle, Aluminium, Kupfer, Titan, Zirkonium und deren Legierungen sowie Gusseisen) zu Gruppen / Untergruppen zusammengefasst, die vergleichbare Eigenschaften haben. Da nur chemische Grenzen für Schmelzenanalysen hierin zu finden sind, ist eine eigenständige Gruppenzuordnung meist mühsam.

Als direkte Umschlüsselungstabellen für europäische, amerikanische und japanische Werkstoffe dienen der:

- DIN-Fachbericht CEN ISO/TR 20172 (DIN SPEC 1097) „Schweißen –Werkstoffgruppeneinteilung - Europäische Werkstoffe“,
- DIN-Fachbericht ISO/TR 20173 (DIN SPEC 1116) „Werkstoffgruppeneinteilung - Amerikanische Werkstoffe“,
- DIN-Fachbericht CEN ISO/TR 20174 „Werkstoffgruppeneinteilung - Japanische Werkstoffe“.

Für den Abschnitt „Schweißtechnisches Personal“ hilfreiche Normen und Regelwerke:

DIN EN ISO 9606-1 *„Prüfung von Schweißern – Schmelzschweißen – Teil 1: Stähle“*

DIN EN ISO 9606-2 *„Prüfung von Schweißern – Schmelzschweißen – Teil 2: Aluminium und Aluminiumlegierungen“*

DIN EN ISO 9606-3 *„Prüfung von Schweißern – Schmelzschweißen – Teil 3: Kupfer und Kupferlegierungen“*

DIN EN ISO 9606-4 *„Prüfung von Schweißern – Schmelzschweißen – Teil 4: Nickel und Nickellegierungen“*

DIN EN ISO 13585 *„Hartlöten – Hartlöterprüfung“*

DIN EN ISO 14732 *„Schweißpersonal – Prüfung von Bedienern und Einrichtern zum mechanischen und automatischen Schweißen von metallischen Werkstoffen“*

DIN EN ISO 4063 *„Schweißen und verwandte Prozesse – Liste der Prozesse und Ordnungsnummern“*

DIN-Fachbericht *„Schweißen – Werkstoffgruppeneinteilung* – CEN ISO/TR 20172 (DIN SPEC 1097) *Europäische Werkstoffe“*

6.5 Einrichtungen

DIN EN ISO 14731 nennt dazu:

a) **Eignung der Schweiß- und Zusatzeinrichtungen**
b) **Bereitstellung, Kennzeichnung und Handhabung von Hilfsmitteln und Einrichtungen**
c) **persönliche Arbeitsschutz- und sonstige Sicherheitseinrichtungen, die in unmittelbarem Zusammenhang mit dem angewendeten Fertigungsprozess stehen**
d) **Instandhaltung der Einrichtungen**
e) **Verifizierung und Validierung der Einrichtungen.**

Die betrieblichen Einrichtungen müssen von der Schweißaufsichtsperson hinsichtlich der Verwendbarkeit zum Schweißen und für verwandte Verfahren wie Löten bewertet werden. Alle für Schweiß-, Löt- und Schneidarbeiten zu nutzenden Maschinen müssen vor ihrem Einsatz für die Verwendung überprüft werden. Zu Einrichtungen zählen:

- Autogengeräte für das Gasschweißen, Schweißstromquellen für das Lichtbogenschweißen,
- Einrichtungen für Schmelz- und Widerstandspressschweißen einschließlich des thermischen Schneidens, eingeteilt nach dem Grad der Mechanisierung: manuelles, teil-, vollmechanisches und automatisches Schweißen,

- Schweißplatzausrüstungen für oben genannte Verfahren,
- persönlicher Arbeitsschutz,
- Sicherheitseinrichtungen gegen Lärm, Strahlung, Funkenflug,
- Maschinen und Geräte für den Zuschnitt und die Nahtvorbereitung, wie Scheren, Sägen, Stanzen, Dreh-, Fräs-, Hobelmaschinen, Nahtformer, Winkelschleifer einschließlich thermische Schneideinrichtungen,
- Maschinen und Geräte zum Vorwärmen und zur Wärmebehandlung,
- Spann-, Fixier- und Schweißvorrichtungen,
- Hebe- und Transportzeuge,
- Lüftungsanlagen bzw. -geräte für Schweißrauche, -stäube und -gase,
- Trocknungsgeräte für Schweißzusatzwerkstoffe,
- Einrichtungen zur Oberflächenbehandlung,
- Geräte für die zerstörende Prüfung einer Schweißnaht,
- Einrichtungen für die zerstörungsfreie Prüfung einer Schweißnaht,
- Lagerräume bzw. -schränke für Werkstoffe, Schweißzusätze, schweißtechnische Ersatzteile, Maschinen und Geräte.

Neben einer Erstfreigabe zum Arbeiten gehört dazu auch die Instandhaltung dieser Betriebseinrichtungen. Die in der Norm beschriebenen Merkpunkte werden nachfolgend detailliert erörtert und mit Beispielen belegt.

a) Eignung der Schweiß- und Zusatzeinrichtungen

Bei der Überprüfung der Eignung von Schweiß- und Zusatzeinrichtungen ist beispielsweise bei elektrischen Stromquellen auf die Einsatzmöglichkeit in Räumen erhöhter elektrischer Gefährdung zu achten. Eine erhöhte elektrische Gefährdung besteht z. B., wenn der Schweißer kniend, sitzend liegend oder angelehnt mit seinem Körper elektrisch leitfähige Teile berührt. Dazu zählen auch Arbeitsplätze, an denen der Schweißer bedingt durch räumliche Enge elektrisch leitfähige Teile berühren kann, die einen Abstand von weniger als 2 m haben. Elektrische Gefährdung besteht auch, wenn die Arbeitsplätze nass, feucht oder heiß sind, so dass der elektrische Widerstand der menschlichen Haut aber auch besonders der Arbeitskleidung durch Nässe oder Schweiß herabgesetzt wird. Die erhöhte elektrische Gefährdung für den Schweißer aber auch für Helfer liegt dann vor, wenn die Widerstände für den Stromfluss durch den menschlichen Körper verringert sind; dies passiert durch verkürzte Stromwege und durch gut leitfähig gewordene Kleidung. Für den einfachen Fall der Abschätzung, ob eine elektrische Gefährdung vorliegt, bedient man sich dem Pauschalmaß von 2 m für den freien Bewegungsraum gegenüberliegender leitfähiger Teile. Wenn eines dieser Abmessungen – Länge, Breite, Höhe oder Durchmesser – unterschritten wird, liegt eine erhöhte elektrische Gefährdung vor.

Es müssen aber nicht nur Arbeitsbedingungen wie das Schweißen in kleinen Behältern, in Rohrleitungen, in Doppelböden von Tanks und in Schiffsbauten vorliegen; diese erhöhte elektrische Gefährdung ist auch gegeben, wenn der Schweißer beim Schweißen von Stahltragwerken auf einem Träger sitzend mit dem elektrischen Lichtbogen arbeitet. Schutz vor dieser erhöhten elektrischen Gefährdung bieten Stromquellen nach entsprechender Bauvorschrift und ausreichende elektrische Isolierung des Personals.

Die Steuerung der Lebensfunktionen und der Muskulatur des menschlichen Körpers und damit auch des Herzmuskels, geschieht durch winzige elektrische Ströme. Durch von außen zugeführte, wesentlich höhere elektrische Ströme, wie dem Schweißstrom, werden diese menschlichen Steuerungsströme gestört. Bereits ab 10 mA verkrampfen sich Muskeln. Weitere Einflussgrößen sind dabei auch der Stromverlauf durch den menschlichen Körper, der Zustand der Haut (trocken oder feucht), die Dauer des Stromflusses und die Frequenz (bei Wechselstrom). Der Körperwiderstand beträgt ca. 1.000 Ohm, der Innenwiderstand je Arm und Bein ca. 500 Ohm. Aus dem Ohm'schen Gesetz I = U/R in Verbindung mit dem kritischen Wert von 10 mA wurden für Stromquellen folgende Grenzwerte für die Leerlaufspannung in Abhängigkeit von den Einsatzbedingungen festgeschrieben:

Tabelle 6.5-1. Zulässige Leerlaufspannungen nach BGI 553 (Lichtbogenschweißer).

Nr.	Einsatzbedingungen	Leerlaufspannung		
		Spannungsart	Höchstwerte in Volt	
			Scheitelwert	Effektivwert
1	Erhöhte elektrische Gefährdung	Gleich	113	
		Wechsel	68	48
2	Ohne erhöhte elektrische Gefährdung	Gleich	113	
		Wechsel	113	80
3	Begrenzter Betrieb ohne erhöhte elektrische Gefährdung	Gleich	113	
		Wechsel	78	55
4	Lichtbogenbrenner maschinell geführt	Gleich	141	
		Wechsel	141	100
5	Plasmaschneiden	Gleich	500	
6	Unterwasser mit Personen im Wasser	Gleich	65	
		Wechsel		unzulässig

Die Leerlaufspannung liegt an der Stromquelle auf der Sekundärseite an den beiden Anschlussklemmen an, wenn kein Lichtbogen brennt und eventuell vorhandene Lichtbogen-Zündeinrichtungen und -Stabilisierungseinrichtungen abgeschaltet sind.

Wenn Schweißstromquellen und Zusatzgeräte, wie Drahtfördereinrichtungen oder mehrere Schweißstromquellen, zusammengeschaltet sind, gilt die resultierende Spannung als Leerlaufspannung. Sie darf bei keiner Einstellung und Schaltung von Stromquellen und Zusatzgeräten die in Tabelle 6.5-1 festgelegten Höchstwerte überschreiten. Diese Festlegung stellt klar, dass es um eine Begrenzung derjenigen Spannung geht, mit der der Schweißer beim Schweißen in Berührung kommen kann. Deshalb darf z. B. bei Anlagen mit mehreren zusammengeschalteten Stromquellen weder die Leerlaufspannung der einzelnen Stromquelle noch die resultierende Leerlaufspannung die zulässigen Höchstwerte überschreiten.

Im unbelasteten Zustand ist diese Spannung recht hoch, um ein Zünden des Lichtbogens überhaupt zu ermöglichen. Während des Schweißbetriebes sinkt die Spannung zwischen den beiden Klemmen auf eine Arbeitsspannung von 15 bis 40 Volt ab. Der kritische Zustand ist also der, wenn kein Lichtbogen brennt.

Neben der Leerlaufspannung ist auch die **Schutzart** der Stromquelle und der anderen elektrisch betriebenen Hilfsmittel von Bedeutung. Mit Schutzart wird für verschiedene Umgebungsbedingungen der Schutz gegen Fremdkörper, Wasser und Berühren in unterschiedlichen Abstufungen beschrieben. Das Kurzzeichen IP steht dabei für *„International Protection"*.

Den in der Schutzartbezeichnung immer vorhandenen Buchstaben IP werden zwei Kennziffern angehängt. Diese zeigen an, welchen Schutzumfang ein Gehäuse, aber auch elektrische Leitungen bezüglich Berührung bzw. Eindringen von Fremdkörper (erste Kennziffer) und Feuchtigkeit bzw. Wasser (zweite Kennziffer) bietet, Tabelle 6.5-2 und Tabelle 6.5-3.

Für Stromquellen, die im Innenbereich eingesetzt werden sollen, ist die Schutzart IP 21 erforderlich. Für Arbeiten im Außenbereich, also auf der Montage und Baustelle, ist die Schutzart IP 23 zu erfüllen. Bei wechselndem Einsatz der Stromquellen teils in der Werkstatt, teils auf der Baustelle, ist die Auswahl einer Stromquelle in der höheren Schutzart IP 23 sinnvoll.

Tabelle 6.5-2. Schutzart für Berührungs- und Fremdkörperschutz (1. Kennziffer).

DIN 40050-9 Ziffer	**DIN EN 60529 Ziffer**	**Schutz gegen Berührung**	**Schutz gegen Fremdkörper**
0	0	kein Schutz	kein Schutz
1	1	Geschützt gegen den Zugang mit dem Handrücken	Geschützt gegen feste Fremdkörper (Durchmesser ab 50 mm)
2	2	Geschützt gegen den Zugang mit einem Finger	Geschützt gegen feste Fremdkörper (Durchmesser ab 12,5 mm)
3	3	Geschützt gegen den Zugang mit einem Werkzeug	Geschützt gegen feste Fremdkörper (Durchmesser ab 2,5 mm)
4	4	Geschützt gegen den Zugang mit einem Draht	Geschützt gegen feste Fremdkörper (Durchmesser ab 1,0 mm)
5K	5	Geschützt gegen den Zugang mit einem Draht	Staubgeschützt
6K	6	Geschützt gegen den Zugang mit einem Draht	Staubdicht

Tabelle 6.5-3. Schutzart für Wasserschutz (2. Kennziffer).

DIN40050-9 Ziffer	DIN EN 60529 Ziffer	Schutz gegen Wasser
0	0	kein Schutz
1	1	Schutz gegen senkrecht fallendes Tropfwasser
2	2	Schutz gegen fallendes Tropfwasser, wenn das Gehäuse bis zu 15° geneigt ist
3	3	Schutz gegen fallendes Sprühwasser bis 60° gegen die Senkrechte
4	4	Schutz gegen allseitiges Spritzwasser
5	5	Schutz gegen Strahlwasser (Düse) aus beliebigem Winkel
6	6	Schutz gegen starkes Strahlwasser
6K		Schutz gegen starkes Strahlwasser unter erhöhtem Druck, spezifisch für Straßenfahrzeuge
7	7	Schutz gegen zeitweiliges Untertauchen
8	8	Schutz gegen dauerndes Untertauchen
9K		Schutz gegen Wasser bei Hochdruck-/Dampfstrahlreinigung, spezifisch für Straßenfahrzeuge

Elektrisch betriebene Geräte können wahlweise aus einem Kunststoffgehäuse, aber auch aus einem Metallgehäuse bestehen. Je nach Gehäuseart ist somit auch ein Schutzleiter erforderlich. Bei Geräten mit einem Metallgehäuse ist neben der Phase und dem Nullleiter auch ein Schutzleiter erforderlich. Geräte mit einem Kunststoffgehäuse dürfen darauf verzichten. Diese Geräte tragen auf dem Typenschild dann den entsprechenden Hinweis auf die **Schutzklasse**.

Schweißstromquellen und Zusatzeinrichtungen sind mit Schutzklasse I (mit Schutzleiter) und mit Schutzklasse II (ohne Schutzleiter) verfügbar. Wenn möglich, sollte immer ein Gerät der Schutzklasse II gewählt werden, da bei diesen Geräten die Netzzuleitung (Anschlusskabel) keinen Schutzleiter (grün-gelb) enthält, der durch vagabundierende Ströme zerstört werden könnte.

Neben den Schweißstromquellen und Zusatzeinrichtungen müssen auch die anderen elektrischen Betriebsmittel geeignet sein. Zu diesen Werkzeugen zählen beispielsweise Winkelschleifer, Bandfeilen, Fräser, Schleifböcke, aber auch Beleuchtungskörper wie Kabellampen. Sollen diese meist mit 230 Volt betriebenen Geräte in Räumen erhöhter elektrischer Gefährdung z. B. in Behältern eingesetzt werden, sind diese mit Schutztrenntrafo für elektrische Betriebsmittel und mit einem Schutzkleinspannungstrafo für Beleuchtung 230 V / 42 V zu betreiben. Die Transformatoren sind dann immer außerhalb des Raumes erhöhter elektrischer Gefährdung aufzustellen.

Ein sehr guter Schutz gegen Gefährdung durch die Netzspannung sind Fehlerstromschutzeinrichtungen (RCDs; residual current protective devices) mit max. 30 mA Auslösestrom. Sie machen durch ihr Auslösen rechtzeitig auf Fehler aufmerksam. Geeignete Bauarten arbeiten auch bei rauem Betrieb zuverlässig. Früher wurden diese Schutzeinrichtungen auch als Fehlerstromschutzschalter (FI) für netzspannungsunabhängige Geräte (ohne Hilfsspannungsquelle), als Differenzstromschutzschalter (DI) für netzspannungsabhängige Geräte (mit Hilfsspannungsquelle) oder umgangssprachlich auch als *„Personenschutzautomat"* bezeichnet.

Neben der Eignung für den Einsatzbereich der Stromquelle spielen auch die Leistungswerte der Stromquelle eine maßgebliche Rolle. In Abhängigkeit vom Werkstoff, von der Dicke des Werkstückes und der Schweißposition ergeben sich maximal mögliche Schweißströme, mit denen am Bauteil gearbeitet werden kann. Die eingesetzte Stromquelle muss in der Lage sein, diese hohen Ströme dauerhaft bereitzustellen. In Abhängigkeit vom Schweißverfahren (Lichtbogenhandschweißen, Wolfram-Inertgasschweißen, Metall-Schutzgasschweißen, Unterpulverschweißen) werden für diese Verfahren normierte Einschaltdauern zugrunde gelegt. Dies sind in der Regel 30 % für die Einschaltdauer beim größten Bemessungswert des Schweißstromes sowie 60 % und 100 %. Die Einschaltdauer ist bezogen auf die normierte Spielzeit von 10 Minuten. Einschaltdauer und damit die Leistungsfähigkeit einer Stromquelle beziehen sich auf eine Umgebungstemperatur von 40 °C.

Die **Lagerräume** für die Schweißzusätze, insbesondere umhüllte Stabelektroden und für das Pulver zum Unterpulverschweißen müssen ausreichend trocken sein. Die Umhüllung sowie die Schweißpulver sind je nach Umhüllungstyp bzw. Pulvertyp stark hygroskopisch, sie saugen die Feuchtigkeit aus der Umgebungsluft auf. Feuchte ist letztlich nichts anders als Wasser(dampf). Beim Verschweißen dieser Zusätze entweicht dieses Wasser als Wasserstoff in atomarer Form und kann im niedergeschmolzenen Schweißgut „eingefroren" werden. Dort rekombiniert dann der atomare Wasserstoff zu einer molekularen Form. Damit einher geht eine Volumenvergrößerung. Um die natürliche Feuchtigkeitsaufnahme schon bei der Lagerung gering zu halten, sollen diese Lagerbedingungen wärmer als 18 °C sein und eine relative Luftfeuchtigkeit von weniger als 60 % aufweisen. Kontrolliert werden diese zwei Bedingungen mittels einer Kombination aus Thermometer und Hygrometer.

Zu den **Trocknungsgeräten für Schweißzusätze** zählen die Rücktrocknungsöfen und Warmhalteköcher für umhüllte Stabelektroden sowie die Trockenschränke für Schweißpulver zum Unterpulverschweißen. Die Trocknungseinrichtungen müssen in der Lage sein, entsprechend der Vorgaben der Schweißzusatzhersteller die erforderlichen Rücktrocknungs- und Warmhaltetemperaturen bereit zu stellen. Auch müssen gerade die Warmhalteköcher in entsprechender Anzahl für die eingesetzten Schweißer vorrätig sein.

Zum Vorrichten der Teile zum Heften und darauffolgenden Schweißen können **Spann- und Fixiereinrichtungen** verwendet werde. Im Rohrleitungsbau sind dies bei kleinen Rohrabmessungen Gripzangen, Bild 6.5-1, bei größeren Rohraußendurchmessern Außenzentrierketten, Bild 6.5-2.

Bild 6.5-1. Gripzange für Rohrverarbeitung und Gripzange für Blechverarbeitung (Quelle: Der Schweißer/Holger Specht).

Bild 6.5-2. Beispiele von Außenzentrierketten (Quelle: Der Schweißer).

Im Stahl- und Blechbau werden zum Positionieren Schnellspannvorrichtungen gewählt, wo mit einfachen Kippbewegungen die zu verschweißenden Bauteile fixiert werden können. Diese Kniehebelspanner werden meist an fest installierten Vorrichtungen oder auf Montagetischen verwendet.

Eine Alternative zu fest positionierbaren Kniehebelspannern sind variable auf magnetisierbarer Unterlage, also auch auf Bauteilen selbst aufzusetzende Magnetwinkel, Bild 6.5-3.

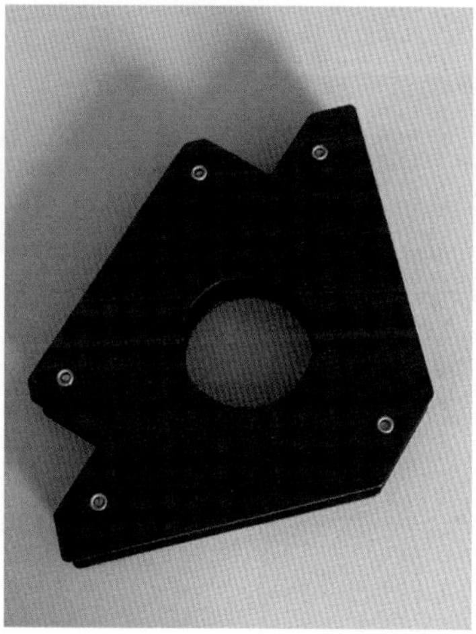

Bild 6.5-3. Magnetwinkel (Bildquelle: DVS Media GmbH)

Bei rotationssymmetrischen Bauteilen hat sich der Einsatz von elektrisch betriebenen **Schweißtischen** bewährt. Ein Elektromotor treibt dabei einen Spanntisch an, auf der symmetrische Bauteile eingespannt werden. Damit bleibt die Schweißposition konstant. Durch die Drehung des Bauteils am Schweißbrenner vorbei ergibt sich die Schweißgeschwindigkeit. Entscheidend hierbei ist, dass es sich um einen echten Schweiß-Drehkipptisch handelt, bei dem über Schleifkontakte die Schweißstromrückführung zum „Masseanschluss“ am Tisch gewährleistet wird. Andernfalls würde der Strom über Getriebeteile zurückgeführt und zu Zündstellen, Aufhärtungen und gegebenenfalls Rissen führen.

In der Fertigung werden darüber hinaus auch **Hebe- und Transportzeuge** eingesetzt. In der Werkstatt findet sich sehr häufig ein Brückenkran. Dieser wird umgangssprachlich auch als Hallenkran, Deckenkran oder Hängekranbahn bezeichnet. Mit ihm lassen sich mittels in einer Kabine sitzenden Kranführers oder auch mittels Unterflurbedienung alle Transportarbeiten durchführen. Bevor ein Brückenkran erstmalig in Betrieb genommen wird, ist in der Bundesrepublik Deutschland eine Bau- und Abnahmeprüfung nach BGG 905 *„Prüfung von Kranen“* (Berufsgenossenschaftliche Grundsätze) durch einen von der Berufsgenossenschaft ermächtigten Sachverständigen erforderlich. Bei der Bauprüfung überzeugt sich der beauftragte Sachverständige davon, dass die Qualitätskontrolle wirksam ist, und stellt fest, ob der Kran entsprechend den in der Vorprüfung geprüften Unterlagen gefertigt worden ist. Die Vorprüfung umfasst die Prüfung der Bemessung des Kranes hinsichtlich der Einstufung, der Lastannahmen, der Berechnungsverfahren, der Werkstoffauswahl, des Standsicherheitsnachweises und der Angabe der abzuleitenden Kräfte. Ferner die Prüfung der Konstruktionsunterlagen auf Einhaltung der grundlegenden Sicherheits- und Gesundheitsanforderungen der Richtlinie 98/37/EG, angewendeten Normen und technischen Spezifikationen, die Prüfung der Ausführungszeichnungen auf Übereinstimmung mit den Berechnungsunterlagen und die Prüfung der Steuerungspläne hinsichtlich Elektrik, Hydraulik und Pneumatik. Die Abnahmeprüfung erstreckt sich am betriebsbereiten Kran, von der Sichtung der für einen Kran vorliegenden Dokumente bis hin zur Prüfung aller sicherheitstechnisch relevanten Funktionen, Sicherheitsabstände und angrenzenden Bereiche.

Die wiederkehrende Prüfung ist gemäß § 26 der Unfallverhütungsvorschrift dann durch einen Sachkundigen durchzuführen. Die Prüfergebnisse sind in einem Prüfbuch für den jeweiligen Kran zu dokumentieren.

Für das Führen von handbetriebenen Kranen ist entsprechend § 4 der Unfallverhütungsvorschrift *„Grundsätze der Prävention" (BGV A 1) eine Unterweisung erforderlich. Hierbei sind Inhalt und Umfang auf die hierbei auftretenden Gefahren abzustimmen.*

Für Personal, welches einen Kran als Kranführer bedienen soll, ist eine Schulung nach den Grundsätzen der BGG 921 als Kranführer erforderlich.

b) Bereitstellung, Kennzeichnung und Handhabung von Hilfsmitteln und Einrichtungen

Alle Schweißstromquellen, die für Lichtbogenarbeiten unter erhöhter elektrischer Gefährdung geeignet sind, müssen deutlich erkennbar und dauerhaft das Symbol [S] tragen oder die bisherigen Symbole bei Wechselstromquellen (42V) und bei Gleichstromquellen K tragen; wie hoch die Leerlaufspannung bei der betreffenden Stromquelle ist, kann auf dem Leistungsschild abgelesen werden. Mit dem Symbol [S] werden alle Stromquellen auf Basis einer europäischen Übereinkunft gekennzeichnet. Die Symbole (42V) und K sind alte rein deutsche Kennzeichnungen, die aber noch vielfach auf Altstromquellen zu finden sind. Im Rahmen der europäischen Angleichung wurde die Leerlaufspannung seinerzeit von 42 Volt auf 48 Volt angehoben.

Soll gleichzeitig an Werkstücken elektrisch geschweißt und mit Elektrowerkzeugen gearbeitet werden, wird empfohlen, schutzisolierte Werkzeuge der Schutzklasse II (ohne Schutzleiter) einzusetzen. Diese Geräte tragen die Kennzeichnung ⧈.

Die zu jedem Gerät vom Hersteller mitgelieferte Betriebsanleitung einschließlich möglicher elektrischer Schaltpläne sowie ein Ersatzteilverzeichnis empfehlen sich, zentral im Betrieb zu archivieren. Im Fall von notwendigen Reparaturen oder für die Inanspruchnahme von Gewährleistungsansprüchen sind die erforderlichen Unterlagen sofort greifbar. Werden Geräte auf Baustellen zum Einsatz gebracht, sollte jeweils nur eine Kopie der Betriebsanleitung mitgegeben werden, das Original verbleibt im Betrieb.

Für die Antragstellung auf Erteilung einer Herstellerzertifizierung nach DIN EN 1090-1 oder für eine Herstellerüberprüfung nach AD 2000-Merkblatt HP 0 ist vom Hersteller ein Antragsbogen unter anderem über die Betriebseinrichtungen auszufüllen, der Auskunft über die Anzahl, den Typ, die Stromart und die Leistung von Stromquellen liefert. Weiterhin sind in diesen Antragsformularen auch die Maschinen für die Schweißnahtvorbereitung, Hebezeuge, Heft- und Schweißeinrichtungen sowie Einrichtungen zur Wärmevor- und Wärmenachbehandlung aufzuführen.

Eine tabellarische Erfassung aller Einrichtungen zum Schweißen, Löten und thermischen Trennen und Bearbeiten mit ihren wesentlichen Leistungsdaten erleichtert auch eine derartige Antragstellung und die Selbstbewertung des zur Verfügung stehenden Geräteparks in der Phase der Vertragsprüfung (▶ „Abschnitt 6.1 – Überprüfung der Anforderungen“).

c) persönliche Arbeitsschutz- und sonstige Sicherheitseinrichtungen, die in unmittelbarem Zusammenhang mit dem angewendeten Fertigungsprozess stehen

Im Folgenden wird beschrieben, was zur persönlichen Schutzausrüstung eines Schweißers gehört und erläutert:

Beim Lichtbogenschweißen mit umhüllter Elektrode benutzt der Schweißer einen Schutzschild nach DIN EN 175. Dieser handgeführte Schutzschild, auch Freisichtschild genannt, schützt den Schweißer vor allen Arten der Strahlung und leitet auch die entstehenden Schweißrauche am Kopf des Schweißers vorbei. Im Sichtausschnitt wird ein an die verwendete Stromstärke angepasster **Schweißschutzfilter** nach DIN EN 169 eingesetzt. Die Schweißschutzfilter sind dabei durch eine Vorsatzscheibe (Klarglas) zu schützen, da das Einscheibenglas beim Auftreffen heißer Metallspritzer der Schweißschutzfilter sonst zerspringen kann. Verspiegelte Schweißschutzfilter vermindern gerade bei langen andauernden Schweißarbeiten die absorbierte Wärme durch den Lichtbogen. Unterhalb des getönten Glases befindet sich ein Fenster hinter dem Klarglas. Zur freien Sicht kann das Filterglas nach unten bewegt werden; diese Möglichkeit des geschützten Blickens ist beim Entfernen der Schlacke mit dem Schlackenhammer von Vorteil, um den Schweißer vor der abplatzenden scharfkantigen Schlacke zu schützen.

Beim Schutzgasschweißen (WIG, MSG) und bei Plasmaverfahren wird ein **Schutzschirm**, umgangssprachlich auch Schweißerhelm genannt, verwendet, der auf dem Kopf getragen wird, Bild 6.5-4. Damit hat der Schweißer beim Arbeiten dann beide Hände frei. Alternativ zu Schweißschutzfiltern nach DIN EN 169 können auch Schutzschirme mit **automatischen Schweißerschutzfiltern** nach DIN EN 379 eingesetzt werden, die sich selbsttätig mit dem Zünden des Lichtbogens abdunkeln.

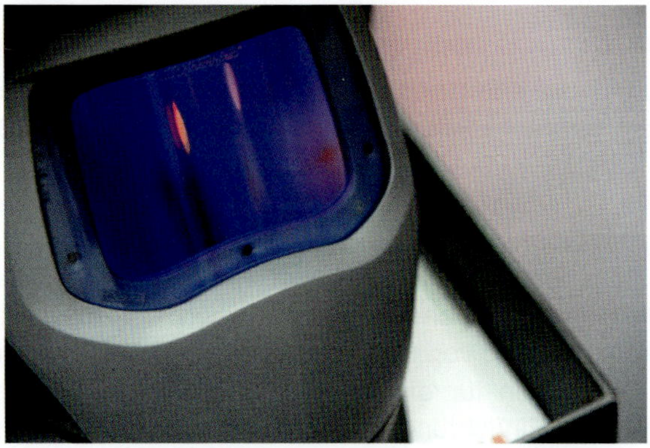

Bild 6.5-4. Schweißerschutzschirm (Quelle: DVS Media GmbH/Anna Kaduk).

Eine **Schweißerschutzbrille** als Brillenbügel ist für das Gasschmelzschweißen und bei Brennschneidarbeiten mit Schweißschutzfiltern nach DIN EN 169 zu verwenden, Bild 6.5-5. Wichtig ist, dass die Brille auch einen guten seitlichen Schutz vor Schweißspritzern bietet.

Bild 6.5-5. Schweißerschutzbrille (Quelle: DVS Media GmbH/Anna Kaduk).

Beim Einsatz in schwer zugänglichen Stellen, wo ein Arbeiten mit einem Schweißerschutzschild oder einem Schweißerschutzschirm nicht möglich ist, kann eine Lederhaube verwendet werden. Hier werden dann getönte Schweißschutzfilter in runder Form eingesetzt. Vor den Klargläsern befinden sich die hochklappbaren getönten Gläser, so dass diese Ledermaske auch für Schleifarbeiten verwendet werden kann.

Ferner gehören zur persönlichen Schutzausrüstung **Schweißerschutzhandschuhe** aus Leder nach DIN EN 12477. Als Leder kann Narben- oder Spaltleder verwendet werden. Narbenleder auch Oberleder genannt besitzt eine feste und glatte Oberfläche. Spaltleder ist auf beiden Seiten rau und weniger weich als Narbenleder. Spaltleder besitzt infolge seiner nach dem Gerbprozess entstehenden Faserstruktur eine gute mechanische und auch thermische Beanspruchbarkeit. Wird Wert auf gutes Tastempfinden beim Arbeiten gelegt, wie z. B. bei WIG-Schweißen, hat sich das weiche Ziegenleder bewährt. Schweißerhandschuhe sollten immer von innen genäht sein. Bei Verbindungen zwischen Handschuh und Stulpe könnten sonst Schweißspritzer infolge der vorhandenen Kante nicht ungestört abrollen und das Garn in der Verbindungsnaht schädigen. Metallteile in Handschuhen, z. B. Nieten oder Klammern, heben die isolierende Wirkung des Leders wieder auf.

DIN EN 12477 ist nach modernem Normenprinzip werkstoffneutral, mit der Folge, dass nur noch die in dieser Norm festgelegten Mindestanforderungen gewährleistet sind und nicht mehr mit dem Material Leder natürlich verbundene Eigenschaften, die bisher nicht festgelegt zu werden brauchten. Die Norm DIN EN 12477 teilt Schweißerschutzhandschuhe in die Typen A oder B ein. Vereinfacht kann festgehalten werden, dass Schutzhandschuhe der Klasse A für das MSG-Schweißen oder Schweißarbeiten mit hohen Strömen bzw. Gasdurchsatz geeignet sind. Dies sind meist Verfahren mit geringerer Fingerfertigkeit in Bezug auf den Tastsinn. Schutzhandschuhe der Klasse B bevorzugt für WIG-Schweißarbeiten, Bild 6.5-7, oder solche elektrischen Schweißverfahren mit geringen Strömen bzw. Gasdurchsatz. Aufgrund der geringeren Schutzwirkung weisen sie eine erheblich höhere Beweglichkeit und damit ein besseres Tragegefühl auf. In DIN EN 12477 wird dann auf die Prüfnormen EN 388 und EN 407 hinsichtlich der Mindestleistungen für mechanische und thermische Belastungen verwiesen.

Vorsicht ist im Umgang mit Schweißerschutzhandschuhen nach DIN EN 12477 geboten; trotz CE-Zeichen müssen diese nicht für das Lichtbogenschweißen geeignet sein. Die Handschuhe müssen darüber hinaus auch die Verweise auf die erwähnten Normen EN 388 und EN 407 mit dem jeweiligen Level bezogen auf Abriebfestigkeit, Weiterreißfestigkeit, Durchstichkraft, Brennverhalten, Kontaktwärmebeständigkeit, Konvektionswärmebeständigkeit, Beständigkeit gegen kleine Spritzer geschmolzenen Metalls aufweisen. Das Material von Schweißerschutzhandschuhen bietet auch nur einen Schutz gegen Spannungen bis 100 V bei Gleichstrom. Sie sind nicht für Arbeiten unter Spannung geeignet. Schweißerschutzhandschuhe gibt es in allen Größen; es gibt eben keine Einheitsgröße!

Bild 6.5-6. Schweißerschutzhandschuhe der Klasse B für das WIG-Schweißen (Quelle: DVS Media GmbH/Uta Tschakert).

Arbeitsanzüge zum Schweißen müssen der DIN EN ISO 11611 entsprechen. Diese Art Schutzkleidung (Schutzmantel, -schürze, -hose, Gamaschen, Hauben, zweiteiliger oder einteiliger Schutzanzug) ist dazu vorgesehen, den Träger gegen Schweißspritzer (kleine Spritzer geschmolzenen Metalls), kurzzeitigen Kontakt mit Flammen sowie Strahlungswärme aus dem Lichtbogen zu schützen und sie bietet unter üblichen Schweißbedingungen in begrenztem Maße elektrische Isolation gegenüber unter Gleichspannung bis ungefähr 100 V stehenden elektrischen Leitern. Ein Schweißerschutzanzug muss aus folgenden Teilen bestehen: einem einzelnen Kleidungsstück, z. B. einem einteiligen Anzug oder Overall; oder einem zweiteiligen Kleidungsstück, bestehend aus einer Jacke und einer Hose. In dieser Norm wird die Schutzkleidung in zwei Klassen mit spezifischen Leistungsanforderungen aufgeteilt, wobei Klasse 1 die niedrigere Klasse und Klasse 2 die höhere Klasse ist. Die Kleidung ist mit einem Piktogramm und Angabe der Klasse zu kennzeichnen.

Kleidung der Klasse 1 (niedrigere Klasse) bietet Schutz gegen weniger gefährdende Schweißverfahren und Arbeitsplatzsituationen mit weniger Schweißspritzern und niedrigerer Strahlungswärme. Bezogen auf das Verfahren zählen zur Klasse 1 der Schweißerschutzkleidung manuelle Schweißverfahren mit geringer Bildung von Schweißspritzern und Metalltropfen, z. B.: Gasschmelzschweißen, WIG-Schweißen, MIG-Schweißen, Mikroplasmaschweißen, Hartlöten, Punktschweißen, Lichtbogen-Handschweißen mit einer rutilumhüllten Elektrode.

Schutzkleidung aus Klasse 2 (höhere Klasse) bietet Schutz gegen stärker gefährdende Schweißverfahren und Arbeitsplatzsituationen mit mehr Schweißspritzern und stärkerer Strahlungswärme. Zur Klasse 2 gehören manuelle Schweißtechniken mit erheblicher Bildung von Schweißspritzern und Metalltropfen, z. B.: Lichtbogen-Handschweißen mit basisch umhüllter Elektrode oder mit Cellulose umhüllter Elektrode, MAG-Schweißen (mit CO_2 oder Mischgasen), MIG-Schweißen (mit Starkstrom), selbstschützendes Fülldraht-Lichtbogenschweißen, Plasmaschneiden, Fugenhobeln, Sauerstoffschneiden, thermisches Sprühschweißen; beim Betrieb von Maschinen, z. B. in engen Räumen, Schweißen oder Schneiden in Überkopfposition oder Arbeit in vergleichbaren Zwangshaltungen.

Bild 6.5-7. Piktogramm für den Schutz gegen Gefährdungen beim Schweißen (Quelle: ISO 7000-2638).

Zum Schutz vor Schweißspritzern, die zu Verbrennungen im Fußbereich auf dem Fußrücken, dem Knöchel oder der Ferse führen können, und zwischen die Hose und den Schuhen eindringen können, empfiehlt sich das Tragen von Gamaschen.

Falls ein Arbeitsanzug nicht reicht, z. B. bei Arbeiten am Schweißtisch, muss zusätzlich eine Lederschürze getragen werden. In Fällen, in denen das Tragen einer Schürze nicht angebracht ist, z. B. im Tragwerksbau, ist Schutzkleidung der Klasse 2 zu tragen.

Verschmutzungen mit Ölen, Fetten und Schmierstoffen sollten vermieden werden. Verdreckte Kleidung ist beizeiten gegen saubere zu tauschen. Arbeitskleidung darf zwecks Reinigung nicht mit Sauerstoff oder Druckluft ausgeblasen werden. Damit wird die Kleidung mit Sauerstoff angereichert und kann im Fall von Funkenflug leichter entzündet werden.

Feuerzeuge haben nichts in der Arbeitskleidung zu suchen. Gase können durch unbeabsichtigtes Betätigen entweichen. Ferner können Schweißspritzer durch die dünnwandige Feuerzeugwand durchschmelzen und die Brenngase entzünden. Gleiches gilt auch für Spraydosen, die in Taschen der Arbeitskleidung aufbewahrt werden.

Schutzschuhe mit Leder-, Gummi- oder Kunststoffsohle müssen DIN EN ISO 20345 entsprechen. Diese Schutzschuhe (Sicherheitsschuhe) sind in der Regel Schuhe mit durchtrittsicherem Unterbau (Sohle) (Kennzeichen S3 DIN EN ISO 20345 bzw. S5) oder solche ohne durchtrittsicheren Unterbau, sofern nicht mit dem Hineintreten in spitze oder scharfe Gegenstände zu rechnen ist (Kennzeichnung S2 DIN EN ISO 20345 bzw. S4 DIN EN ISO 20345).

Zum Schutz von nicht am Schweißen direkt Beteiligten vor optischer Strahlung sind Stellwände oder **Schweißvorhänge** nach DIN EN ISO 25980 zu verwenden. Sie schützen Umstehende gegen gefährliche Strahlungen, wie z. B. ultraviolette Strahlung. Darüber hinaus schützen Schweißvorhänge auch den Schweißer selbst vor Reflexionen. Schweißvorhänge gibt es aus Segeltuch und aus Kunststoff in unterschiedlichen Farben (z. B. orange, bronze, grün) und Tönungen. Sie sind aber nicht zur Beaufsichtigung der Schweißarbeiten oder als Ersatz für Schweißschutzschilde oder -helme vorgesehen.

Auch Schweißerhelfer sollten eine **Schweißerhelferbrille** nach DIN EN 169 mit Abdunkelung 1,7 und mit Abdunkelung 3,0 bzw. 7,0 für das Gasschmelzschweißen bzw. für das Brennschneiden tragen. Gerade ein Helfer z. B. bei Heftarbeiten muss während des Heftvorganges das anzuheftende Bauteil ständig im Blick haben, um es in Position zu halten. Das funktioniert nicht, wenn er beim Schweißvorgang die Augen schließt!

Beim Brennschneiden, Gasschmelzschweißen oder Wärmen mit der Gasflamme sind Sicherheitseinrichtungen nach DIN EN ISO 5175-1 und -2 wie **Gebrauchsstellenvorlage** oder **Einzelflaschensicherung** vorzusehen. Heute heißen diese Absicherungen gegen Flammenrückschlag Sicherheitseinrichtungen mit Flammensperre, mit Gasrücktrittsicherung, mit Nachströmsperre oder mit Kombinationen dieser Eigenschaften. Infolge von Überhitzung, Verstopfung der Düsen am Brennermundstück kann es zum Rückzünden kommen und die Flamme schlägt druckbedingt in den Gasschlauch des Brenngases zurück. Dies kann zu aufgerissenen Schläuchen, Handverbrennungen, Brand am Druckminderer und im schlimmsten Falle zu einer Acetylenzersetzung in der Flasche infolge eines solchen *„Flammenrückschlages“* führen.

Die Gebrauchsstellenvorlage sichert gegen Gasrücktritt, gegen Flammendurchschläge und sperrt die weitere Gaszufuhr nach Flammenrückschlägen oder bei Nachbrennen ab. Sie wird unmittelbar am Ausgang des Druckminderer angeschraubt und schützt den Druckminderer und die Flasche optimal. Sie muss mindestens einmal jährlich durch einen Sachkundigen geprüft werden.

Die Einzelflaschensicherung sichert gegen Gasrücktritt und gegen Flammendurchschläge. Sie wird im Brenner, zwischen Schlauch und Brenner, oder im letzten Schlauchbereich vor dem Brenner eingebaut und schützt Schlauch, Druckminderer und Flasche weitgehend. Die Handlichkeit des Brenners kann allerdings durch das zusätzliche Gewicht und die Baulänge der Einzelflaschensicherung eingeschränkt werden.

d) Instandhaltung der Einrichtungen

Einrichtungen für Lichtbogenverfahren wie auch für das Gasschmelzschweißen dürfen nur von befähigten Personen mit geeigneten Ersatzteilen instandgesetzt werden. Wird beispielsweise an einer Schweißleitung (Schweißkabel zum Stabelektrodenhalter oder Schweißrückstromkabel von der Schraubklemme, Federklemme oder dem Haftmagneten hin zur Anschlusskupplung) ein Isolationsschaden entdeckt, so muss der Schweißer sofort für den Ersatz durch eine neue einwandfreie Leitung sorgen. Besonders im Kabeleintrittsbereich in einen Stabelektrodenhalter liegt das Kupferkabel durch die Knickwirkung oft blank.

Das Instandsetzen von Schweißleitungen ist nur zulässig, wenn die ursprünglichen Isolationseigenschaften wiederhergestellt werden. Isolierband ist für diesen Zweck gänzlich ungeeignet. Die Dicke eines Isolierbandes im Vergleich zur Dicke der Leitungsisolation zeigt schon die unvollkommene Isolierwirkung von Klebeisolierband.

Beschädigte Isolierstoffe von Stabelektrodenhaltern (Halbschalen) und Lichtbogenbrennern müssen sofort durch einwandfreie Teile ersetzt werden. Arbeiten am Stabelektrodenhalter oder Lichtbogenbrenner sind nur im spannungsfreien Zustand zulässig. Für den Austausch von Verschleißteilen, z. B. an Stabelektrodenhaltern oder Lichtbogenbrennern, kann – nach besonderer Unterweisung – auch der Schweißer selbst befähigt sein. Hierfür müssen geeignete Ersatzteile zur Verfügung stehen. Deshalb müssen Isolierstoffteile, die erfahrungsgemäß häufig beschädigt werden oder schnell verschlissen sind, als Ersatzteile vorrätig sein, um dieser Forderung nachkommen zu können.

In der gültigen Unfallverhütungsvorschrift „Elektrische Anlagen und Betriebsmittel" DGUV V3 sind jetzt vom Unternehmer Prüffristen festzulegen, um in Abhängigkeit vom Aufstellungsort und den damit wirkenden Belastungen auf die elektrischen Anlagen und Betriebsmittel durch Umgebungstemperatur, Staub, Feuchtigkeit oder dergleichen Arten von Prüfungen durchzuführen. Dabei wird unterschieden zwischen ortsveränderlichen und ortsfesten elektrischen Betriebsmitteln und stationären und nichtstationären Anlagen.

Ortsveränderliche elektrische Betriebsmittel sind solche, die während des Betriebes bewegt werden oder die leicht von einem Platz zum anderen gebracht werden können, während sie an den Versorgungsstromkreis angeschlossen sind.

Ortsfeste elektrische Betriebsmittel sind fest angebrachte Betriebsmittel oder Betriebsmittel, die keine Tragevorrichtung haben und deren Masse so groß ist, dass sie nicht leicht bewegt werden können. Dazu gehören auch elektrische Betriebsmittel, die vorübergehend fest angebracht sind und über bewegliche Anschlussleitungen betrieben werden.

Stationäre Anlagen sind solche, die mit ihrer Umgebung fest verbunden sind, z. B. Installationen in Gebäuden, Baustellenwagen, Containern und auf Fahrzeugen.

Nichtstationäre Anlagen sind dadurch gekennzeichnet, dass sie entsprechend ihrem bestimmungsgemäßen Gebrauch nach dem Einsatz wieder abgebaut (zerlegt) und am neuen Einsatzort wieder aufgebaut (zusammengeschaltet) werden. Hierzu gehören z. B. Anlagen auf Bau- und Montagestellen, fliegende Bauten.

Bei der Bemessung der Prüffristen für nicht ortsfeste elektrische Einrichtungen der Lichtbogentechnik ist zu berücksichtigen, dass Schweißleitungen, Schlauchpakete, Steckvorrichtungen, Stabelektrodenhalter und Lichtbogenbrenner stark beansprucht werden, Netzanschlussleitungen und Steckvorrichtungen durch vagabundierende Schweißströme beschädigt sein können und die Isolation der Schweißstromquellen durch Staubablagerungen in ihnen vermindert wird.

Richtwerte für die Prüfung unter normalen Betriebs- und Umgebungsbedingungen sind in der DGUV Vorschrift 3 zu finden.

Eine Sichtprüfung auf ordnungsgemäßen Zustand gehört aber zu den pflichten jedes Nutzers und umfasst wenigstens eine Sicht- und Funktionsprüfung z. B. Netzanschlussleitungen und Steckvorrichtungen, Schweißleitungen, Schlauchpakete, Steckvorrichtungen, Stabelektrodenhalter, Lichtbogenbrenner, Schutz- und Sicherheitseinrichtungen wie Hauptschalter, Notbefehlseinrichtungen, Melde- und Kontrollleuchten, Wahlschalter, Befehlsgeräte.

Die Funktionsprüfung sicherheitstechnischer Einrichtungen umfasst z. B. Hauptschalter, Befehlsgeräte, Wahlschalter, Melde- und Kontrollleuchten.

Die Prüfung der Wirksamkeit der Schutzmaßnahme gegen gefährliche Körperströme umfasst z. B. die Messung des Schutzleiterwiderstandes, siehe DIN EN 60974-4 *„Lichtbogenschweißeinrichtungen; Teil 4: Sicherheit, Instandhaltung und Prüfung von Lichtbogenschweißeinrichtungen im Betrieb“*. Die Prüfungen sind von einer befähigten Person durchzuführen und zu dokumentieren.

Es empfiehlt sich die jeweils geprüften Geräte mit einer Plakette zu kennzeichnen, wann die nächste Wiederholungsprüfung nach DGUV V 3 fällig ist, Bild 6.5-8. Die Felder des entsprechenden Monats und des Jahres werden vor dem Aufkleben mit einer Lochzange kenntlich gemacht.

Bild 6.5-8. Prüfplakette (Foto: Fa Labelident GmbH).

e) Verifizierung und Validierung der Einrichtungen

Zunächst gilt es, diese beiden Begriffe zu erläutern. DIN EN ISO 17662 *„Schweißen – Kalibrierung, Verifizierung und Validierung von Einrichtungen einschließlich ergänzender Tätigkeiten, die beim Schweißen verwendet werden“* ist dazu eine hilfreiche, wenn auch beim ersten Lesen schwer verständliche, Norm. Sie listet alle wesentlichen Einrichtungen zum Schweißen wie Schweißmaschinen, Heft- und Spannvorrichtungen, Anzeigen für elektrische Einflussgrößen usw. auf und je nach Anforderung eine Kalibrierung, Verifizierung oder Validierung.

Verifizierung bedeutet die Bestätigung durch Bestimmung eines objektiven Nachweises, dass festgelegte Anforderungen erfüllt worden sind. Der Begriff leitet sich aus dem Lateinischen verus = wahr ab. Es geht um den Prozess des Wahrheitsnachweises, einer Prüfung auf Richtigkeit. DIN EN ISO 9000:2015 definiert die Verifizierung wie folgt: *„Bestätigung durch Bereitstellung eines objektiven Nachweises, dass festgelegte Anforderungen erfüllt worden sind“*.

Validierung bedeutet eine Bestätigung durch Bestimmung eines objektiven Nachweises, dass die Anforderungen für einen speziellen beabsichtigten Gebrauch oder eine Anwendung erfüllt worden sind. Auch hier kommt Validieren aus dem lateinischen validus = gültig. Validieren bedeutet validum facere: gültig bzw. rechtswirksam machen. So ist z. B. ein Messmittel oder eine Einrichtung nach erfolgreicher Überprüfung für gültig, für einsetzbar zu erklären. DIN EN ISO 9000:2015 definiert die Validierung wie folgt: *„Bestätigung durch Bereitstellung eines objektiven Nachweises, dass die Anforderunge für einen spezifischen beabsichtigten Gebrauch oder eine spezifische beabsichtigte Anwendung erfüllt worden sind“*.

Kalibrierung bedeutet, eine Reihe von Tätigkeiten, die unter festgelegten Bedingungen ausgeführt werden, um den Zusammenhang von Mengenwerten, die von Messgeräten oder Messsystemen angezeigt werden, festzustellen oder durch die Werte, die aus der Messung eines Werkstoffs oder Bezugswerkstoffs stammen und deren entsprechende Werte in Normen aufgeführt sind.

Die Verifizierung ist also die einfachste Form, eine Einrichtung für geeignet zu erklären. Bei einer Validierung muss eine Einrichtung näher spezifizierten Grenzparametern z. B. der Genauigkeit genügen. Aus Anforderungen von Produktnormen oder Spezifikationen kommt die Anforderung nach einer Verifizierung, Validierung oder sogar Kalibrierung von Einrichtungen.

Für den Abschnitt „Einrichtungen“ hilfreiche Normen, Regelwerke und Vorschriften:

BGI 553 *„Lichtbogenschweißer“*

DGUV Information 209-011 *„Gasschweißer“*

DGUV Vorschrift 3 *„Elektrische Anlagen und Betriebsmittel“*

DGUV Vorschrift 52 *„Krane“*

DGUV Vorschrift 52 *„Prüfung von Kranen“*

DGUV Grundsatz 309-003 *„Auswahl, Unterweisung und Befähigungsnachweis von Kranführern“*

DIN EN 169 *„Persönlicher Augenschutz - Filter für das Schweißen und verwandte Techniken - Transmissionsanforderungen und empfohlene Anwendung“*

DIN EN 175 *„Persönlicher Schutz - Geräte für Augen- und Gesichtsschutz beim Schweißen und bei verwandten Verfahren“*

DIN EN 379 *„Persönlicher Augenschutz - Automatische Schweißerschutzfilter“*

DIN EN 388 *„Schutzhandschuhe gegen mechanische Risiken“*

DIN EN 407 *„Schutzhandschuhe und andere Handschutzausrüstung gegen thermische Risiken (Hitze und/oder Feuer)“*

DIN EN ISO 21420 *„Schutzhandschuhe - Allgemeine Anforderungen und Prüfverfahren“*

DIN EN ISO 5175-1 *„Gasschweißgeräte - Sicherheitseinrichtungen - Teil 1: Mit integrierter Flammensperre“*

DIN EN ISO 5175-2 *„Gasschweißgeräte - Sicherheitseinrichtungen - Teil 2: Einrichtungen ohne integrierte Flammensperre“*

DIN EN ISO 25980 *„Arbeits- und Gesundheitsschutz beim Schweißen und bei verwandten Verfahren - Durchsichtige Schweißvorhänge, -streifen und -abschirmungen für Lichtbogenschweißprozesse“*

DIN EN 12477 *„Schutzhandschuhe für Schweißer“*

DIN EN 11611 *„Schutzkleidung für Schweißen und verwandte Verfahren“*

DIN EN ISO 20345 *„Persönliche Schutzausrüstung – Sicherheitsschuhe“*

DIN EN 60529 (VDE 0470-1) *„Schutzarten durch Gehäuse (IP-Code)“*

DIN EN ISO 17662 *„Schweißen - Kalibrierung, Verifizierung und Validierung von Einrichtungen einschließlich ergänzender Tätigkeiten, die beim Schweißen verwendet werden“*

DIN IEC 60974-1 *„Lichtbogenschweißeinrichtungen – Teil 1: Schweißstromquellen“*

DIN IEC 60974-4 *„Lichtbogenschweißeinrichtungen; Teil 4: Wiederkehrende Inspektion und Prüfung“*

Merkblatt DVS 0714 *„Anforderungen an den Schweißbetrieb zur Kalibrierung von schweißtechnischen Einrichtungen“*

6.6 Fertigungsplanung

DIN EN ISO 14731 legt als Merkpunkte für die Schweißaufsichtsperson fest

a) Bezug auf geeignete Verfahrensanweisungen für das Schweißen und für verwandte Prozesse
b) Reihenfolge, in der die Schweißnähte auszuführen sind
c) Umgebungseinflüsse (z. B. Schutz vor Wind, Temperatureinfluss und Regen)
d) Benennung von qualifiziertem Personal
e) Einrichtungen zum Vorwärmen und zur Wärmenachbehandlung einschließlich Temperaturanzeige.
f) Abweichend von der Norm wurden hier vom Autor zwei weitere Merkpunkte aufgenommen:
g) Vorbeugender Brandschutz
h) Vorkehrungen für etwaige Arbeitsprüfungen

Unter dieser Aufgabe soll die Herstellungsplanung betrachtet werden. Alle für eine aufzunehmende Fertigung oder auch Montage erforderlichen Informationen sollen in dieser Phase bereitgestellt werden. Es beginnt damit, Nachweise für die Qualifizierung der anzuwendenden Schweißverfahren bereitzuhalten. Je nach Komplexität des Bauteils und möglicher erforderlicher Zwischenprüfungen ist ggf. eine Planung für die Reihenfolge der herzustellenden Schweißverbindungen erforderlich.

a) Bezug auf geeignete Verfahrensanweisungen für das Schweißen und für verwandte Prozesse

Mit dem Begriff Verfahrensanweisung für das Schweißen sind die Anforderungen und damit auch mögliche Qualifizierung eines Schweißverfahrens gemeint. Der Einstieg mit der Auswahl der geeigneten Verfahrensprüfungen beginnt mit der anzuwendenden Produktnorm. In den unterschiedlichen Produktnormen für Tragwerks-, Druckbehälter-, Rohrleitungs- oder Schienenfahrzeugbau werden Normen genannt, auf deren Basis die einzusetzenden Schweißverfahren zu qualifizieren sind ▶ „Abschnitt 6.7 – Qualifizierung von Schweißverfahren“). Auf Basis der abgelegten Schweißverfahrensprüfungen ergeben sich die Schweißanweisungen.

In der Einleitung von DIN EN ISO 15607 „Anforderung und Qualifizierung von Schweißverfahren für metallische Werkstoffe“ heißt es dazu:

Schweißanweisungen werden benötigt, um eine befriedigende Grundlage für die Planungen von schweißtechnischen Tätigkeiten und für die Qualitätsüberwachung während des Schweißens zu erstellen und festzulegen.

Schweißen ist als ein spezieller Prozess in der Terminologie der Normen für Qualitätssicherungssysteme anzusehen. Die Normen für die Qualitätssicherungssysteme fordern üblicherweise, dass spezielle Prozesse entsprechend einer schriftlichen Verfahrensbeschreibung auszuführen sind.

Die Erstellung einer Schweißanweisung gibt die erforderliche Grundlage dafür, stellt allein jedoch nicht sicher, dass die Schweißungen die Anforderungen erfüllen. Einige Abweichungen, vor allem Unregelmäßigkeiten und Verformungen, können durch zerstörungsfreie Prüfungen am fertigen Erzeugnis beurteilt werden.

Metallurgische Abweichungen stellen jedoch ein besonderes Problem dar, weil eine zerstörungsfreie Beurteilung der mechanischen Eigenschaften bei dem gegenwärtigen Stand der zerstörungsfreien Prüftechnologie unmöglich ist. Dies hat zur Aufstellung einer Reihe von Regeln für die Qualifizierung von Schweißverfahren vor der Freigabe der Vorschrift für die eigentliche Fertigung geführt. Diese Europäische Norm legt diese Regeln fest.

Die Definition des Begriffs „Schweißverfahren“ lautet:

„Vorgeschriebener Ablauf von Tätigkeiten, der zur Herstellung einer Schweißung zu befolgen ist, einschließlich der(s) Schweißprozesse(s), der Hinweise auf die Werkstoffe, die Schweißzusätze, die Vorbereitung, die Vorwärmung (falls notwendig), Verfahren und die Überwachung des Schweißens sowie die Wärmenachbehandlung (falls entscheidend) und die notwendigen eingesetzten Einrichtungen.“

Damit ist für das Durchführen von Schweißungen eine (schriftliche) Anweisung bereitzuhalten, nach der dieser spezielle Prozess durchzuführen ist. Auch im Sinne von ISO 9000:2015„Qualitätsmanagementsysteme – Grundlagen und Begriffe“ gibt es den speziellen Prozess. In ISO 9001:1994 wurde schon von *speziellen Prozessen* gesprochen. Prozesse, die eine Vorab-Qualifikation ihrer Prozessfähigkeit erforderten, wurden als spezielle Prozesse bezeichnet.

Schweißen ist also ein spezieller Prozess, der geplant werden muss (Prozesslenkung, Abschnitt 3.4.1 in der Ausgabe 1 von DIN EN ISO 9000:2015. Dazu sind im Sinne von ISO 9001 Verfahrensanweisungen erforderlich, welche die Art und Weise der Herstellung festlegen. Ein Fehlen dieser Anweisungen könnte die Qualität beeinflussen. Da bei Schweißverbindungen die Qualität, und hier sind besonders die mechanisch-technologischen Eigenschaften sowie auch Gefügeausbildungen am erzeugten Produkt nicht in vollem Umfang ohne Zerstörung des Produkts selbst überprüft werden können, müssen die Schweißprozesse eine ständige Überwachung und auch Lenkung der Prozessparameter (hier also der Schweißparameter) erfahren, um festgelegte Qualitätsanforderungen zu erfüllen.

In ISO 9000 *„Qualitätsmanagementsysteme – Grundlagen und Begriffe“* wird der Begriff *„spezieller Prozess“* in Abschnitt 3.4.1 unter Anmerkung 5 beschrieben mit:

„Ein Prozess, bei dem die Konformität (Erfüllung einer Anforderung) des dabei erzeugten Produkts nicht ohne weiteres oder in wirtschaftlicher Weise verifiziert werden kann, wird häufig als „spezieller Prozess“ bezeichnet.“

In der Ausgabe von DIN EN ISO 9001:2008 findet sich die ehemalige Prozesslenkung in den Abschnitten 6.3 *„Infrastruktur“*, 6.4 *„Arbeitsumgebung“*, 7.5.1 *„Lenkung der Produktion und der Dienstleistungserbringung“* und 7.5.2. *„Validierung der Prozesse zur Produktion und zur Dienstleistungserbringung“*.

In der jetzt gültigen Fassung von DIN EN ISO 9001:2015 gibt es den Begriff Prozesslenkung nicht mehr. Die gesamte Prozesslenkung ist im Gedankengut der ISO 9001 auf den Deming-Kreis *„PDCA“* (plan, do, check, act) umgestellt. Insofern ist Steuerung und Lenkung von Prozessen in verschiedenen Abschnitten wiederzufinden.

In ISO 9001:2008 fand sich unter *„Infrastruktur“* der Hinweis, dass das Unternehmen intern die Infrastruktur ermittelt, bereitstellt und aufrechterhält, die zur Erreichung der Qualität nach den Produktnormen erforderlich ist. Zu dieser Infrastruktur gehörten Arbeitsort und zugehörige Versorgungseinrichtungen, wie auch Prozessausrüstungen, also schweißtechnische Einrichtungen.

Ferner musste der Hersteller nach Abschnitt 6.4 *„Arbeitsumgebung“* von ISO 9001:2008 die Umgebungseinflüsse betrachten und in einer Form sicherstellen, dass die geforderte Qualität erzielt wird. Die Benennung *„Arbeitsumgebung“* bezog sich auf diejenigen Bedingungen, unter denen die Arbeit ausgeführt wird, einschließlich physikalischer, ökologischer und anderer Faktoren z. B. Lärm, Temperatur, Feuchtigkeit, Beleuchtung oder Wetter (▶ „Abschnitt 6.6 – Fertigungsplanung c) Umgebungseinflüsse“). ISO 9001:2015 betrachtet diese Aspekte im Abschnitt 7.1.3 *„Infrastruktur“* und nennt dazu Gebäude, Ausrüstung und Transporteinrichtungen; ferner im Abschnitt 7.1.4 „Prozessumgebung“, wo geeignete (physikalische) Bedingungen zur Durchführung von Prozessen (also dem Schweißen) bereitgestellt und aufrechterhalten werden müssen.

In den Abschnitten 7.5.1 *„Lenkung der Produktion und der Dienstleistungserbringung“ und 7.5.2. „Validierung der Prozesse zur Produktion und zur Dienstleistungserbringung“* spiegelte sich die betriebliche Einrichtung wider (▶ „Abschnitt 6.5 – Einrichtungen“). In DIN EN ISO 9001:2008 Abschnitt 7.5.1 hieß es dazu:

„Die Organisation (also der Hersteller) muss die Produktion und die Dienstleistungserbringung unter beherrschten Bedingungen planen und durchführen. Beherrschte Bedingungen enthalten ... den Gebrauch geeigneter Ausrüstung.“

Auch im Abschnitt 7.5.2 lautete es:

„Die Validierung muss die Fähigkeit dieser Prozesse zur Erreichung der geplanten Ergebnisse darlegen. ... Die Organisation muss Regelungen für diese Prozesse festlegen, die, soweit zutreffend, enthalten: a) festgelegte Kriterien für die Bewertung und Genehmigung der Prozesse; b) Genehmigung der Ausrüstung ..., c) Gebrauch spezifischer Methoden und Verfahren, ...“.

DIN EN ISO 9001:2015 setzt die Lenkung und Validierung im Abschnitt 8.5.1 *„Steuerung der Produktion und Dienstleistungserbringung“* um. Hier wird u. a. genannt:

„Die Organisation muss die Produktion und die Dienstleistungserbringung unter beherrschten Bedingungen durchführen. Falls zutreffend, müssen beherrschte Bedingungen Folgendes enthalten:

b) die Verfügbarkeit und Anwendung von geeigneten Ressourcen zur Überwachung und Messung;

c) die Durchführung von Überwachungs- und Messtätigkeiten in geeigneten Phasen, um zu verifizieren, dass die Kriterien zur Steuerung von Prozessen oder Ergebnissen sowie die Annahmekriterien für Produkte und Dienstleistungen erfüllt wurden;

d) die Nutzung einer geeigneten Infrastruktur und Umgebung für die Durchführung von Prozessen;

e) die Benennung von kompetenten Personen, einschließlich jeglicher erforderlicher Qualifikation;

f) die Validierung und regelmäßig wiederholte Validierung der Fähigkeit, geplante Ergebnisse der Prozesse der Produktion oder Dienstleistungserbringung zu erreichen, wenn das resultierende Ergebnis nicht durch anschließende Überwachung oder Messung verifiziert werden kann.

Zusammengefasst wird deutlich, dass mit dem alten Begriff spezieller Prozess (DIN EN ISO 9000) der Bogen von einer systematischen Erfassung der schweißtechnischen Einrichtungen einschließlich der Bestätigung ihrer Verwendungsfähigkeit über die Bereitstellung von Anweisungen zum Schweißen geschlagen wird. Bei der Planung der einzusetzenden Schweißverfahren sind somit Schweißanweisungen vorzusehen (▶ „Abschnitt 6.8 – Schweißanweisungen).

Schweißanweisungen können teilweise nicht ausreichend sein. Mit dem Begriff „geeignete Verfahrensanweisungen“ können auch Verfahrensanweisungen für die Handhabung bei der Wareneingangskontrolle, die Handhabung von Schweißzusätzen, die Weiterverarbeitung, die Wärmebehandlung oder die Prüfung gemeint sein. In diesem Abschnitt wird eben der Hinweis gegeben, alle für die Herstellung eines Produkts erforderlichen Handlungsanweisungen in der Phase der Fertigungsplanung zu erstellen.

b) Reihenfolge, in der die Schweißnähte auszuführen sind

Bei komplizierteren Bauteilen oder bei Komponenten, an deren Schweißverbindungen Zwischenprüfungen (z. B. zerstörungsfreie Prüfungen) erforderlich sind, ist es zweckmäßig, auch die Reihenfolge zu beschreiben, in der die Schweißnähte auszuführen sind.

Das Schweißen im Pilgerschritt wird angewendet, wenn aus mehreren Blechtafeln z. B. ein großflächiger Boden für einen Lagertank gefertigt werden soll, Bild 6.6-1. Schweißen im Pilgerschritt bedeutet: Die Arbeitsrichtung erfolgt nicht nur ausschließlich in einer Richtung, sondern ist eine Mischung aus Vorwärts- und Rückwärtsbewegungen. Dazu werden zunächst die Schweißstöße mit geringerer Nahtlänge zu einem Bauteil verbunden und danach dann die längeren Nahtlängen hergestellt. Dabei wird jeweils von der theoretischen Nahtlängenmitte aus nach außen gearbeitet. Die zu schweißenden Nahtlänge wird in mehrere Abschnitte unterteilt. Diese zu schweißenden Teilabschnitte werden dann wechselseitig in Richtung der theoretischen Nahtlängenmitte geschweißt.

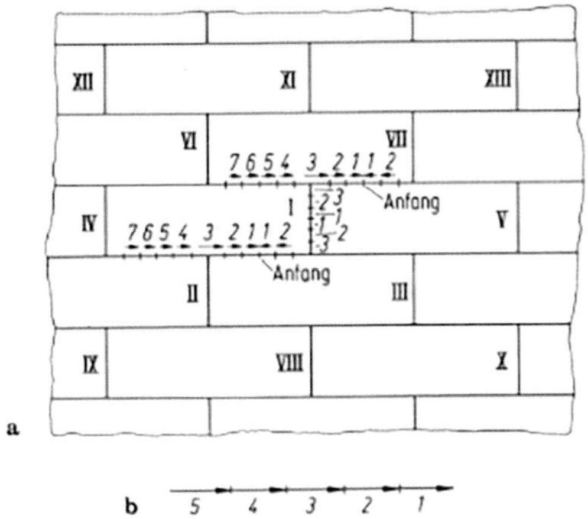

Bild 6.6-1. Schweißen eines Bodens im Pilgerschritt [aus Dubbel, Taschenbuch für den Maschinenbau, 2007].

Ein weiteres typisches Beispiel für das Arbeiten im Pilgerschritt ist die Festlegung der Reihenfolge für das Einschweißen von Flicken in einen Behälter, bei der es auf das freie und möglichst spannungsarme Einschrumpfen des Flickens während des Schweißens ankommt.

c) Umgebungseinflüsse (z. B. Schutz vor Wind, Temperatureinfluss und Regen)

Bei Planung von Schweißarbeiten unter Montagebedingungen, also im Freien oder in Kesselgerüsten, ist auf ausreichenden Witterungsschutz zu achten. So fordert DIN EN 1011-1 in Abschnitt 5.2:

„Der Arbeitsplatz muss gegen nachteilige Wetterauswirkungen, z. B. Wind, Regen, Schnee und Zugluft, geschützt sein, um die im Vertrag festgelegten Bewertungsgruppen bezüglich der Schweißnahtfehler zu erfüllen."

Diese Formulierung hilft jedoch wenig, wenn es darum geht, konkrete Randbedingungen wie Temperatureinflüsse dingfest zu machen.

DIN 18800-7 benennt wenigstens hierzu Temperaturen. In Element (707) hieß es zum Witterungsschutz:

„Schweißer und Werkstück müssen angemessen gegen direkte Witterungseinflüsse wie Kälte, Wind, Regen und Schnee geschützt werden. Bei niedrigen Werkstofftemperaturen, im Allgemeinen unter 0 °C, sind geeignete Maßnahmen zu treffen."

Was geeignete Maßnahmen sind, bleibt offen. Auch die neue Norm DIN EN 1090 *„Ausführung von Stahltragwerken und Aluminiumtragwerken -Teil 2: Technische Regeln für die Ausführung von Stahltragwerken"* bietet in ihrem Abschnitt 7.5.3 *„Witterungsschutz"* wenig Aussage. Dort heißt es:

„Sowohl der Schweißer als auch der Arbeitsbereich müssen gegen den Einfluss aus Wind, Regen und Schneefall angemessen geschützt sein. (ANMERKUNG: Schweißprozesse mit Schutzgas reagieren besonders empfindlich auf Windeinwirkungen.) Nahtflanken müssen trocken und frei von Tauwasser gehalten werden. Liegt die Werkstofftemperatur unter 5 °C kann ein angemessenes Vorwärmen erforderlich sein. Bei Stahlsorten des Festigkeitsbereichs oberhalb S355 muss bei einer Werkstofftemperatur unter 5 °C ein angemessenes Vorwärmen vorgesehen werden."

Im Behälterbau wird in Deutschland bislang neben den harmonisierten Normen zur Umsetzung der europäischen Richtlinie über Druckgeräte (2014/68/EU) auch das Regelwerk AD 2000 angewendet. Dort findet sich im AD 2000-Merkblatt HP 5/1 in Abschnitt 2.5 zum Witterungsschutz nachstehendes:

„Die Schweißstellen sind gegen schädliche Witterungseinflüsse, z. B. Niederschläge und Wind, zu schützen. Für Schweiß- und Schneidarbeiten bei Umgebungstemperaturen unter + 5 °C sind die erforderlichen Maßnahmen festzulegen."

Als Beispiel für Fundstellen zu diesem Merkpunkt sei auch aus der harmonisierten Norm DIN EN 13480-4 *„Metallische industrielle Rohrleitungen – Teil 4: Fertigung und Verlegung"* zur Druckgeräterichtlinie aus Abschnitt 9.5 „Klimatische Bedingungen" zitiert:

„Der Schweißbereich des Rohres muss frei von Feuchtigkeit sein (Kondensation, Frost, Eis).

ANMERKUNG 1: Um diesen Zustand zu erreichen, kann es erforderlich sein, den Schweißbereich vorzuwärmen.

ANMERKUNG 2: Bei ungünstigen Wetterbedingungen und niedrigen Temperaturen werden sowohl die Arbeitsbedingungen als auch die Werkstoffeigenschaften nachteilig beeinflusst und es sollten geeignete Maßnahmen getroffen werden, um eine einwandfreie Qualität beim Schweißen sicherzustellen."

An anderer Stelle heißt es noch:

„Beim Schutzgasschweißen ist besonders unter Baustellenbedingungen darauf zu achten, dass die Schweißnahtvorbereitung sorgfältig und sauber gegen Luftzug (Kaminwirkung) abgeschirmt wird und dass der Schutzgasstrom nicht durch äußere Einflüsse unterbrochen wird."

Im DVGW-Arbeitsblatt GW 350 finden sich zum Witterungsschutz im Abschnitt 3.5 folgende Hinweise:

„Durch geeignete Maßnahmen ist sicherzustellen, dass ... die Bildung von Kondenswasser vermieden wird (Bei Temperaturen unter 5 °C oder bei starker Luftfeuchtigkeit ist dafür zu sorgen, dass die Schweißnahtbereiche ...kondenswasserfrei sind.)" sowie „Der Schweißnahtbereich ist frei von schädlichen Einflüssen, z. B. Staub, Schmutz, Fett und Wasser zu halten bzw. ist zu säubern. Der Schweißbereich ist vor Wind und Regen zu schützen."

Es bleibt also trotz vieler Anwendungsregeln lediglich die gemeinsame Feststellung, dass bei Temperaturen unter 5 °C etwas zu tun bleibt. Geeignete Maßnahmen zum Schutz der Schweißstelle vor Witterungseinflüssen wie Regen, Wind, Zugluft sind Schirme und Schweißerzelte. Für den Werkstoff, an dem geschweißt werden soll, wird viel Aufwand betrieben; es sollte in gleicher Weise aber auch für den Schweißer eine arbeitswürdige Umgebung hergestellt werden. Bei tiefen Temperaturen um den Gefrierpunkt muss dieser auch „warmgehalten“ werden. Ein Heizstrahler im Schweißzelt lässt ihn sich auch besser bewegen.

Gegen Regen hilft schon ein Schweißerschirm. Diese *„Regenschirme“* haben einen Durchmesser von bis zu 3 Metern und ein massives Gestell aus Stahl und wiegen rund 8 kg. Das äußerst reißfeste Tuch der Schirme hat eine wasserfeste und flammenhemmende PVC-Beschichtung.

d) Benennung von qualifiziertem Personal

Zur Fertigungsplanung von Schweißarbeiten gehört auch die Benennung von Personal mit der erforderlichen Qualifizierung bei Schweißern, Hartlötern und Bedienern von Schweiß- bzw. Lötanlagen. Gemeint ist damit weniger die Nennung von Personen, sondern eher die Bezeichnung der erforderlichen Qualifikation des benötigten schweißtechnischen Personals. Dies dient im Vorfeld der Planung dazu, sich zu vergewissern, ob Personal mit dieser erforderlichen Qualifizierung im vorgesehen Fertigungszeitplan und auch in ausreichender Anzahl zur Verfügung steht. Dies ist insbesondere wichtig bei Montagetätigkeiten auf Baustellen und im Mehrschichtbetrieb. Ergänzt werden kann diese Qualifikation um erforderliche Zusatzbedingungen wie der Zulassung als Arbeitspersonal nach Druckgeräterichtlinie oder besonderen Anforderungen an schweren Atemschutz z. B. in kerntechnischen Anlagen (▶„Abschnitt 6.4 – Schweißtechnisches Personal“).

Zum qualifizierten Personal gehören auch Helfer, die Heftarbeiten durchführen sollen. Heftarbeiten sollen (Empfehlung) immer von Personal ausgeführt werden, das eine entsprechende Schweißerprüfungs-Bescheinigung aufweisen kann. Streng genommen dürften Heftarbeiten auch von nicht entsprechend qualifizierten Helfern ausgeführt werden, wenn die Heftstellen nicht in der Schweißnaht verbleiben. Das setzt aber voraus, dass diese gesetzten Heftstellen vor dem Schweißen vollständig ausgeschliffen werden. Auch vor diesem Hintergrund, dass ein Ausschleifen und somit Entfernen aller Heftstellen nicht unbedingt immer sinnvoll und machbar ist, wird an dieser Stelle geraten, auch Personal, welches Heftarbeiten ausführt, mit einer entsprechenden Schweißerqualifikation auszurüsten. Das bietet auch den Vorteil, dass dieses Heftpersonal mit einem gewissen Grundwissen über die von ihnen angewendeten Schweißverfahren verfügt und mit Kenntnissen über Grundlagen der Arbeitssicherheit beim Schweißen versorgt wird.

Zum weiteren qualifizierten Personal zählen auch die Prüfer für die Verfahren der zerstörungsfreien Schweißnahtprüfung. Auch hier gilt es, das Personal mit der notwendigen Qualifikationsstufe nach DIN EN ISO 9712 (Stufe 1, 2 oder 3) für die Verfahren

- Sichtprüfung (VT),
- Eindringprüfung (PT),
- Magnetpulverprüfung (MT),
- Wirbelstromprüfung (ET),
- Ultraschallprüfung (UT) oder
- Durchstrahlungsprüfung (RT)

im erforderlichen Umfang über die Fertigungsdauer vorzuhalten. Auch hier gilt es auf gegebenenfalls erforderliche Zusatzanforderungen für Prüfpersonal nach Druckgeräterichtlinie für Schweißverbindungen der Kategorien III und IV Rücksicht zu nehmen. Für Schweißverbindungen in den Kategorien III und IV müssen diese Prüfungsbescheinigungen durch eine notifizierte Stelle bzw. anerkannte unabhängige Prüfstelle gebilligt sein. Dies gilt sowohl für eigenes Prüfpersonal sowie auch für das Personal von beauftragten Dienstleistungsunternehmen. „Gebilligt sein" bedeutet, eine anerkannte unabhängige Prüfstelle oder die notifizierte Stelle bestätigt, dass die vorgelegte Qualifikation der Druckgeräterichtlinie entspricht. Auf den Kompetenzzertifikaten nach DIN EN ISO 9712 findet sich heute dann auch direkt der Hinweis: „einschließlich der Prüfung von dauerhaften Verbindungen nach DGRL". Mit dauerhaften Verbindungen sind unter anderem Schweiß- und Lötverbindungen gemeint.

e) Einrichtungen zum Vorwärmen und zur Wärmenachbehandlung einschließlich Temperaturanzeige

Ob nun unlegierte Baustähle in größerer Werkstückdicke, Feinkornbaustähle mit hoher Festigkeit oder warmfeste Stähle verarbeitet werden sollen, vielfach muss zum Heften und Schweißen (aber auch beim thermischen Schneiden) vorgewärmt werden. Dieses Vorwärmen kann mittels Gasbrenner oder elektrischer Erwärmung erfolgen.

Beim Vorwärmen mit der Gasflamme kann als Brenngas Acetylen, Propan oder Erdgas verwendet werden. Die Verwendung des jeweiligen Gases hängt u. a. auch von der Möglichkeit der Gasversorgung über Einzelflaschen, Flaschenbatterien oder der Entnahme aus dem Gasnetz ab. Insbesondere bei der Verwendung von Acetylen ist auf die Gasmenge zu achten, welche die zu verwendende Schweißspitze bzw. der Ringschwenkbrenner benötigt. Die Entnahmemenge aus der Einzelflasche ist bezogen auf Acetylen begrenzt im Kurzzeitbetrieb (also max. 20 Minuten) auf 1.000 ltr/h, im Dauerbetrieb können aus der Einzelflasche bis zu 600 ltr/h entnommen werden. Die maximal mögliche Entnahmemenge korrespondiert mit der Fähigkeit des Acetylens sich aus dem Aceton als Bindemittel herauslösen zu können. Der Einsatz des Vorwärmens mithilfe von Gas ist im wesentlich begrenzt auf kleine Werkstückdicke und auf den Einsatz in der Werkstatt. Gründe liegen in der Bereitstellung der erforderlichen Wärmemenge und der Abschirmung durch Wind.

Als Alternative kann das Widerstandswärmen oder das induktive Wärmen eingesetzt werden. Hierfür sind jedoch spezielle Widerstandsheizmatten bezogen auf die Bauteilgeometrie erforderlich. Beim induktiven Wärmen müssen sich die vorzuwärmenden, zu glühenden Komponenten auch mit einem Kabel zu einer Spule umwickeln lassen, um eine Spulenwirkung erzeugen zu können. Hinsichtlich der Eignung der Gerätschaften ist zu prüfen, ob die erforderliche Vorwärm- bzw. Glühtemperatur in der erforderlichen Breite der gewünschten Glühzone sich mit der Gerätschaft erzeugen lässt und ob in der Werkstatt, besonders auf der Baustelle diese Gerätschaft auch über die Unterverteiler elektrisch anschließbar ist. (▶ „Abschnitt 6.15 – Wärmebehandeln nach dem Schweißen“)

Eigentlich fehlt in DIN EN ISO 14731 derzeit noch der Merkpunkt unter dem Abschnitt „Fertigungsplanung“, der sich mit dem Brandschutz beschäftigt. Vorbeugender Brandschutz fällt unter die Thematik der Arbeitsvorbereitung und somit der Fertigungsplanung. Deshalb wurde hier vom Autor ein weiterer Merkpunkt hinzugefügt.

f) Vorbeugender Brandschutz

Brände erst nicht erst entstehen zu lassen, gehört mit zu den Tätigkeiten bei der Arbeitsvorbereitung. Die Schweißaufsichtsperson muss sich im Vorfeld erkundigen, in welchem Umfeld Schweißarbeiten und damit verbundene Randtätigkeiten stattfinden werden. Brände können aber nicht nur durch das Schweißen allein und den damit verbundenen Schweißspritzern entstehen, sie werden auch durch den Funkenflug bei Schleif- und Trennarbeiten verursacht.

Zu den Randtätigkeiten zählen Schneiden und verwandte Verfahren, z. B. mechanische Trennarbeiten mit Schleifmaschinen und thermische Schneidarbeiten (Brennschneiden oder Plasmaschneiden) an bestehenden Rohrleitungen oder an Stahlkonstruktionen. Zu den verwandten Verfahren zählen Löten, thermisches Spritzen, Flammwärmen, Flammrichten, Flammhärten und Widerstandswärmen.

Nach BGR 500 zählen zu „Schweißtechnische Arbeiten in Bereichen mit besonderen Gefahren“ die Arbeiten in Bereichen mit Brand- und Explosionsgefahr. Hierzu gehören Bereiche mit Brandgefahr, das heißt Bereiche, in denen Stoffe oder Gegenstände vorhanden sind, die sich bei Arbeiten in Brand setzen lassen. Solche Stoffe oder Gegenstände sind z.B. Staubablagerungen, Papier, Pappe, Packmaterial, Textilien, Faserstoffe, Isolierstoffe, Kunststoffe, Holzwolle, Spanplatten, Holzteile, bei längerer Wärmeeinwirkung auch Holzbalken – auch wenn sie Bestandteil eines Gebäudes (Wände, Fußböden, Decken) sind.

Bereiche mit Explosionsgefahr sind Bereiche, in denen eine gefährliche explosionsfähige Atmosphäre auftreten kann, z. B. durch brennbare Gase, Flüssigkeiten oder Stäube. Eine explosionsfähige Atmosphäre kann auch durch Anlagen- und Ausrüstungsteile sowie Rohrleitungsverbindungen entstehen, wenn deren technische Dichtheit nicht auf Dauer gewährleistet ist. Eine explosionsfähige Atmosphäre kann ebenso aus benachbarten Bereichen herrühren. Bereiche mit Brand- und Explosionsgefahr sind nicht mehr als solche anzusehen, wenn durch Entfernen brennbarer Stoffe und Gegenstände die Brand- und Explosionsgefahr vollständig beseitigt worden ist.

Es gilt also vor Beginn der Arbeiten zu ermitteln, wo brenn- und entzündbare Stoffe im (großen) Umfeld der Arbeitsstätte / Betriebsbereiche lagern. Über die Arten der brenn- und entzündbaren Stoffe muss sich informiert werden. Diese Stoffe werden in 5 Brandklassen nach DIN EN 2 eingeteilt:

A: Feste, glutbildende Stoffe
B: Flüssige oder flüssig werdende Stoffe
C: Gasförmige Stoffe, auch unter Druck
D: Brennbare Metalle
F: Speiseöle und Speisefette.

Bezogen auf diese Brandklassen müssen ausreichend Feuerlöscher von der die Schweißarbeiten ausführenden Firma bereitgestellt werden. Die Feuerlöscher, welche ohnehin in diesem Arbeitsbereich aufgestellt sind, sind nicht für Löscharbeiten bei Bränden durch Schweißen gedacht.

Weiterhin soll sich vor Beginn von Trenn- und Schweißarbeiten darüber informiert werden, ob in den betreffenden Anlagen oder dem Gebäudeteil eine Brandmeldezentrale installiert ist. Dann sind vor Beginn jedweder Feuerarbeiten zu klären, ob aus den installierten Sensoren (Brand-, Rauchmeldern) ggf. ein Alarm ausgelöst werden kann. Die entsprechend von Schweißrauchen betroffenen Sensoren sind dann zu deaktivieren.

Gleiches gilt auch beim Vorhandensein von Sprinkleranlagen. Sprinkleranlagen sind geschlossene Rohrleitungssysteme, die an der Decke in Gebäuden installiert sind und in regelmäßigen Abständen Auslässe, sogenannte Sprinklerköpfe, besitzen. Diese Sprinklerköpfe sind mit Glasampullen verschlossen, welche mit einer Spezialflüssigkeit gefüllt sind, die ihrerseits eine Luftblase enthält. Innerhalb des Sprinklersystems herrscht ein konstanter Wasserdruck, der in der Sprinklerzentrale kontrolliert wird. Bei einem Feuer erwärmt sich die Flüssigkeit in den Glasampullen, dehnt sich aus und die Ampullen platzen, so dass die Düsen geöffnet werden und Wasser aus dem Sprinklerrohrnetz austritt. Bei einem Brand öffnen selektiv nur die Sprinkler, deren Ampullen die Auslösetemperatur erreicht haben, Bild 6.6-2. Diese Temperatur hängt von der Größe der eingeschlossenen Luftblase ab und wird über die Farbe der Ampullenflüssigkeit gekennzeichnet. Im Durchschnitt liegt die Auslösetemperatur ca. 30 °C über der zu erwartenden Raumtemperatur.

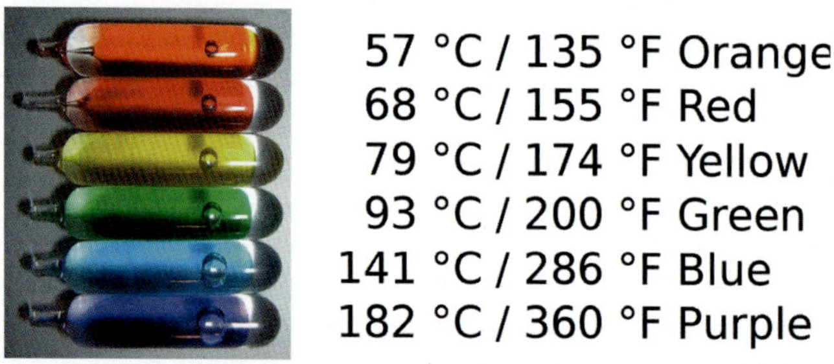

Bild 6.6-2. Sprinklerampullen in verschiedenen Farben mit Temperaturangaben. (Bildquelle: By Micha001, Martin Meise - https://commons.wikimedia.org/wiki/File:Sprinkler_ampullen_mit_temp.jpg, CC BY-SA 4.0, https://commons.wikimedia.org/w/index.php?curid=64373933)

Ein Druckabfall im Sprinklerrohrnetz wird erkannt und führt zum Öffnen spezieller Ventile (Alarmventilstationen) und dem Starten von Pumpen (anlagenspezifisch). Ab sofort wird Wasser aus dafür vorgesehenen Tanks oder über einen dafür dimensionierten Wasseranschluss mit hohem Druck in das Sprinklersystem gepumpt. Dieses tritt an allen offenen Wasserdüsen aus und löscht oder minimiert den Brand. Insofern ist es nur zu gut verständlich, dass vor Beginn von Schweiß- und Trennarbeiten der Arbeitsbereich auf das Vorhandensein einer Sprinkleranlage zu prüfen ist und die Sprinklerköpfe ggf. zu demontieren sind.

Nach DGUV 100 – 500 „Betreiben von Arbeitsmitteln" Kapitel 2.26 „Schweißen, Schneiden und verwandte Verfahren" Abschnitt 3 hat der Unternehmer eine Betriebsanweisung für schweißtechnische Arbeiten in Bereichen mit besonderen Gefahren wie z. B. Arbeiten in engen Räumen, in Bereichen mit Brand- und Explosionsgefahr, an Behältern mit gefährlichem Inhalt, beim Arbeiten unter erhöhter elektrischer Gefährdung, bei Unterwasserschweiß- und -schneidarbeiten und bei Arbeiten in Druckluft und für Anlagen mit zusätzlichen Gefahren zu erstellen. Die Betriebsanweisung ist in verständlicher Form und Sprache den Versicherten und damit seinen Schweißern bekannt zu machen. Ein Beispiel für eine entsprechende Betriebsanweisung ist in der genannten DGUV zu finden. Diese Betriebsanweisungen gelten dann in der Regel für die Werkstätten, also Bereichen, wo regelmäßig Schweißarbeiten stattfinden.

DGUV 100 - 500 Kapitel 2.26 Abschnitt 3.8.4 sagt dazu:

„Abweichend von Abschnitt 3.8.2 darf der Unternehmer bei regelmäßig wiederkehrenden, gleichartigen schweißtechnischen Arbeiten, bei denen eine Brandentstehung durch das Entfernen brennbarer Stoffe und Gegenstände nicht verhindert werden kann, die ergänzenden Sicherheitsmaßnahmen nach Abschnitt 3.8.3 statt in einer Schweißerlaubnis in einer Betriebsanweisung schriftlich festlegen. …"

DGUV 100 - 500 Kapitel 2.26 Abschnitt 3.8.3:

Ergänzende Sicherheitsmaßnahmen zum Verhindern einer Brandentstehung sind:

- *Abdecken verbliebener brennbarer Stoffe und Gegenstände oder andere geeignete Maßnahmen,*
- *Abdichten von Öffnungen zu benachbarten Bereichen,*
- *Bereitstellen geeigneter Feuerlöscheinrichtungen nach Art und Umfang,*
- *Überwachen durch einen Brandposten während schweißtechnischer Arbeiten und*
- *wiederholte Kontrolle durch eine Brandwache im Anschluss an die schweißtechnischen Arbeiten.*

Wenn sich die Brandgefahren aus baulichen oder aus betriebstechnischen Gründen nicht restlos beseitigen lassen, dann dürfen Schweiß- und Brennschneidarbeiten nur mit schriftlicher Genehmigung (Schweißerlaubnisschein, Feuererlaubnis) des Betriebsleiters oder dessen Beauftragten und nur unter Aufsicht durchgeführt werden. In der Genehmigung sind die anzuwendenden Sicherheitsmaßnahmen schriftlich festzulegen. Die Durchführung der notwendigen Maßnahmen ist dann auch zu quittieren. Die Aufsicht darf dabei nur geeigneten Personen übertragen werden, denen die mit den Schweiß- und Schneidarbeiten verbundenen

Brandgefahren bekannt sind. Weiterhin muss die zeitliche Dauer der Arbeiten vorher festgelegt werden. Der Aufsichtführende hat den Empfang der Genehmigung mit den anzuwendenden Sicherheitsmaßnahmen schriftlich zu bestätigen.

g) Vorkehrungen für etwaige Arbeitsprüfungen

Regelwerke oder Spezifikationen vom Kunden können ergänzende Arbeitsprüfungen während der Abarbeitung eines Auftrages erfordern. Mit Arbeitsprüfungen soll sichergestellt werden, dass die beim Schweißen des Bauteils verwendeten Schweißparameter näher spezifizierte Werkstoffkennwerte aus der Schweißverbindung liefern. Daher müssen diese bauteilbegleitend geschweißten Arbeitsprüfungen mit den gleichen Schweißparametern gefertigt werden, wie die Produktionsnähte.

Mit dem Begriff *„etwaige Arbeitsprüfungen"* ist nicht die *„Qualifizierung aufgrund einer vorgezogenen Arbeitsprüfung"* gemeint. Eine ergänzende Arbeitsprüfung parallel zum Auftrag wird aber in der Regel nach den Grundsätzen der DIN EN ISO 15613 ausgeführt und bewertet.

Beispiel für eine bauteilbegleitende Arbeitsprüfung ist in DIN EN 12953-5 *„Großwasserraumkessel – Teil 5: Prüfung während der Herstellung, Dokumentation und Kennzeichnung für drucktragende Kesselteile" im Abschnitt 5.6 „Arbeitsprüfung" zu finden. Dort heißt es: „Um die kontinuierliche Fertigungsqualität und die Übereinstimmung der mechanischen Eigenschaften der Nähte mit der Spezifikation zu überprüfen, ist ein Prüfstück zu schweißen und mit den nachfolgenden Anforderungen zu prüfen...Prüfstücke sind nur für Haupt-, Längs- und Rundnähte der Mäntel erforderlich. Arbeitsprüfstücke für Längsnähte sind als Verlängerung einer Längsnaht zu schweißen. Bei einem Nahtfaktor v = 1,0 muss der Werkstoff der Arbeitsprüfstücke aus dem gleichen Los wie der Mantel stammen, und bei einem Nahtfaktor v = 0,85 muss der Werkstoff für die Arbeitsprüfstücke der gleichen Spezifikation entsprechen wie die Bleche an der repräsentierten Naht stammen."*

Werden Kessel mit einem Schweißnahtfaktor v = 0,85 zusammen mit Kesseln mit einem Schweißnahtfaktor v = 1,0 hergestellt und nach dem gleichen Verfahren geschweißt, so sind für Kessel mit einem Schweißnahtfaktor v = 0,85 keine zerstörenden Prüfungen erforderlich, vorausgesetzt, es werden Prüfstücke in ausreichender Anzahl hergestellt, um die gesamte einbezogene Nahtlänge abzudecken.

Das Einplanen derartiger (baubegleitender) Arbeitsprüfungen, teilweise in den Normen und Spezifikationen auch als Arbeitsprobe bezeichnet, muss eben in der Fertigungsplanung vorgesehen werden, um zum einen Material bereitzustellen, aber auch die parallele Abarbeitung und Erprobung dieser Schweißung vorzusehen. Gegebenenfalls ist bei der Arbeitsprüfung auch die Einbindung einer Prüfstelle vorzusehen, dies kann je nach Auftrag auch die notifizierte Stelle aus dem Anwendungsbereich der Druckgeräterichtlinie sein.

Für den Abschnitt „Fertigungsplanung" hilfreiche Normen und Regelwerke:

DIN EN ISO 15607 *„Anforderung und Qualifizierung von Schweißverfahren für metallische Werkstoffe - Allgemeine Regeln"*

DIN EN ISO 9001 *„Qualitätsmanagementsysteme – Anforderungen"* (Ausgaben 1994, 2000, 2008, 2015)

DIN EN ISO 9000 *„Qualitätsmanagementsysteme – Grundlagen und Begriffe"*

Regel für Arbeitsstätten *„Maßnahmen gegen Brände"* (ASR A 2.2) (Ersatz für BGR 133 *„BG-Regel - Regeln für die Ausrüstung von Arbeitsstätten mit Feuerlöschern"*, zurückgezogen am 20.08.2013)

DGUV 100 - 500 Kapitel 2.26 *„Schweißen, Schneiden und verwandte Verfahren"*

6.7 Qualifizierung von Schweißverfahren

Als Merkpunkte werden in DIN EN ISO 14731 aufgeführt:

- **Methode und**
- **Geltungsbereich.**

Diese zwei Begriffe als Gedankenstütze wirken zunächst unscheinbar, bergen aber bei näherer Betrachtung große Risiken, ob die für die entsprechende Produktnorm vorgeschriebene Art der Qualifizierung der Schweißverfahren auch vorliegt. Es gibt eben nicht pauschal „die" Qualifizierung für alle Anwendungsgebiete wie Tragwerks-, Druckbehälter-, Rohrleitungs- oder Schienenfahrzeugbau.

Mit dem Merkpunkt „**Methode**" ist das Verfahren der Qualifizierung gemeint, auf der die Qualifizierung beruht. DIN EN ISO 15607 *„Anforderung und Qualifizierung von Schweißverfahren für metallische Werkstoffe – Allgemeine Regeln"* bietet eine Übersicht, auf welchen Wegen ein vorgesehenes Schweißverfahren qualifiziert werden kann. Darin wird unterschieden in:

Qualifizierung aufgrund einer Schweißverfahrensprüfung: Diese kann immer angewendet werden; es sei denn, die Verfahrensprüfung berücksichtigt nicht ausreichend die Nahtgeometrie, Einspannung bzw. Zugänglichkeit zur eigentlichen Schweißnaht. Eine Schweißverfahrensprüfung darf immer gefordert werden, wenn die Werkstoffeigenschaften im Schweißgut und in der Wärmeeinflusszone für die Anwendung kritisch sind.

Die verschiedenen Teile der DIN EN ISO 15614-Reihe legen die Schweißverfahrensprüfungen für das Lichtbogenschweißen, Gasschmelzschweißen, Elektronenstrahlschweißen, Laserstrahlschweißen und Widerstandsschweißen fest.

Qualifizierung aufgrund des Einsatzes von geprüften Schweißzusätzen: Die Anwendung ist beschränkt auf die Schweißverfahren, bei denen Schweißzusätze verwendet werden. Die Prüfung der Schweißzusätze muss den Grundwerkstoff, der in der Fertigung verwendet wird, abdecken. Weitere Einschränkungen in Bezug auf Werkstoff und andere Parameter sind in DIN EN ISO 15610 festgelegt. In diesem Fall darf das Verfahren zur Qualifizierung angewendet werden.

DIN EN ISO 15610 legt das Verfahren zur Qualifizierung durch Einsatz von geprüften Schweißzusätzen für das Lichtbogenschweißen und Gasschmelzschweißen fest.

Qualifizierung aufgrund vorliegender schweißtechnischer Erfahrung: Die Anwendung ist auf die Verfahren beschränkt, die früher bei einer großen Anzahl von Schweißungen an vergleichbaren Teilen, Verbindungen und Werkstoffen angewandt wurden. Anforderungen sind in DIN EN ISO 15611 festgelegt. Einem Hersteller darf eine pWPS durch Bezugnahme auf vorliegende schweißtechnische Erfahrung unter der Bedingung qualifiziert werden, dass er durch geeignete beglaubigte und unabhängige Dokumentationen beweisen kann, dass er bereits früher derartige in Betracht kommende Verbindungsarten und Werkstoffe zufriedenstellend geschweißt hat. Es sollten in solchen Fällen nur Schweißverfahren angewendet werden, die aus Erfahrung als zuverlässig bekannt sind.

DIN EN ISO 15611 legt das Verfahren zur Qualifizierung durch Bezug auf vorliegende schweißtechnische Erfahrung für das Lichtbogenschweißen, Gasschmelzschweißen, Elektronenstrahlschweißen, Laserstrahlschweißen und Widerstandsschweißen fest.

Die Qualifizierung nach dieser Norm für andere Schweißverfahren und für bestimmte Anwendungen wird durch besondere Normen abgedeckt, zum Beispiel für das Lichtbogenbolzenschweißen nach DIN EN ISO 14555 und für das Reibschweißen nach DIN EN ISO 15620.

Qualifizierung aufgrund eines Standardschweißverfahrens: Dieser Weg ist ähnlich der Schweißverfahrensprüfung, Einschränkungen sind in DIN EN ISO 15612 festgelegt. Eine von einem Hersteller angefertigte pWPS wird qualifiziert, wenn sich die Bereiche für alle Einflussgrößen in dem zulässigen Bereich für ein Standardschweißverfahren befinden. Ein Standardschweißverfahren muss als eine Vorschrift in Form einer WPS aufgrund einer Qualifizierung entsprechend dem betreffenden Teil der DIN EN ISO 15614-Reihe für Schweißverfahrensprüfungen ausgestellt sein. Die Anwendung eines Standardschweißverfahrens ist auch abhängig von den Bedingungen, die der Anwender zu erfüllen hat. DIN EN ISO 15612 legt das Verfahren zur Qualifizierung durch Anwendung eines Standardschweißverfahrens für das Lichtbogenschweißen, Gasschmelzschweißen, Elektronenstrahlschweißen, Laserstrahlschweißen und Widerstandsschweißen fest.

Qualifizierung aufgrund einer vorgezogenen Arbeitsprüfung: Dieser Weg kann prinzipiell immer angewendet werden, erfordert jedoch die Herstellung eines Prüfstücks unter Fertigungsbedingungen und ist geeignet für die Massenproduktion. Die Anforderungen sind in DIN EN ISO 15613 festgelegt. Dieses Verfahren ist die einzige zuverlässige Methode zur Qualifizierung von Schweißverfahren, bei denen die erzielbaren Eigenschaften der Schweißungen entscheidend von bestimmten Bedingungen, wie Bauteil, besonderen Schrumpfungsbedingungen, Wärmeabfall usw., abhängig sind und die nicht durch ein genormtes Prüfstück reproduziert werden können.

Die Qualifizierung durch eine vorgezogene Arbeitsprüfung darf angewendet werden, wenn Form und Maße von genormten Prüfstücken das zu schweißende Bauteil nicht angemessen repräsentieren, z. B. Anschweißenden an dünnwandigen Rohren. In solchen Fällen müssen ein oder mehrere besondere Prüfstücke hergestellt werden, um die zu fertigende Verbindung in allen wesentlichen Punkten nachzuahmen. Die Prüfung muss vor Beginn der Fertigung und unter Fertigungsbedingungen durchgeführt werden. DIN EN ISO 15613 legt das Verfahren zur Qualifizierung durch eine vorgezogene Arbeitsprüfung für das Lichtbogenschweißen, Gasschmelzschweißen, Elektronenstrahlschweißen, Laserstrahlschweißen und Widerstandsschweißen fest.

Mit dem zweiten Merkpunkt „**Geltungsbereich**“ ist die Anwendung, nach welchem Verfahren eine Qualifizierung des vorgesehenen Schweißverfahrens zu erfolgen hat, definiert. Der Weg, wie anzuwendende Schweißverfahren zu qualifizieren sind, ist in den Produktnormen wie z.B. DIN EN 1090-2, DIN EN 13480 etc. festgeschrieben. Der Hersteller hat also nicht die Freiheit, selbst zu entscheiden, nach welcher Norm er die Schweißverfahren qualifiziert.

Im Stahltragwerksbau wird als Ausführungsgrundlage DIN EN 1090-2 *„Ausführung von Stahltragwerken und Aluminiumtragwerken – Teil 2: Technische Regeln für die Ausführung von Stahltragwerken“* eine differenzierte Aussage zur Qualifizierung der Lichtbogenverfahren 111, 114, 12,13 und 14 in Tabelle 12 dieser Norm gemacht, Tabelle 6.7-1. Der Hersteller einer Stahlkonstruktion hat also vorher zu prüfen, in welche der möglichen vier Ausführungsklassen (execution class; EXC) seine zu fertigende Komponente fällt.

Tabelle 6.7-1. Methoden für die Qualifizierung der Lichtbogenschweißverfahren nach DIN EN 1090-2 Tabelle 12.

Methoden zur Qualifizierung		**EXC2**	**EXC3** **EXC4**
Schweißverfahrensprüfung	EN ISO 15614-1[a] EN ISO 17660-1/ EN ISO 17660-2[b]	X	X
Vorgezogene Arbeitsprüfung	EN ISO 15613 EN ISO 17660-1/ EN ISO 17660-2[b]	X	X
Standardschweißverfahren	EN ISO 15612	X	X[c]
Vorliegende schweißtechnische Erfahrung	EN ISO 15611	X	–
Einsatz von geprüften Schweißzusätzen	EN ISO 15610		
X zulässig – nicht zulässig			
a Die Qualifiierung der Schweißverfahren nach EN ISO 15614-1:2017 muss der Stufe 2 entsprechen. b Nur bei Verbindungen zwischen Betonstahl und anderen Stahlbauteilen verwenden. c Sofern nach den Ausführungsunterlagen zulässig.			

Für den Bau von industriellen Rohrleitungen kann die DIN EN 13480 - Reihe *„Metallische industrielle Rohrleitungen“* genutzt werden. Im Teil 4 *„Fertigung und Verlegung“* ist im Abschnitt 9.3 „Schweißverfahren“ die Eignung der geplanten Schweißverfahren geregelt. Die Eignung, der für das Schweißen an Rohrleitungen vorgesehenen Verfahren, muss auf der Grundlage einer Schweißverfahrensprüfung nach Tabelle 6.7.2 nachgewiesen werden.

Tabelle 6.7.2. Schweißverfahrensprüfung nach DIN EN 13480-4.

Rohrleitungs-Kategorie	**Anforderung**
II, III	Die Anerkennung der Schweißverfahren muss nach EN ISO 15614-1:2004+A1:2008, EN ISO 15613:2004 durch eine kompetente dritte Stelle erfolgen.
I	Die Schweißverfahren für den Druckraum sind nach EN ISO 15614-1:2004+A1:2008 bzw. EN ISO 15613:2004 zu prüfen, außer es ist in den Konstruktionsunterlagen festgelegt, dass EN ISO 15611:2003 bzw. EN ISO 15612:2004 zulässig sind.
0	Die Schweißverfahren im Druckraum sind nach EN ISO 15614-1:2004+A1:2008, EN ISO 15611:2003, EN ISO 15612:2004 oder EN ISO 15613:2004 zu prüfen. Schweißverfahren für nicht drucktragende Teile sind nach EN ISO 15610:2003 zu prüfen.
ANMERKUNG Die Rohrleitungs-Kategorien sind in EN 13480-1:2017 angegeben.	

Zu den routinemäßig weiterhin zu prüfenden Punkten zählen:

- Grundwerkstoffe und damit miterfasste Werkstoffe DIN-Fachbericht CEN (ISO/TR 15608);
- Werkstückdicke und Rohrdurchmesser mit dem sich daraus ergebenden geometrischen Geltungsbereich;
- Geltungsbereich für Stumpfstöße, T-Stöße und Rohrabzweigungen sowie Kehlnähte;
- Geltungsbereich der abgedeckten Schweißpositionen;
- Geltungsbereich der Stoßart / Nahtart;
- verwendete Schweißzusätze und deren Abmessung;
- Wärmeeinbringung;
- Vorwärm- und Zwischenlagentemperaturen;
- Wärmenachbehandlung.

Neben den beiden Merkmalen „Methode“ und „Geltungsbereich“ sind auch noch andere Merkmale abzuprüfen. Zu nennen ist diesem Zusammenhang die **zeitliche Gültigkeit** und eine Definition, wer die **Prüfstelle für die Qualifizierung der Schweißverfahren** ist.

Hinsichtlich der **zeitlichen Gültigkeit** von abgelegten Qualifizierungen gibt es in den Normen DIN EN ISO 15610, DIN EN ISO 15611, DIN EN ISO 15612, DIN EN ISO 15613 und DIN EN ISO 15614-1 - Reihe keine beschränkenden Aussagen. Die Produktnormen wie für Stahltragwerke, Rohrleitungen, Dampfkessel etc. können jedoch die zeitliche Gültigkeit eingrenzen.

So fordert DIN EN 1090-2 in Abschnitt 7.4.1.4 „Gültigkeit der Qualifizierung des Schweißverfahrens“: *„Die folgenden zusätzlichen Prüfungen sind für ein nach EN ISO 15614-1 qualifiziertes Schweißverfahren erforderlich, das mittels eines Schweißprozesses ausgeführt wird, der längere Zeit nicht eingesetzt wurde:*

a) *Bei ein bis drei Jahren muss für Stahlsorten des Festigkeitsbereichs oberhalb S355 eine geeignete Arbeitsprüfung durchgeführt werden. Die Untersuchung und Prüfung muss Sichtprüfung, Durchstrahlungs- oder Ultraschallprüfung (nicht erforderlich bei Kehlnähten), Oberflächenrissprüfung mittels Magnetpulverprüfung oder Eindringprüfung, Makroschliff-Untersuchung und Härteprüfung einschließen;*

b) *Bei mehr als drei Jahren*

   1) *muss für Stahlsorten des Festigkeitsbereichs bis zu S355 eine Makroschliffprobe aus einer Arbeitsprüfung entnommen und die Tauglichkeit geprüft werden bzw.*
   2) *müssen für Stahlsorten des Festigkeitsbereichs oberhalb S355 neue Schweißverfahrensprüfungen durchgeführt werden.“*

Eine zeitliche Beschränkung einer nachgewiesenen Qualifizierung bei Anwendung von DIN EN 13480 im Rohrleitungsbau gibt es nicht. Eine einmal nachgewiesene Qualifizierung bleibt dauerhaft gültig.

Wenn die Qualifizierung eines Schweißverfahrens auf Basis der DIN EN ISO 15610, DIN EN ISO 15611, DIN EN ISO 15612, DIN EN ISO 15613 oder der DIN EN ISO 15614-1 vorgenommen wurde, stellt sich die Frage, wer nun den Qualifizierungsbericht erstellt und die Richtigkeit und das Erreichen der gestellten Forderungen bescheinigt. Dies kann entweder der Hersteller selbst machen oder, wenn von Produktnormen oder übergeordnete Verordnungen gefordert, eine **Prüfstelle** sein. In bestimmten Fällen, wie im Geltungsbereich der Druckgeräterichtlinie, wird nämlich eine notifizierte Stelle bzw. eine anerkannte unabhängige Prüfstelle gefordert.

Im Anwendungsbereich der DIN EN 1090-2 ist keine externe Prüfstelle gefordert. Der Hersteller und üblicherweise die Schweißaufsichtsperson fasst alle Untersuchungsergebnisse zusammen, bewertet diese gegen die gestellten Anforderungen und erstellt daraus den Qualifizierungsbericht.

Anders ist dies im Anwendungsbereich der europäischen Druckgeräterichtlinie. Die Verfahrensprüfungen müssen für Schweißverbindungen an Druckgeräten, die in die Kategorien II, III oder IV fallen, durch eine notifizierte Stelle oder eine anerkannte unabhängige Prüfstelle zugelassen sein. Das heißt, als Prüfstelle tritt nicht der Hersteller auf und unterzeichnet den Verfahrensprüfbericht, sondern eine für Druckgeräte zugelassene Prüfinstanz, z. B. ein TÜV oder der DVS-ZERT. Im Deckblatt des Verfahrensprüfungsberichtes nach (DIN) EN ISO 15614-1 muss unter Prüfgrundlage: „Druckgeräte-Richtlinie und (DIN) EN ISO 15614-1“ aufgeführt werden. Sollte diese Verfahrensprüfung auch für das Herstellen von Schweißverbindungen an Druckbehältern nach dem AD 2000-Regelwerk genutzt werden, müssen die Zusatzbedingungen aus dem AD 2000-Merkblatt HP 2/1 berücksichtigt werden und in der Prüfgrundlage als „AD 2000-Merkblatt HP 2/1“ aufgeführt werden. Auf dem Berichtsblatt muss als Prüfstelle der vollständige Name der benannten Stelle oder der anerkannten unabhängigen Stelle deutlich erkennbar sein. Wenn dieser Name vollständig ersichtlich ist, braucht nicht im Stempel die Kennnummer zusätzlich auftauchen.

Die DIN EN 13480-1 (vgl. Tabelle 6.7.-2) unterscheidet die Rohrleitungskategorien 0, I, II, und III. Bei Schweißverbindungen der Kategorie II und III muss die Anerkennung des Schweißverfahrens von einer unabhängigen dritten Stelle vorgenommen werden. Bei Schweißverbindungen der Kategorien 0 und I kann die Zulassung auch durch den Hersteller selbst erfolgen.

Für den Abschnitt „Qualifizierung von Schweißverfahren“ hilfreiche Normen und Regelwerke:

DIN EN ISO 15607 *„Anforderung und Qualifizierung von Schweißverfahren für metallische Werkstoffe – Allgemeine Regeln“*

DIN EN ISO 15610 *„Anforderung und Qualifizierung von Schweißverfahren für metallische Werkstoffe - Qualifizierung aufgrund des Einsatzes von geprüften Schweißzusätzen“*

DIN EN ISO 15611 *„Anforderung und Qualifizierung von Schweißverfahren für metallische Werkstoffe - Qualifizierung aufgrund von vorliegender schweißtechnischer Erfahrung“*

DIN EN ISO 15612 *„Anforderung und Qualifizierung von Schweißverfahren für metallische Werkstoffe - Qualifizierung durch Einsatz eines Standardschweißverfahrens“*

DIN EN ISO 15613 *„Anforderung und Qualifizierung von Schweißverfahren für metallische Werkstoffe - Qualifizierung aufgrund einer vorgezogenen Arbeitsprüfung“*

DIN EN ISO 15614-1 *„Anforderung und Qualifizierung von Schweißverfahren für metallische Werkstoffe - Schweißverfahrensprüfung - Teil 1: Lichtbogen- und Gasschweißen von Stählen und Lichtbogenschweißen von Nickel und Nickellegierungen“*

DIN EN ISO 15614-2 *„Anforderung und Anerkennung von Schweißverfahren für metallische Werkstoffe - Schweißverfahrensprüfung - Teil 2: Lichtbogenschweißen von Aluminium und seinen Legierungen“*

DIN EN ISO 15614-3 *„Anforderung und Qualifizierung von Schweißverfahren für metallische Werkstoffe - Schweißverfahrensprüfung - Teil 3: Schmelzschweißen von unlegierten und niedriglegierten Gusseisen“*

DIN EN ISO 15614-4 *„Anforderung und Qualifizierung von Schweißverfahren für metallische Werkstoffe - Schweißverfahrensprüfung - Teil 4: Fertigungsschweißen von Aluminiumguss“*

DIN EN ISO 15614-5 *„Anforderung und Qualifizierung von Schweißverfahren für metallische Werkstoffe - Schweißverfahrensprüfung - Teil 5: Lichtbogenschweißen von Titan, Zirkonium und ihren Legierungen“*

DIN EN ISO 15614-6 *„Anforderung und Qualifizierung von Schweißverfahren für metallische Werkstoffe - Schweißverfahrensprüfung - Teil 6: Lichtbogen- und Gasschweißen von Kupfer und seinen Legierungen“*

DIN EN ISO 15614-7 *„Anforderung und Qualifizierung von Schweißverfahren für metallische Werkstoffe - Schweißverfahrensprüfung - Teil 7: Auftragschweißen“*

DIN EN ISO 15614-8 *„Anforderung und Qualifizierung von Schweißverfahren für metallische Werkstoffe - Schweißverfahrensprüfung - Teil 8: Einschweißen von Rohren in Rohrböden“*

DIN EN ISO 15614-11 *„Anforderung und Qualifizierung von Schweißverfahren für metallische Werkstoffe - Schweißverfahrensprüfung - Teil 11: Elektronen- und Laserstrahlschweißen“*

DIN EN ISO 15614-12 *„Anforderung und Qualifizierung von Schweißverfahren für metallische Werkstoffe - Schweißverfahrensprüfung - Teil 12: Widerstandspunkt-, Rollennaht- und Buckelschweißen“*

DIN EN ISO 15614-13 *„Anforderung und Qualifizierung von Schweißverfahren für metallische Werkstoffe - Schweißverfahrensprüfung - Teil 13: Pressstumpf- und Abbrennstumpfschweißen“*

DIN EN ISO 15614-14 *„Anforderung und Qualifizierung von Schweißverfahren für metallische Werkstoffe - Schweißverfahrensprüfung - Teil 14: Laserstrahl-Lichtbogen-Hybridschweißen von Stählen, Nickel und dessen Legierungen“*

DIN EN ISO 14555 *„Schweißen - Lichtbogenbolzenschweißen von metallischen Werkstoffen“*

6.8 Schweißanweisungen

In DIN EN ISO 14731 wird als einziger Merkpunkt genannt:

Für Schweißanweisungen muss der Geltungsbereich berücksichtigt werden.

Schweißanweisungen dienen dazu, dem Schweißer / Bediener eine schriftliche Anleitung für das Schweißen an die Hand zu geben, aus der er die wesentlichen Rahmenbedingungen und Fertigungsparameter für seine Tätigkeit entnehmen kann. Die Schweißanweisung, auch kurz als WPS (Welding Procedure Specification) bezeichnet, ist letztlich die Zusammenfassung der bewährten Parameter, mit der ein Schweißverfahren auf unterschiedlichste Weise qualifiziert wurde. (▶ „Abschnitt 6.7 – Qualifizierung von Schweißverfahren“)

Mit dem Stichworte „Methode“ ist auch hier wieder die Methode gemeint, mit welcher das in der WPS beschriebene Verfahren qualifiziert wurde. Hier stehen DIN EN ISO 15610, DIN EN ISO 15611, DIN EN ISO 15612, DIN EN ISO 15613 oder DIN EN ISO 15614-1 als Wege zur Verfügung.

Zum Geltungsbereich zählt die Art des Grundwerkstoffes, in der Regel die Kennzeichnung der (des) Werkstoffe(s) mit der Bezugsnorm und der Einteilung in eine Werkstoffgruppe nach DIN CEN ISO/TR 15608:2020-07. Dabei kann eine WPS auch eine Gruppe von Werkstoffen (meist innerhalb einer Werkstoffgruppe) umfassen.

Werkstückmaße: Hier wird auf Basis der Qualifizierungsnorm, z. B. DIN EN ISO 15614-1, in einer WPS ein Dickenbereich der Verbindung angegeben. Gleiches gilt bei Rohrstumpfstößen auch für den Außendurchmesserbereiche.

Schweißprozess: Das qualifizierte Schweißverfahren wird mit den Ordnungsnummern nach DIN EN ISO 4063 beschreiben. Auch die Angabe von Verfahrenskombinationen z. B. 141/111 ist möglich. Da in der Ausgabe der DIN EN ISO 4063 von März 2011 einige Prozesse neue Ordnungsnummern erhielten, sollte besser der Begriff verwendet werden, z. B. 136 = Metall-Aktivgasschweißen mit schweißpulvergefüllter Drahtelektrode.

Die Benennungen der Prozesse 121, 122, 131, 135, 136 und 141 wurden in der Ausgabe 2011 von DIN EN ISO 4063 modifiziert. Der bisherige Prozess 137 wurde in die Prozesse 132 und 133 unterteilt, der bisherige Prozess 136 wurde in die Prozesse 136 und 138 unterteilt.

Gestaltung der Verbindung: Hilfreich ist eine Skizze der Verbindung/Verbindungsanordnung mit Maßen oder Verweis auf Normen, die solche Angaben enthalten. In der Schweißanweisung sollte immer die Schweißnahtvorbereitung (Fugenformen aus DIN EN ISO 9692-1) skizziert wiedergegeben werden. In der Skizze sollte, soweit werkstofftechnisch erforderlich, die Raupenfolge dargestellt werden.

Schweißposition: Anwendbare Schweißpositionen nach DIN EN ISO 6947.

Schweißnahtvorbereitung: Methoden der Schweißnahtvorbereitung, Säubern, Entfetten, einschließlich der angewendeten Verfahren wie z. B. Spanen oder Fräsen; Festspannen, Spannvorrichtungen und Heftschweißen.

Für den Abschnitt „Schweißanweisungen" hilfreiche Normen und Regelwerke:

DIN EN ISO 15609-1 *„Anforderung und Qualifizierung von Schweißverfahren für metallische Werkstoffe - Schweißanweisung - Teil 1: Lichtbogenschweißen"*

DIN EN ISO 15609-2 *„Anforderung und Qualifizierung von Schweißverfahren für metallische Werkstoffe - Schweißanweisung - Teil 2: Gasschweißen"*

DIN EN ISO 15609-3 *„Anforderung und Qualifizierung von Schweißverfahren für metallische Werkstoffe - Schweißanweisung - Teil 3: Elektronenstrahlschweißen"*

DIN EN ISO 15609-4 *„Anforderung und Qualifizierung von Schweißverfahren für metallische Werkstoffe — Schweißanweisung — Teil 4: Laserstrahlschweißen"*

DIN EN ISO 15609-5 *„Anforderung und Qualifizierung von Schweißverfahren für metallische Werkstoffe - Schweißanweisung - Teil 5: Widerstandsschweißen"*

DIN EN ISO 15609-6 *„Anforderung und Qualifizierung von Schweißverfahren für metallische Werkstoffe - Schweißanweisung - Teil 6: Laserstrahl-Lichtbogen-Hybridschweißen*

DIN EN ISO 4063 *„Schweißen und verwandte Prozesse - Liste der Prozesse und Ordnungsnummern"*

DIN EN ISO 6947 *„Schweißen und verwandte Prozesse - Schweißpositionen"*

DIN CEN ISO/TR 15608 *„Schweißen - Richtlinien für eine Gruppeneinteilung von metallischen Werkstoffen"*

6.9 Arbeitsanweisungen

Unter diesem Aufgabenpunkt nach DIN EN ISO 14731 wird als Hinweis nur genannt:

Für Arbeitsanweisungen muss die Ausstellung und Anwendung von Arbeitsanweisungen berücksichtigt werden.

Arbeitsanweisungen dienen dazu, Abläufe im Betrieb näher zu beschreiben und so für alle Mitarbeiter verstehbar und nachvollziehbar zu gestalten.

Eine Arbeitsanweisung ist ein schriftliches Dokument, in dem detailliert geregelt wird, wie bestimmte Arbeitsaufgaben durchzuführen sind. Arbeitsanweisungen sind an einen bestimmten Prozess (Tätigkeit) bzw. ein Produkt oder einen Arbeitsplatz gebunden. Sie sollen ein Hilfswerkzeug für jeden Mitarbeiter sein, damit er seine Aufgaben qualitätsgerecht erfüllen kann. Die einzelnen Arbeitsschritte können dabei auch in Ablaufdiagrammen oder in einer Art Checkliste festgehalten werden.

Der Einsatz einer Standardarbeitsanweisung ist vor allem dann sinnvoll, wenn trotz Erfahrung und Qualifikation des Mitarbeiters wiederholt dieselben Fehler gemacht werden. Arbeitsanweisungen eignen sich auch als Grundlage für die Einarbeitung neuer Mitarbeiter. Jedes Unternehmen kann und soll dabei selbst festlegen, wie eine Arbeitsanweisung auszusehen hat. Es gibt hierzu keine normativen Vorgaben. Eine Aussage zur Erstellung einer solchen Anweisung lautet: „Schreibe sie so, dass der Anwender damit arbeiten kann!“. Sie ist also so zu formulieren, dass jeder Betroffene den Inhalt auch versteht.

Beispiele für Arbeitsanweisungen (AA) in der Schweißtechnik können sein:

- AA Vertragsprüfung;
- AA Wareneingangskontrolle;
- AA Lagerung und Ausgabe von Schweißzusätzen;
- AA Lagerung und Handhabung von CrNi-Werkstoffen;
- AA Formieren;
- AA Bemessung und Ausführung von Heftstellen;
- AA Messen von Vorwärm- und Zwischenlagentemperatur.

Für den Abschnitt „Arbeitsanweisungen“ hilfreiche Normen und Regelwerke:

DIN EN 1011-2 *„Schweißen - Empfehlungen zum Schweißen metallischer Werkstoffe - Teil 2: Lichtbogenschweißen von ferritischen Stählen“*

DIN EN 1011-3 *„Schweißen - Empfehlungen zum Schweißen metallischer Werkstoffe - Teil 3: Lichtbogenschweißen von nichtrostenden Stählen*

DIN EN 1090-2 *„Ausführung von Stahltragwerken und Aluminiumtragwerken - Teil 2: Technische Regeln für die Ausführung von Stahltragwerken*

DIN EN ISO 13916 „*Schweißen - Messung der Vorwärm-, Zwischenlagen- und Haltetemperatur*"

DIN EN ISO 3834-1 „*Qualitätsanforderungen für das Schmelzschweißen von metallischen Werkstoffen - Teil 1: Kriterien für die Auswahl der geeigneten Stufe der Qualitätsanforderungen*"

DIN EN ISO 9001 „*Qualitätsmanagementsysteme – Anforderungen*"

DVS Merkblatt 0937 „*Wurzelschutz beim Schutzgasschweißen*"

6.10 Schweißzusätze

Unter diesem Aufgabenpunkt nach DIN EN ISO 14731 werden folgende Hinweise genannt:

a) Eignung;
b) Lieferbedingungen;
c) etwaige Zusatzanforderungen für die Lieferbedingungen der Schweißzusätze, ein schließlich der Art der Prüfbescheinigung für die Schweißzusätze;
d) Lagerung und Handhabung der Schweißzusätze.

a) Eignung

Mit diesem Stichwort soll bei der Auswahl der zu verwendenden Schweißzusätze (Schweißstab, Schweißdraht, Stabelektrode, Schweißpulver) geprüft werden, ob diese zum Unterpulverschweißen und beim Schutzgasschweißen bezogen auf die zu verbindenden Werkstoffe und auf die Einsatzbedingungen geeignet sind.

Schweißzusätze werden zunächst hinsichtlich ihrer Verwendung für die verschiedenen Schweißprozesse mit einem Kurzzeichen gekennzeichnet:

Tabelle 6.10-1. Schweißprozesse und zugehörige Schweißzusätze

Kurzzeichen	Schweißprozess	Relevante Normen
E	Lichtbogenhandschweißen mit umhüllten Elektroden	DIN EN ISO 2560, 18275, 3580, 3581, 14172
W	Wolfram-Schutzgasschweißen	DIN EN ISO 636, 16834, 21952, 14343, 18274, 24373, 18273, 24034
G	Metallschutzgasschweißen mit Massivdraht-elektroden	DIN EN ISO 14341, 16834, 21952, 14343, 18274, 24373, 18273, 24034
T	Metallschutzgasschweißen mit Fülldraht-elektroden	DIN EN ISO 17632, 18276, 17634, 17633, 12153
S	Unterpulverschweißen	DIN EN ISO 14171, 26304, 24598 14343, 18274, 14174
O	Gasschmelzschweißen	DIN EN ISO 20378
P	Plasmaschweißen	DIN EN ISO 14343

Danach folgt bei Schweißzusätzen für unlegierte, niedrig legierte und hochfeste Stähle eine Angabe in Form von Kennzahlen über die Mindeststreckgrenze und die gewährleistete Mindestkerbschlagarbeit von 47 J bei der vorliegenden Prüftemperatur.

Bei warmfesten Stählen, nicht rostenden Stählen (CrNi-Stähle), Nickel- und Nickellegierungen, Kupfer- und Kupferlegierungen, Aluminium- und Aluminiumlegierungen sowie Titan- und Titanlegierungen steht hier dann ein Kurzzeichen für die chemische Zusammensetzung des Schweißzusatzes.

Bei Stabelektroden nach DIN EN ISO 2560, 18275, 3580, 3581, 14172 folgt dann zum Abschluss der verbindlichen Kennzeichnung die Angabe des Umhüllungstyps. Aus der Art des Umhüllungstyps lassen sich dann bestimmte Eigenschaften ableiten.

Tabelle 6.10-2. Stabelektroden, Umhüllungstyp und ihre Eigenschaften

Kurzzeichen	Umhüllungstyp	Eigenschaften
A	sauerumhüllt	Beim sauren Typ besteht die Umhüllung zum größten Teil aus Eisen- und Manganerzen. Damit werden der Lichtbogenatmosphäre größere Mengen Sauerstoff angeboten. Dieser wird auch vom Schweißgut aufgenommen und verringert dessen Oberflächenspannung. Die Folge sind ein sehr feiner, sprühregenartiger Werkstoffübergang und ein dünnflüssiges Schweißgut. Elektroden dieses Typs sind deshalb nicht für das Schweißen in Zwangslagen geeignet. Der Lichtbogen ist auch sehr „heißgehend“, gestattet zwar hohe Schweißgeschwindigkeiten, neigt aber zur Bildung von Einbrandkerben.
C	zelluloseumhüllt	Der Zellulosetyp hat einen mittel- bis grobtropfigen Werkstoffübergang. Die Umhüllung besteht überwiegend aus organischen Bestandteilen, die im Lichtbogen verbrennen und dabei Schutzgas zum Schutz der Schweißstelle bilden. Da die Umhüllung aber nur geringe Mengen von lichtbogenstabilisierenden Stoffen enthält, entsteht kaum Schlacke. Der Zellulosetyp ist besonders gut für Fallnahtschweißungen geeignet, weil kein Schlackenvorlauf zu befürchten ist.
R	rutilumhüllt	Die Umhüllung des Rutiltyps (R/RR) besteht zum größten Teil aus Titandioxid in Form der Mineralien Rutil (TiO_2) oder Ilmenit (TiO_2 FeO) oder auch aus künstlichem Titandioxid. Die Elektroden dieses Typs zeichnen sich durch einen fein bis mitteltropfigen Werkstoffübergang aus, ein ruhiges, spritzerarmes Abschmelzen, eine sehr feine Nahtzeichnung, eine gute Schlackenentfernbarkeit und ein gutes Wiederzündverhalten. Letzteres ist in dieser Form nur bei Rutilelektroden mit hohem Anteil von TiO_2 in der Umhüllung zu beobachten. Es bedeutet, daß bei einer bereits einmal angeschmolzenen Elektrode ein Wiederzünden ohne Entfernen des Hüllenkraters möglich ist. Dick rutilumhüllte Elektroden ergeben dabei einen feineren Tropfenübergang als rutilumhüllte Typen.
RR	dick rutilumhüllt	
RC	rutilzellulose-umhüllt	Beim RC-Typ wurde ein Teil des Rutils durch Zellulose ersetzt wurde. Da Zellulose beim Schweißen verbrennt, bildet sich weniger Schlacke. Dieser Typ kann deshalb auch in Fallnaht verschweißt werden. Er besitzt aber auch gute Schweißeigenschaften in den meisten anderen Positionen.
RA	rutilsauer-umhüllt	Ein Mischtyp zwischen der sauren und der rutilumhüllten Elektrode. Die Elektrode hat auch dementsprechende Schweißeigenschaften.
RB	rutilbasisch-umhüllt	Dieser Mischtyp etwas dünner umhüllt als der RR-Typ. Dies und die besondere Schlackencharakteristik machen ihn besonders geeignet zum Schweißen in senkrecht- steigender Position.

B	basisch umhüllt	Hier besteht die Umhüllung zum größten Teil aus den basischen Oxiden des Calciums (CaO) und des Magnesiums (MgO), denen als Schlackenverdünner Flussspat (CaF_2) zugegeben wird. Flussspat verschlechtert in höheren Gehalten die Wechselstromschweißbarkeit. Reinbasische Elektroden sind deshalb an sinusförmigem Wechselstrom nicht zu verschweißen. Der Werkstoffübergang der basischen Elektroden ist mittel- bis grobtropfig und das Schmelzbad zähfließend. Die entstehenden Raupen sind aber wegen der größeren Viskosität des Schweißgutes etwas überwölbt und gröber gefiedert. Das Schweißgut hat sehr gute Zähigkeitseigenschaften.

Für umhüllte Stabelektroden lassen sich aus dem nicht verbindlichen Teil der Kennzeichnung noch Informationen über die Verwendungsfähigkeit an Gleich- bzw. Wechselstrom ableiten sowie über die Eignung des Verschweißens in verschiedenen Schweißpositionen. Üblicherweise ist diese Kennzeichnung nicht als Gummistempelabdruck auf der Elektrodenumhüllung zu finden, sondern auf der Paketverpackung, im Herstellerkatalog oder auf Produktdatenblättern.

Tabelle 6.10-3. Kennziffern für Ausbringung und Stromart

Kennziffer	**Ausbringung A**	**Stromart**
1	$A \leq 105\ \%$	Wechsel- und Gleichstrom
2	$A \leq 105\ \%$	Gleichstrom
3	$105\ \% < A \leq 125\ \%$	Wechsel- und Gleichstrom
4	$105\ \% < A \leq 125\ \%$	Gleichstrom
5	$125\ \% < A \leq 160\ \%$	Wechsel- und Gleichstrom
6	$125\ \% < A \leq 160\ \%$	Gleichstrom
7	$A > 160\ \%$	Wechsel- und Gleichstrom
8	$A > 160\ \%$	Gleichstrom

Tabelle 6.10-4. Kennziffern für Schweißpositionen

Kennziffer	**Beschreibung**
1	alle Positionen
2	alle Positionen, außer Fallposition
3	Stumpfnaht in Wannenposition, Kehlnaht in Wannen- und Horizontalposition
4	Stumpfnaht in Wannenposition, Kehlnaht in Wannenposition
5	Fallposition und Positionen wie in Kennziffer 3 (Stumpfnaht in Wannenposition, Kehlnaht in Wannen- und Horizontalposition)

Bei Fülldrahtelektroden wird mit einem Kennzeichen die Art der Füllung der Elektroden angegeben, ob es sich dabei um Metallpulver oder eine Art von Schweißpulver handelt. Daraus leiten sich dann auch unterschiedliches Verhalten beim Schweißen ab.

Tabelle 6.10-5. Typen von Fülldrahtelektroden und zugehörige Normen

Kennzeichen	Typ und Eigenschaften	Relevante Normen
R	Rutil, langsam erstarrende Schlacke, Schutzgas erforderlich	DIN EN ISO 17632, 17634, 17633
P	Rutil, schnell erstarrende Schlacke, Schutzgas erforderlich	DIN EN ISO 17632
B	Basisch, Schutzgas erforderlich	DIN EN ISO 17632, 17634, 17633
M	Metallpulver, Schutzgas erforderlich	DIN EN ISO 17632, 17633
V	Rutil- oder Basisch/Fluorid, Schutzgas nicht erforderlich	DIN EN ISO 17632, 17633
W	Basisch/Fluorid, langsam erstarrende Schlacke, Schutzgas nicht erforderlich	DIN EN ISO 17632, 17633
Y	Basisch/Fluorid, schnell erstarrende Schlacke, Schutzgas nicht erforderlich	DIN EN ISO 17632, 17633
S	andere Typen	DIN EN ISO 17632, 17633
Z	andere Typen	DIN EN ISO 17634, 17633

Die Pulver zum Unterpulverschweißen aus DIN EN ISO 14174 werden hinsichtlich ihres Typs und damit ihrer Ausprägung von Eigenschaften ebenfalls mit einem Kurzzeichen versehen. Die nachfolgende Tabelle gibt die in DIN EN ISO 14174 gelisteten Pulvertypen mit ihren wesentlichen Eigenschaften wieder.

Tabelle 6.10-6. Unterpulverschweißpulvertyp und ihre Eigenschaften

Kennzeichen	Pulvertyp	Eigenschaften
MS	Mangan-Silikat	Schweißpulver dieses Typs enthalten im wesentlichen MnO und SiO_2. Sie sind gewöhnlich durch einen hohen Manganzubrand gekennzeichnet, so dass sie vorzugsweise in Verbindung mit niedrig manganhaltigen Drahtelektroden verwendet werden. Der Siliziumzubrand ist gleichfalls hoch. Viele Pulver dieses Typs ergeben Schweißgut mit eingeschränkten Zähigkeitswerten, was zum Teil auf einen hohen Sauerstoffgehalt zurückzuführen ist. Mangan-Silikat-Pulver sind relativ hoch strombelastbar und für hohe Schweißgeschwindigkeiten geeignet. Das Schweißgut ist auch beim Schweißen auf rostigem Grundwerkstoff unempfindlich gegen Porenbildung. Die Schweißnähte zeigen eine regelmäßige Ausbildung und die Nahtübergänge sind frei von Einbrandkerben. Einschränkungen hinsichtlich der Zähigkeitswerte schließen die Verwendung dieser Pulver für das Mehrlagenschweißen dicker Abmessungen gewöhnlich aus. Sie sind jedoch gut geeignet für das Schnellschweißen dünner Abmessungen sowie für Kehlnähte.

CS	Calcium-Silikat	Schweißpulver dieses Typs bestehen im Wesentlichen aus CaO, MgO und SiO_2. Diese Gruppe umfasst eine Reihe von Pulvern, von denen die mehr sauren Typen die höchste Strombelastbarkeit aller Pulver aufweisen und einen hohen Siliziumzubrand bewirken. Diese Pulver eignen sich für das Lage- und Gegenlageschweißen von dicken Abmessungen mit geringeren Anforderungen an die mechanischen Eigenschaften. Die mehr basischen Pulver der Gruppe bewirken einen geringeren Si-Zubrand und können für Mehrlagenschweißungen mit höheren Anforderungen an die Festigkeits- und Zähigkeitswerte angewendet werden. Die Strombelastbarkeit der Pulver sinkt mit zunehmendem Basizitätsgrad, die entstehenden Nähte sind glatt ausgebildet und ohne Randkerben.
ZS	Zirkon-Silikat	Schweißpulver dieses Typs bestehen hauptsächlich aus ZrO_2 und SiO_2. Diese Pulver werden für das Schnellschweißen von einlagigen Nähten auf sauberen Blechen und Dünnblechen empfohlen. Die gute Benetzungseigenschaft der Schlacke ist ausschlaggebend für gleichmäßig ausgebildete Nähte ohne Randkerben bei hoher Geschwindigkeit.
RS	Rutil-Silikat	Die Hauptbestandteile der Schweißpulver dieses Typs sind TiO_2 und SiO_2. Neben einem hohen Manganabbrand verursachen diese Pulver einen hohen Siliziumzubrand im Schweißgut. Sie können somit in Kombination mit Drahtelektroden mit mittlerem und hohem Mangangehalt verwendet werden. Die Zähigkeit des Schweißgutes bleibt jedoch infolge eines relativ hohen Sauerstoffgehaltes eingeschränkt. Die Strombelastbarkeit dieser Pulver ist angemessen hoch. Sie eignen sich infolgedessen für das Ein- und Mehrdrahtschweißen bei hohen Geschwindigkeiten. Ein typisches Anwendungsgebiet ist das Schweißen von Lage und Gegenlage (gleichzeitig-beidseitiges Schweißen) bei der Herstellung von Großrohren.
AR	Aluminat-Rutil	Diese Schweißpulver enthalten im wesentlichen Al_2O_3 und TiO_2. Es ist ein mittlerer Mangan- und Siliziumzubrand zu verzeichnen. Aufgrund der hohen Schlackenviskosität verfügt dieser Pulvertyp über eine Reihe von vorteilhaften Eigenschaften wie gutes Nahtaussehen, hohe Schweißgeschwindigkeit und sehr gute Schlackenentfernbarkeit besonders in Kehlnähten. Die Pulver sind für das Schweißen an Gleich- und Wechselstrom geeignet und daher für das Ein- und Mehrdrahtschweißen einsetzbar. Infolge des relativ hohen Sauerstoffgehaltes erzeugen sie ein Schweißgut mit mittleren mechanischen Eigenschaften. Die Hauptanwendungsgebiete schließen das Schweißen von dünnwandigen Behältern und Rohren, Rohr-Steg-Verbindungen von Flossenrohren, Kehlnähten bei Stahlkonstruktionen und im Schiffbau ein.
AB	Aluminat-basisch	Neben Al_2O_3 als Hauptbestandteil enthalten diese Pulver im Wesentlichen noch MgO und CaO. Sie sind durch einen mittleren Manganzubrand gekennzeichnet. Aufgrund des hohen Al_2O_3-Anteils ergeben die Pulver eine kurze Schlacke, wobei eine optimale Ausgewogenheit zwischen Schweißgutqualität und Verarbeitungseigenschaften besteht. Die Schweißeigenschaften dieser Pulver sind gut, und aufgrund der basischen Schlackencharakteristik (mittlerer Sauerstoffgehalt) werden speziell beim Schweißen von Lage und Gegenlage gute Zähigkeitswerte erzielt. Diese Pulver werden in großem Umfang für das Schweißen von unlegierten und niedriglegierten Baustählen für die unterschiedlichsten Anwendungsgebiete angewendet. Sie können sowohl an Gleich- als auch an Wechselstrom für das Mehrlagenschweißen oder das Schweißen von Lage und Gegenlage eingesetzt werden.

AS	Aluminat-Silikat	Schweißpulver dieses basischen Typs zeichnen sich durch einen mäßig hohen Anteil an basischen Verbindungen wie MgO und CaF_2 im Ausgleich mit erheblichen Anteilen an Silikaten, Al_2O_3 und ZrO_2 aus. Das metallurgische Verhalten dieser Pulver ist meist neutral, jedoch ist Manganabbrand möglich. Es werden daher vorzugsweise Drahtelektroden mit höherem Mangangehalt, wie z. B. G4Si1-Qualitäten, angewendet. Infolge der mäßig hohen Schlackenbasizität erzeugen diese Pulver ein sehr sauberes, niedrig sauerstoffhaltiges Schweißgut. Wegen ihres basischen Charakters in Verbindung mit einer geringen Schlackenviskosität besitzen diese Pulver entsprechende Verarbeitungsmerkmale wie eingeschränkte Strombelastbarkeit und Schweißgeschwindigkeit. Schlackenlöslichkeit und Nahtaussehen sind gut, auch bei Engspaltschweißung. Obwohl vorzugsweise an Gleichstrom schweißbar (niedriger Wasserstoffgehalt im Schweißgut), können einige dieser Pulver auch an Wechselstrom und damit für das Mehrdrahtverfahren angewendet werden. Diese Pulver, wie auch die fluoridbasischen Typen, sind für das Mehrlagenschweißen, besonders bei hohen Zähigkeitsanforderungen, zu empfehlen. Ihr bevorzugtes Einsatzgebiet ist daher das Schweißen von hochfesten Feinkornbaustählen im Druckbehälterbau, bei der Herstellung von Nuklear- und Offshore-Bauteilen.
AF	Aluminat-Fluoridbasisch	Diese Schweißpulver enthalten Al_2O_3 und CaF_2 als Hauptbestandteile. Sie werden hauptsächlich mit legierten Drahtelektroden für das Schweißen nichtrostender Stähle und Nickelbasislegierungen kombiniert. Hinsichtlich Mangan-, Silizium- und anderen Legierungsbestandteilen im Schweißgut verhalten sich die Pulver neutral. Infolge des hohen Fluoridanteils besitzen die Pulver gute Benetzungseigenschaften und erzeugen ein sauberes Nahtaussehen. Die Lichtbogenspannung muss im Vergleich zum aluminatbasischen Typ höher eingestellt werden.
FB	Fluorid-basisch	Die Schweißpulver dieses hochbasischen Typs sind durch einen hohen Anteil an basischen Bestandteilen, wie CaO, MgO, MnO und CaF_2 gekennzeichnet. Der Anteil an SiO ist niedrig. Ihr metallurgisches Verhalten ist hauptsächlich neutral, jedoch ist Manganabbrand möglich, so dass vorzugsweise Drahtelektroden mit einem höheren Mangananteil, z. B. G4Si1-Typen, angewendet werden sollten. Als Folge der hohen Schlackenbasizität wird ein metallurgisch sehr sauberes, niedrig sauerstoffhaltiges Schweißgut erzielt. Es können höchste Zähigkeitswerte bis zu sehr tiefen Temperaturen realisiert werden. Wegen der basischen Schlackencharakteristik, in Verbindung mit einer geringen Schlackenviskosität, haben diese Pulver entsprechende Verarbeitungsmerkmale, wie begrenzte Strombelastbarkeit und Schweißgeschwindigkeit. Schlackenlöslichkeit und Nahtaussehen sind auch im Engspaltverfahren gut. Zur Erzeugung eines niedrigen Wasserstoffgehaltes im Schweißgut wird das Schweißen an Gleichstrom bevorzugt. Einige dieser Pulver sind auch an Wechselstrom schweißbar und daher für das Mehrdrahtschweißen geeignet. Die Pulver werden für das Mehrlagenschweißen empfohlen, besonders wenn hohe Anforderungen an die Zähigkeit gestellt werden. Ein bevorzugtes Anwendungsgebiet ist das Schweißen von hochfesten Feinkornbaustählen, z. B. im Druckbehälterbau, bei Herstellung von Nuklear- und Offshore-Bauteilen. Pulver dieses Typs können auch für das Schweißen von nichtrostenden Stählen und Nickelbasislegierungen angewendet werden.
Z	andere Typen	Bei Pulvern mit dieser Kennzeichnung ist eine individuelle Zusammensetzung der Ausgangsstoffe möglich.

b) Lieferbedingungen

Zum diesem Merkmal zählen Liefertermin, Anlieferungsort und Liefermenge. Insbesondere wenn der Produktionszeitraum sich über längere Zeit erstreckt und Teillieferungen erforderlich sind.

Bei der Lieferung von Drahtelektroden für das Metall-Schutzgasschweißen ist es wichtig bei der Bestellung die Art der Spule anzugeben, ob Dornspule D 100, D 200 oder D 300, Korbringspule B 300 oder B 450 oder Korbspule BS 300. Gegebenenfalls benötigt man einen Korbspulenadapter! Die Abmessungen der verschieden Dorn-, Ring- und Korbspulen sind in DIN EN ISO 544 zu finden, insbesondere das Maß des Mitnehmerlochs bei den Dornspulen, aber auch in den Katalogen der Schweißzusatzlieferanten.

Bild 6.10-1. Korb-Ringspule mit Adapter (Quelle: HWK Düsseldorf/Holger Specht)

Bild 6.10-2. Korbspulenadapter zur Aufnahme einer Korb-Ringspule B300 (HWK Düsseldorf/Holger Specht)

Für stationäre MSG-Geräte, die in der Fertigungsstätte nicht bewegt werden und wo größere Mengen von Drahtelektroden verbraucht werden, bietet sich auch die Anlieferung in Fassspulen bis 500 kg Schweißdrahtgewicht gegenüber einer 18 kg fassenden Drahtspule an. Die Fassspulen werden üblicherweise auf Europalette transportiert; auf eine Euro-Leihpalette (1200 cm x 800 cm) passen zwei Fässer. Die Fässer bestehen in der Regel aus Kartonware, somit sind alle Bestandteile der Fässer wieder vollständig wiederverwertbar. Es gibt auch Mini-Fässer mit bis zu 100 kg Schweißdraht.

c) etwaige Zusatzanforderungen für die Lieferbedingungen der Schweißzusätze, einschließlich der Art der Prüfbescheinigung für die Schweißzusätze

Üblicherweise werden Schweißzusätze (WIG-Schweißstäbe, Drahtelektroden und Stabelektroden) mit einer Werksbescheinigung 2.1 oder einem Werkszeugnis 2.2 geliefert. Eine Werksbescheinigung 2.1 ist eine Bescheinigung, in der der Hersteller bestätigt, dass die gelieferten Erzeugnisse den Anforderungen der Bestellung entsprechen, jedoch ohne Angabe von Prüfergebnissen, z. B. Streckgrenze, Zugfestigkeit oder Bruchdehnung. Ein Werkszeugnis 2.2 ist dazu im Vergleich eine Bescheinigung, in welcher der Hersteller bestätigt, dass die gelieferten Erzeugnisse den Anforderungen der Bestellung entsprechen, mit Angabe von Ergebnissen nichtspezifischer Prüfungen. Eine nichtspezifische Prüfung bestätigt, dass der Schweißzusatz nach der gleichen Erzeugnisspezifikation und nach dem gleichen Verfahren hergestellt worden ist und die in der Bestellung festgelegten Anforderungen erfüllt. Die geprüften Schweißzusätze müssen nicht notwendigerweise aus der Lieferung selbst stammen.

Zu den möglichen Zusatzanforderungen bei den Liefer-/Leistungsbedingungen von Schweißzusätzen zählen z. B. der Nachweis von Werkstoffeigenschaften im niedergeschmolzenen Schweißgut in Form eines Warmzugversuches bei einer in der Spezifikation vorgegebenen Temperatur. Dieser Warmzugversuch wird von dem normalen Werkszeugnis 2.2 nach DIN EN 10204 nicht abgedeckt. Weitere Zusatzanforderungen können auch der Nachweis und die Bestimmung von chemischen Elementen wie Al und N sein, die in der Tabelle der Norm über die chemische Zusammensetzung zwar nicht aufgeführt sind, aber Kunde über eine Spezifikation diese Werte bestimmt haben möchte.

Um eine Bestätigung eben dieser gegebenenfalls zusätzlich geforderten mechanisch-technologischen Eigenschaften und/oder chemische Zusammensetzung der Lieferung mit den Bestellanforderungen, also der zugrunde gelegten Norm, zu erhalten, benötigt man eine spezifische Prüfung. Eine spezifische Prüfung ist eine Prüfung, bei der an den zu liefernden Erzeugnissen oder an Prüfeinheiten, Prüfungen durchgeführt werden, um festzustellen, ob die Erzeugnisse die in der Bestellung (Norm) festgelegten Anforderungen erfüllen. Dafür wird dann in der Regel ein Abnahmeprüfzeugnis 3.1 vom Hersteller des Schweißzusatzes ausgestellt, in der er bestätigt, dass die gelieferten Erzeugnisse die in der Bestellung festgelegten Anforderungen erfüllen, mit Angabe der Prüfergebnisse z. B. aus einem Zugversuch, Kerbschlageprüfung und chemischer Analyse.

Es leuchtet ein, dass diese Zusatzerprobung, die chargen- und abmessungsabhängig ist, auch erhöhte Prüfkosten mit sich zieht. Somit ist vor der Bestellung eine sorgsame Kalkulation der benötigten Schweißzusatzmengen bezogen auf die chemische Zusammensetzung (Markenname), Abmessung und Menge erforderlich, um Nachbestellungen, und damit nachträgliche Erprobungen an dann eben anderen Schmelzen zu vermeiden, die wiederum neue Prüfkosten für die Ausstellung des Abnahmeprüfzeugnissen 3.1 nach sich ziehen würden.

Unter der Druckgeräterichtlinie für den Bau von Behälter, Dampfkesseln und Rohrleitungen können für den Bau harmonisierte europäische Normen genutzt werden. Im Rohrleitungsbau ist dies die DIN EN 13480 - Reihe. Im Teil 4 „Fertigung" wird für Schweißzusätze gefordert, dass alle Stabelektroden, Schweißdrähte und -stäbe durch ein Werkszeugnis 2.2 nach (DIN) EN 10204 zu bescheinigen sind. In diesem Werkszeugnis müssen eine chemische Analyse und die mechanischen Eigenschaften enthalten sein.

d) Lagerung und Handhabung der Schweißzusätze

Beim Transport und beim Umladen umhüllter Stabelektroden ist zu berücksichtigen, dass nicht nur die Verpackung, sondern auch der Inhalt beschädigt werden kann. Deshalb dürfen die Stabelektroden bei allen Transportvorgängen keinen starken Stößen ausgesetzt werden. Korbspulen sind ebenfalls wegen ihrer Bauweise aus Draht empfindlich gegen Beschädigungen.

Aus diesem Grund dürfen die Verpackungen beim manuellen Umladen oder beim Ein- und Auslagern auch nicht geworfen werden. Herkömmlich verpackte Stabelektroden müssen während des Transportes zudem vor Regen und vor Schnee geschützt werden. Dies gilt auch für WIG-Schweißstäbe in Kartons, die durchweichen können und der Schweißdraht infolge der Feuchtigkeit korrodieren kann.

Die Umhüllung der Stabelektroden ist feuchtigkeitsliebend (hygroskopisch). Daher kann aus der Atmosphäre Feuchtigkeit aufgenommen werden. Auch unlegierte und niedriglegierte WIG-Stäbe und Drahtelektroden sind anfällig bei feuchter Umgebung. Sie können korrodieren. Deshalb sollten Schweißzusätze bis zu ihrer Verwendung in der Originalverpackung belassen und in trockenen und beheizbaren Räumen gelagert werden. Bei tiefen Außentemperaturen sollte die Lagertemperatur mindestens 10 °C höher liegen. Ansonsten gelten folgende Anforderungen an die Lagerbedingungen: die Raumtemperatur sollte wärmer als 20 °C sein und die relative Luftfeuchtigkeit maximal 40 % betragen. Zur Kontrolle empfiehlt es sich ein kombiniertes Thermometer/Hygrometer im Lagerungsraum aufzuhängen.

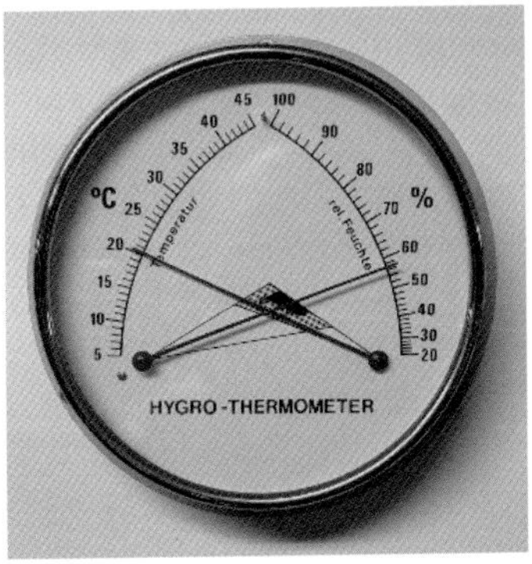

Bild 6.10-3. Thermometer/Hygrometer (Quelle: Jochen Mußmann)

Die gebräuchlichste Verpackungsart für umhüllte Stabelektroden ist die Papierschachtel, welche dann meist in eine Schutzfolie (Polyethylen) eingeschweißt ist. Diese Folie ist aber nicht absolut feuchtigkeitsundurchlässig. Daher sind Stabelektroden, je nach Umhüllungstyp, trotzdem trocken zu lagern und ggf. rückzutrocknen.

Alternativ zu dieser konventionellen Verpackung bieten viele Hersteller auch spezielle wasserdampfdichte Verpackungen an, die eben diffusionsdicht sind. Dies sind entweder Dosenverpackungen – hermetisch verschlossen mit einem Ring-Pull-System und einem Plastikdeckel, mit dem die geöffnete Dose ggf. wieder verschlossen werden kann oder Aluminium-Kunststoffverbundfolien (Vakuumverpackungen), wie man sie aus der Lebensmittelindustrie kennt. Für diese wasserdampfdicht verpackten Stabelektroden gelten jedoch die gleichen Grundsätze wie für konventionell verpackte Elektroden. Die Umhüllungen dieser Stabelektroden sind ebenfalls hygroskopisch und nehmen mehr oder weniger Feuchtigkeit auf, sobald die Verpackung beschädigt oder geöffnet wurde. Daher sollte am Arbeitsplatz auch nur Paket um Paket geöffnet werden.

Bei der Entnahme aus dem Lager sollte die Reihenfolge des Lagereingangs beachtet werden (First in-first out-Prinzip). Werden die o. g. Lagerbedingungen eingehalten, gelten Stabelektroden ab Anlieferung beim Schweißbetrieb bis zu 2 bis 3 Jahre verwendungsfähig. Es empfiehlt sich Monat/Jahr der Anlieferung auf der Umverpackung zu vermerken.

Schweißzusätze sollen bis zu ihrer Verwendung in der Originalverpackung gelagert worden. Schweißzusätze sollten möglichst in trockenen Räumen gelagert werden. Der Lagerraum muss witterungsgeschützt, belüftbar und ggf. beheizbar sein. Decken, Böden und Wände müssen trocken sein; es dürfen sich keine offenen Wasserflächen im Raum befinden. Die Schweißzusätze dürfen nicht auf direkt auf dem Boden gelagert werden, keinen Kontakt mit Wänden haben, um Kältebrücken zu vermeiden. Die Elektrodenpakete werden daher besser auf Holzpaletten oder in Regalen mit einem Abstand zur Wand von ca. 30 cm gelagert. Dabei soll die maximale Stapelhöhe von nicht mehr als 6 bis 8 Schachteln / Kartons nicht überschritten werden, um ein Ausknicken der Verpackungskartons oder ein Aufplatzen der Verpackung zu vermeiden.

Die Notwendigkeit der Rücktrocknung von Stabelektroden ist vom Umhüllungstyp, der Verpackungsart und der Kaltrissempfindlichkeit des zu verarbeitenden Grundwerkstoffes abhängig. Un- und niedriglegierte basisch umhüllte Stabelektroden sind wegen der Gefahr wasserstoffinduzierter Rissbildung grundsätzlich bei 300 – 350 °C über 2 Stunden rückzutrocknen und danach in einem beheizten Köcher an der Arbeitsstelle aufzubewahren.

Bild 6.10-4. Trockenschrank und beheizter Köcher (Quelle: Der Schweißer)

Die erforderlichen Rücktrocknungstemperaturen und -zeiten sind auch auf den Etiketten der jeweils kleinsten Verpackungseinheit (Elektrodenpaket) und dem Produktdatenblatt vermerkt. Die Rücktrocknung basisch umhüllter Elektroden kann mehrfach wiederholt werden (max. 4-mal à 2 Stunden), wenn eine Gesamtverweilzeit von 10 Stunden im Trockenofen nicht überschritten wird. Aus dem Trockenofen entnommene Stabelektroden können in Trockenhalteschränken bei 120 - 200 °C für max. 4 Wochen zwischengelagert werden.

Un- und niedriglegierte Stabelektroden der Umhüllungstypen A, R, RR, RC, RA und RB nach DIN EN ISO 2560 erfordern keine Rücktrocknung. Sollte durch unsachgemäße Lagerung ein zu hoher Feuchtigkeitsgehalt vorliegen, der sich z. B. durch Porenbildung zeigt, können diese Schweißzusätze ebenfalls leicht rückgetrocknet werden, z. B. bei 100 – 120 °C über 1 h. Zellulose-umhüllte Stabelektroden werden und dürfen grundsätzlich nicht rückgetrocknet werden.

Für den Abschnitt „Schweißzusätze" hilfreiche Normen und Regelwerke:

DIN EN 10204 *„Metallische Erzeugnisse - Arten von Prüfbescheinigungen"*

DIN EN ISO 544 *„Schweißzusätze - Technische Lieferbedingungen für Schweißzusätze und Pulver - Art des Produktes, Maße, Grenzabmaße und Kennzeichnung"*

DVS Merkblatt 0957 *„Umgang mit umhüllten Stabelektroden – Transport, Lagerung und Rücktrocknung"*

DVS Merkblatt 0914 *„Verarbeitung und Lagerung von Schweißpulvern für das Unterpulverschweißen"*

6.11 Werkstoffe

Nach DIN EN ISO 14731 werden folgende Hinweise gegeben:

a) etwaige Zusatzanforderungen für die Lieferbedingungen der Werkstoffe, einschließlich der Art der Prüfbescheinigung für den Werkstoff;
b) Lagerung und Handhabung des Grundwerkstoffs;
c) Rückverfolgbarkeit.

a) etwaige Zusatzanforderungen für die Lieferbedingungen der Werkstoffe, einschließlich der Art der Prüfbescheinigung für den Werkstoff

Auch bei Grundwerkstoffen können über ein Anwendungsregelwerk oder eine kundenseitige Spezifikation Zusatzanforderungen an zu liefernde Werkstoffe und deren Prüfbescheinigungen gestellt werden.

Ein Beispiel für eine Zusatzanforderung aus einem Anwendungsregelwerk für den Stahlbau findet sich in DIN EN 1090-2. Dort listet Tabelle 1 „Prüfbescheinigungen für metallische Erzeugnisse" auf, für welche Konstruktionsmaterialien welche Art der Prüfbescheinigung gefordert wird. Hier wird u. a. unterschieden in Baustähle, Nichtrostenden Stähle, Schweißzusätze, Garnituren für Schraubenverbindungen. In dieser Tabelle 1 sind zusätzlich zwei Fußnoten a und b zu beachten. Fußnote a) besagt, für Baustahlsorte S355 JR oder JO sind Prüfbescheinigungen 3.1 für EXC 2, EXC 3 und EXC 4 erforderlich. Fußnote b besagt, dass die in der CEV-Formel enthaltenen Elemente in der Prüfbescheinigung anzugeben sind. Die Angabe weiterer, nach EN 10025-2 geforderter, zugefügter Elemente sollten Al, Nb, und Ti enthalten. Diese Fußnoten gelten also übergeordnet und sind unabhängig von der Art der Prüfbescheinigung zu erfüllen.

Für Baustähle (Bleche, Flach- und Breitflacherzeugnisse, T-, U-, I-, H-Profile) wird hinsichtlich der Prüfbescheinigung auf Tabelle B.1 von EN 10025-1 verwiesen. Dort richtet sich die Art der Prüfbescheinigung weiterhin nach der Mindeststreckgrenze und der Prüftemperatur für die Kerbschlagprüfung:

- Für Werkstoffe mit einer festgelegten Mindeststreckgrenze ≤ 355 MPa und einer festgelegten Kerbschlagarbeit, die bei einer Temperatur von 0 °C oder 20 °C zu prüfen ist, ist eine Prüfbescheinigung 2.2 erforderlich.
- Für Werkstoffe mit einer festgelegten Mindeststreckgrenze ≤ 355 MPa und eine festgelegte Kerbschlagarbeit, die bei einer Temperatur unter 0 °C zu prüfen ist, ist ein Abnahmeprüfzeugnis 3.1 oder 3.2 erforderlich.
- Für Werkstoffe mit festgelegter Mindeststreckgrenze > 355 MPa ist ein Abnahmeprüfzeugnis 3.1 oder 3.2 erforderlich.

Für Nichtrostende Stähle gilt ein Abnahmeprüfzeugnis 3.1.

Alle verwendeten Schweißzusätze sind mit Werkszeugnis 2.2 zu belegen.

Für Garnituren für Schraubenverbindungen für den Metallbau sind Werksbescheinigungen 2.1 erforderlich.

Die Druckgeräterichtlinie stellt übergeordnet eigene Anforderungen an die Belegung mit Prüfbescheinigungen (Abnahmeprüfzeugnis 3.1 oder 3.2, Werkszeugnis 2.2 oder Werksbescheinigung 2.1) für die zum Bau einer Rohrleitung, eines Behälters oder eines Dampfkessels verwendeten Halbzeuge. Hinsichtlich der Zeugnisbelegung von Halbzeugen (Rohre, Flansche, Schmiedestücke usw.) ist zu beachten, dass

aa) für Halbzeuge für die wichtigsten drucktragenden Teile von Druckgeräten der Kategorie I ein Werkszeugnis nach DIN EN 10204 Typ 2.2 erforderlich ist;

ab) für Halbzeuge für die wichtigsten drucktragenden Teile von Druckgeräten der Kategorie II, III und IV entweder

   ein Abnahmeprüfzeugnis nach DIN EN 10204-3.2 erforderlich ist bei spezifischer Prüfung der Produkte über eine direkte Prüfung,

   oder

   ein Abnahmeprüfzeugnis Typ 3.1 bei spezifischer Prüfung der Produkte über ein Qualitäts-system, z. B. von einem Halbzeughersteller mit AD 2000 - Merkblatt W 0-Zulassung mit DIN EN ISO 9001/9002-Zertifizierung,

   oder

   ein Abnahmeprüfzeugnis Typ 3.1 z. B. von einem Halbzeughersteller mit Zertifizierung nach der Druckgeräterichtlinie erforderlich ist;

ac) für alle anderen Halbzeuge sowie für die wichtigsten drucktragenden Teile von Druckgeräten der Kategorien I bis IV (bei Rohrleitungen Kategorien I bis III) sowie Anbauteilen an Druckgeräten der Kategorien II, II und IV wird ein Werkszeugnis nach DIN EN 10204 Typ 2.2 benötigt

ad) für sonstige Teile eine Werksbescheinigung nach DIN EN 10204 Typ 2.1 benötigt wird.

b) Lagerung und Handhabung des Grundwerkstoffs

Zur Lagerung zählen weitere Tätigkeiten wie Umgang mit aufgebrachtem Korrosionsschutz und dem besonderen Behandeln von nicht rostenden Werkstoffen. Zur Handhabung zählen des Weiteren das Anheben (ggf. mit Hilfsmitteln) und der Transport von Halbzeugen wie Rohren und Blechen.

Grundwerkstoffe müssen hinsichtlich ihrer Werkstoffgüte nachvollziehbar gelagert werden. Da wie oben beschrieben je nach Anwendungsregelwerk entsprechende Prüfbescheinigungen für die eingesetzten Werkstoffe erforderlich sind, muss eine eindeutige Zuordnung zum verbauten Halbzeug möglich sein, also eine Zuordnung zur Position und Schmelze.

Bei der Lagerung der Grundwerkstoffe ist beim Stapeln darauf zu achten, dass bleibende Verformungen vermieden werden. Insbesondere bei dünnwandigen Profilblechen und anderen mit vorbehandelten, dekorativen Oberflächen gelieferten Materialien sind besondere Schutzmaßnahmen (Distanzhölzer, Pappe, etc.) zu verwenden. Aus Reinhaltungsgründen sollen die Grundwerkstoffe immer mit Abstand vom Boden gelagert werden. Dies bietet auch den Vorteil der besseren Greifbarkeit mit Seilen oder Hubstapler.

Bei der Lagerung im Freien muss auf das Vermeiden der Ansammlung von Wasser bei z. B. liegenden Profilen geachtet werden. Weiterhin ist darauf zu achten, dass das Eindringen von Feuchtigkeit in Profilbündel vermieden wird. Falls eine offene Lagerung auf der Baustelle für längere Zeit unvermeidlich ist, sollten die Profilbündel geöffnet und die Profile ausgelegt werden, um das Auftreten von Rotrost oder Weißrost (bei verzinkten Werkstoffen) zu vermeiden.

Bei Werkstoffen aus Chrom-Nickel müssen darüber hinaus weitere Punkte beachtet werden:

Die Oberflächen müssen beim Transportieren und Lagern vor Beschädigungen und Verunreinigungen durch den unmittelbaren Kontakt mit Hebegeschirr oder Transportmitteln aus unlegiertem Stahl, wie z. B. Ketten, Haken, Bänder und Rollen, oder mit den Gabeln von Gabelstaplern durch den Einsatz von Trennmaterialien oder leichtem Sperrholz oder Saugnäpfen geschützt werden.

Bei der Lagerung von Blechen, Rohren und Profilen in Stellagen aus Stahl sind diese Stellagen mit Hartholz, Gummi- oder Kunststoffleisten auszulegen, um Ferritkontamination (Eindrücken von Eisenteilchen, kupfer- und bleihaltigen Materialien in die weiche austenitische Oberfläche) zu vermeiden. Es empfiehlt sich sogar, Rohre, Profile in Kunststofffolie bei der Lagerung einzuschlagen, um die Ablagerung von Eisenpartikeln aus der Werkstattluft auf der Oberfläche zu vermeiden. Schutzfolien auf Blechen und Profilen sollten so lange wie nötig (auch während der Fertigung und der späteren Montage von fertigen Bauteilen) verbleiben.

Eine Lagerung in einem salzhaltigen feuchten Klima kann zu Aufkonzentrationen von Chloriden führen. Ein Grundwerkstoff aus Chrom-Nickel ist jedoch nur bedingt korrosionsbeständig!

Bei der Markierung der austenitischen Grundwerkstoffe sollten Faserstifte, die Chloride oder Sulfide enthalten, vermieden werden. Alternativ dazu kann ein Klebeetikett verwendet, auf dem die Markierungen aufgebracht werden.

Generell soll der Kontakt mit Chemikalien, einschließlich Farbstoffen, Klebstoffen, Klebeband, übermäßiger Mengen von Öl und Fett vermieden werden. Es empfiehlt sich die Eignung dieser Stoffe vorher mit dem Produkthersteller zu klären.

4.2 *Die Übertragung der Kennzeichnung ist unter Beachtung des Abschnitts 4.1 entsprechend den Abschnitten 4.2.1 bis 4.2.3 vorzunehmen.*

4.2.1 *Bei Werkstoffen, für die ein Abnahmeprüfzeugnis 3.2 nach DIN EN 10204 erforderlich ist, hat die zuständige unabhängige Stelle die Kennzeichnung zu übertragen. Ausgenommen sind Kleinteile aus geprüftem Vormaterial, wie z. B. Anker, Ankerrohre, Stehbolzen, Nippel, Stutzenrohre, Flansche, Verstärkungsringe und Verschlussdeckel. Die Übertragung der Kennzeichnung kann durch den verantwortlichen Werksangehörigen vorgenommen werden. ...*

4.2.2 *Bei Werkstoffen, die mit Werkszeugnis 2.2 oder Abnahmeprüfzeugnis 3.1 nach DIN EN 10204 geliefert werden können, kann nach schriftlicher Vereinbarung mit der zuständigen unabhängigen Stelle die Übertragung der Kennzeichnung durch den Verarbeiter oder den Lieferer vorgenommen werden. In dieser Vereinbarung wird der für die Übertragung der Kennzeichnung verantwortliche Werksangehörige namentlich genannt und das von ihm verwendete Werkskennzeichen festgelegt. Für Kleinteile gilt Abschnitt 4.2.1 Absatz 2.*

4.2.3 *Werden an Teilen, die auf der Baustelle weiterverarbeitet werden, die Kennzeichen im Herstellerwerk vom verantwortlichen Werksangehörigen übertragen, so sind diesen Teilen auf Verlangen Bescheinigungen über die Übertragung der Kennzeichnung beizufügen. Aus den Bescheinigungen muss hervorgehen, dass die Übertragung der Kennzeichnung im Einvernehmen mit der zuständigen unabhängigen Stelle durchgeführt wurde. Sie können durch einen entsprechenden Vermerk auf der Bescheinigung über Materialprüfungen nach DIN EN 10204 ersetzt werden.“*

Im Resümee bedeutet die richtige Umsetzung der Aufgabe Werkstoffe und deren Rückverfolgbarkeit, zum ersten das Lesen der Anforderungen aus der Produktnorm, und zweitens dann das konsequente Umsetzen genau der dort spezifizierten Anforderungen.

Für den Abschnitt „Werkstoffe“ hilfreiche Normen und Regelwerke:

DIN EN 10204 *„Metallische Erzeugnisse - Arten von Prüfbescheinigungen“*

DIN EN 1090-2 *„Ausführung von Stahltragwerken und Aluminiumtragwerken - Teil 2: Technische Regeln für die Ausführung von Stahltragwerken“*

DIN EN 13480-4 *„Metallische industrielle Rohrleitungen - Teil 4: Fertigung und Verlegung“*

2014/68/EU *„Richtlinie 2014/68/EU des Europäischen Parlaments und des Rates vom 15. Mai 2014 zur Harmonisierung der Rechtsvorschriften der Mitgliedstaaten über die Bereitstellung von Druckgeräten auf dem Markt“*

6.12 Überwachung und Prüfung vor dem Schweißen

Nach DIN EN ISO 14731 kommen folgende Punkte in Betracht:

a) Eignung und Gültigkeit der Prüfungsbescheinigungen der Schweißer und Bediener;
b) Eignung der Schweißanweisungen;
c) Kennzeichnung der Grundwerkstoffe;
d) Kennzeichnung der Schweißzusätze;
e) Schweißnahtvorbereitung (z. B. Form und Maße);
f) Zusammenbauen, Spannen und Heften;
g) etwaige besondere Anforderungen in der Schweißanweisung (z. B. Vermeiden von Verzug);
h) Eignung der Arbeitsbedingungen für das Schweißen, einschließlich der Umgebungsbedingungen.

a) Eignung und Gültigkeit der Prüfungsbescheinigungen der Schweißer und Bediener

Mit diesem Merkmal soll vor Beginn der eigentlichen Schweißarbeiten die Schweißaufsicht sich noch einmal vergewissern, ob für den vorgesehenen Schweißer, Löter bzw. Bediener eine gültige und passende Prüfungsbescheinigung vorliegt (▶ „Abschnitt 6.4 – Schweißtechnisches Personal“).

Gültig bedeutet hier zunächst einmal, ob die Prüfungsbescheinigung bezüglich der zeitlichen Befristung noch gültig ist. Schweißer- und Bedienerprüfungen müssen alle 6 Monate von der Schweißaufsichtsperson oder dem Prüfer/der Prüfstelle bestätigt werden. Mit der Unterschrift auf der Prüfungsbescheinigung muss bestätigt werden, dass der Schweißer/Bediener im letzten halben Jahr innerhalb des ursprünglichen Geltungsbereiches geschweißt hat. Mit dieser Unterschrift wird die Gültigkeit der Schweißer-/Bediener-Prüfungsbescheinigung für einen weiteren Zeitraum von 6 Monaten verlängert.

Schweißerprüfungen nach DIN EN ISO 9606-1 sind nach Abschnitt 9.3 a) dieser Norm 3 Jahre gültig. Danach ist die Prüfung zu wiederholen und es wird eine neue Prüfungsbescheinigung ausgestellt.

Die Alternative nach Abschnitt 9.3 b) sieht eine Gültigkeit von 2 Jahren nach Ausstellung der Prüfungsbescheinigung vor. Diese Prüfung kann jeweils für weitere 2 Jahre verlängert werden, wenn zwei Schweißnähte, die in den letzten 6 Monaten der Gültigkeit geschweißt wurden, mittels Durchstrahlungsprüfung, Ultraschallprüfung oder zerstörender Prüfung geprüft und dokumentiert wurden. Diese zwei geprüften Schweißnähte (stichprobenweise aus der Produktion) müssen die Bewertungsbedingungen für Unregelmäßigkeiten erfüllen, die auch bei der Erstprüfung zugrunde lagen, also Bewertungsgruppe B nach DIN EN ISO 5817 mit den bekannten 5 Ausnahmen nach Bewertungsgruppe C. Die hierbei geprüften Schweißnähte müssen die ursprünglichen Prüfbedingungen widerspiegeln, ausgenommen für die Dicke und den Rohraußendurchmesser.

Neben der zeitlichen Gültigkeit müssen die Prüfungsbescheinigungen auch die technischen Bedingungen erfüllen. Dies sind:

- passender Schweißprozess;
- Produktform: Blech (P), Rohr (T);
- Nahtart: Stumpfnaht (BW) oder Kehlnaht (FW);
- Werkstoffgruppe des Schweißzusatzes oder Grundwerkstoffes (Gasschweißen);
- Gruppe der Schweißzusätze (FM);
- Abmessungen des Prüfstücks: Dicke des Schweißgutes s oder Werkstoffdicke t und Rohraußendurchmesser D;
- Schweißpositionen;
- Schweißnahteinzelheiten.

Je nach Produkt und damit Anwendungsregelwerk ist zu prüfen, ob die Prüfstelle, die die Prüfungsbescheinigung ausgestellt hat, auch eine für diese Anwendung „berechtigte“ Stelle war. Im Geltungsbereich der Druckgeräterichtlinie 2014/68/EU sind nur Prüfstellen zugelassen, die nach Artikel 2 (28) Konformitätsbewertungstätigkeiten, einschließlich Kalibrierungen, Prüfungen, Zertifizierungen und Inspektionen, durchführen dürfen und hierzu als Stelle mit Bezug zur Druckgeräterichtlinie notifiziert sind.

Im Anwendungsbereich des Stahlbaus prüft in der Regel die Schweißaufsicht des Herstellbetriebes eigenständig ihre Schweißer und Bediener und stellt über die bestandene Prüfung eine Prüfungsbescheinigung aus. Vertragliche Bedingungen (▶ „Abschnitt 6.1 – Überprüfung der Anforderungen“) können aber eine Prüfung der Schweißer/Bediener durch eine externe Stelle fordern.

b) Eignung der Schweißanweisungen

Im Abschnitt Fertigungsplanung (▶ „Abschnitt 6.6 – Fertigungsplanung a) Bezug auf geeignete Verfahrensanweisungen für das Schweißen und für verwandte Prozesse) in Kombination mit Abschnitt Schweißanweisungen (▶ „Abschnitt 6.8 – Schweißanweisungen“) wurden die Fertigungsvoraussetzungen geschaffen. Es liegen somit an der Arbeitsstelle der Schweißer und Bediener schriftlich WPSen vor. Die Schweißaufsicht hat an dieser Stelle zu kontrollieren, ob diese WPSen auch vorhanden sind. Sie prüft weiterhin, ob diese auch für die vorgesehenen Schweißarbeiten in Bezug auf eingesetzte Prozesse, Werkstoffpaarung, Wanddicke, Durchmesser (bei Rohren), Schweißzusätze und Schweißpositionen passend sind. Passend heißt, ob die vorlegenden Geometrien, Werkstoffpaarungen auch mit der jeweiligen WPS abgedeckt sind.

Liegt für eine zu schweißende Schweißverbindung keine passende WPS vor, muss hierfür eine WPS auf Basis einer Qualifizierung vor Aufnahme der Fertigung erstellt werden. Ohne WPS, kein Schweißen!

c) Kennzeichnung der Grundwerkstoffe

Vor Beginn jeglicher Heft- bzw. Schweißarbeiten soll sich die Schweißaufsicht noch einmal vergewissern, ob auch die Werkstoffe vorliegen, die nach Zeichnung bzw. Stückliste miteinander verbunden werden sollen. Hilfreich ist dabei, wenn die Grundwerkstoffe vor dem Zuschnitt hinsichtlich ihres Werkstoffes (Werkstoffnummer oder ein Kennzeichnen) markiert wurden, um sie identifizieren zu können (▶ „Abschnitt 6.11 – Werkstoffe c) Rückverfolgbarkeit“). Über einen Vergleich des Stempelfeldes am Halbzeug mit der Stückliste und mit der WPS verschafft sich die Schweißaufsicht die notwendige Sicherheit, auch die richtigen Grundwerkstoffe, wie in der Konstruktionszeichnung vorgesehen, miteinander zu verschweißen (▶ „Abschnitt 6.2 – Technische Überprüfung a) Festlegung der/s Grundwerkstoffe(s)“). Diese Prüfung soll der Schweißer selbstverständlich als erster und immer durchführen, die Schweißaufsicht kontrolliert, wenn nicht anders spezifiziert, dies meist stichprobenweise (in Abhängigkeit vom Werkstoff).

d) Kennzeichnung der Schweißzusätze

In einer WPS wird der zu verwendende Schweißzusatz einschließlich der Hilfsstoffe aufgeführt. Meist wird zunächst darin die Normbezeichnung genannt, gefolgt von dem Hersteller und seiner Markenbezeichnung. Als Beispiel sei eine Stabelektrode zum Verschweißen des Werkstoffs 16 Mo 3 eine umhüllte Elektrode nach DIN EN ISO 3580-A E Mo B 4 2 H5, Markenname BÖHLER FOX DMO Kb, genannt. Schweißer wie auch Schweißaufsicht überprüfen, ob dieser in der WPS vorgesehene Schweißzusatz am Arbeitsplatz vorliegt. Sie kontrollieren dazu den Aufdruck auf der Umhüllung (Bild 6.12-1) und die Unversehrtheit der Umhüllung selbst, sowie die Abmessung (Durchmesser) der Elektrode.

Bild 6.12-1. Gummistempelabdruck auf umhüllter Stabelektrode (Quelle: HWK Düsseldorf/Holger Specht).

Weiterhin muss geprüft werden, ob die Stabelektroden, wenn gefordert rückgetrocknet und in einem beheizten Köcher am Arbeitsplatz aufbewahrt werden. (▶ „Abschnitt 6.10 – Schweißzusätze d) Lagerung und Handhabung der Schweißzusätze“). Auch sollte kontrolliert werden, ob der beheizbare Köcher an die Stromversorgung angeschlossen ist und somit die Elektroden warm hält.

Gleiches gilt auch für die Schweißstäbe zum WIG- und Gassschmelzschweißen. Hier sind die Prägung (römische Ziffern für die Schweißstabklasse beim Gasschmelzschweißen) und die Flachprägung (bei den WIG-Schweißzusätzen) zu überprüfen sowie der Durchmesser. Bei Drahtelektroden zum MSG- und UP-Schweißen gibt es verständlicherweise keine Prägung (Deformierung; gestörte Drahtförderung), daher ist hier das an der Drahtspule /Korbspule befestigte Etikett zu überprüfen. Es versteht sich, dass diese Etiketten nie entfernt werden dürfen!

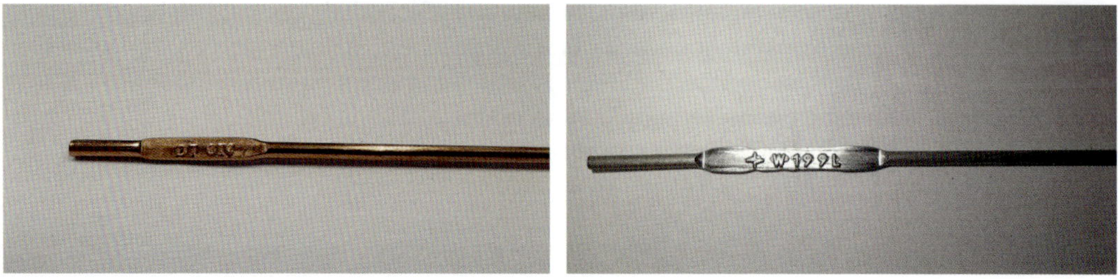

Bild 6.12-2. alte Prägung bei Gasschweißstäben (links), heute O IV; Flachprägung bei WIG-Schweißstäben (rechts) (Quelle: HWK Düsseldorf/Holger Specht).

Bei Schutzgasen und Formiergasen ist anhand des an der Druckgasflasche aufgebrachten Aufklebers zu kontrollieren, ob diese Flasche auch das richtige Gas bzw. Mischgas wie in der WPS vorgesehen, enthält.

Auch wenn beim WIG-Schweißen die Keramikschutzgasdüse kein Schweißzusatz im eigentlichen Sinne ist, gilt es, die geeignete Düsengröße zu wählen. Als Faustregel gilt, der Gasdüseninnendurchmesser sollte dem 1,5-fachen der Schmelzbadbreite entsprechen. Die Schutzgasmenge ist unter anderem von Nahtform (Öffnungswinkel), Werkstoff, Schweißposition, Schutzgaszusammensetzung und Düsendurchmesser abhängig.

e) Schweißnahtvorbereitung (z. B. Form und Maße)

In der Schweißanweisung wird für jede zu schweißende Verbindung die Geometrie der Nahtvorbereitung angegeben. Meist bezieht man sich dabei auf Fugenformen aus DIN EN ISO 9692 „Schweißen und verwandte Prozesse - Arten der Schweißnahtvorbereitung - Teil 1: Lichtbogenhandschweißen, Schutzgasschweißen, Gasschweißen, WIGSchweißen und Strahlschweißen von Stählen“ oder den Teil 2 für Unterpulverschweißen an Stahl, Teil 3 für Aluminium und Aluminiumlegierungen oder Teil 4 für plattierte Stähle.

In dieser Normreihe sind Empfehlungen für die Nahtvorbereitung in Abhängigkeit von der Werkstückdicke und dem Schweißprozess angegeben. Der Hersteller muss nur die Werte für den Nahtöffnungswinkel, die Steghöhe und den für das Schweißen vorgesehenen Stegabstand (Luftspalt) konkretisieren und in der WPS vorgeben.

Die Schweißaufsicht kontrolliert, ob diese vorgegebene Nahtvorbereitungsgeometrie an den Werkstücken angearbeitet wurde. Bei der Ausrichtung zum Heften und Schweißen von Stumpfstößen ist auf einen hinreichend kleinen (wurzelseitigen) Kantenversatz zu achten. Dieser Kantenversatz kann mit der Kantenversatzlehre vorher ausgemessen und überprüft werden, ob er die Anforderungen von DIN EN ISO 5817 lfd. Nr. 3.1 (507, 5071, 5072) innerhalb der vorgegebenen Bewertungsgruppe erfüllt.

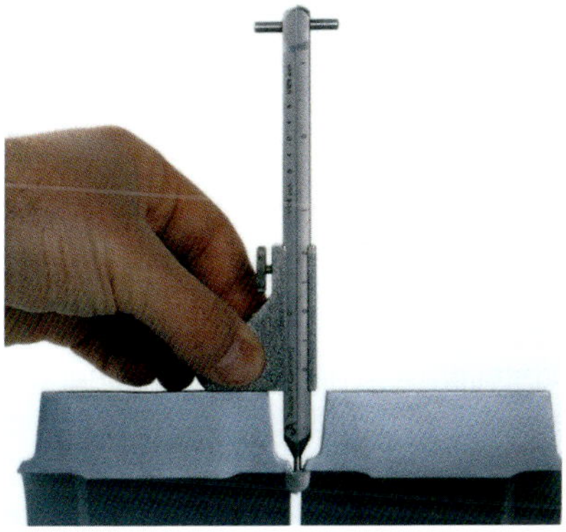

Bild 6.12-3. Kantenversatzlehre (Quelle: Fa. Jankus).

Nach dem Vorrichten wird noch der Stegabstand überprüft, ob der sich in den Toleranzen, wie in der WPS vorgesehen, bewegt. Hier sollte, wenn nicht anders gefordert, weniger gemessen als vergleichend geprüft werden. Übliche „Luftspalte" liegen zwischen 2 mm und 4 mm. Da die Schweißzusätze normierte Abmessungen haben, kann man mit Hilfe von Schweißstäben mit den Durchmessern 2,0 mm, 2,4 mm, 3,0 mm, 3,2 mm und 4,0 mm einfach die Größenordnung des Stegabstandes bestimmen. Eine Messlehre ist hierfür nicht zwingend notwendig!

Bei der Kontrolle der Schweißnahtvorbereitung wird gleichzeitig auch auf ausreichende Sauberkeit im Schweißbereich geachtet. Öle, Farben, Lacke und sonstige Beschichtungsstoffe sollen dabei weiträumig entfernt werden, da der Werkstoff die eingebrachte Wärme gut leitet und so diese Stoffe fließen lässt (gerade in Querposition kritisch).

f) Zusammenbauen, Spannen und Heften

Bei diesem Merkmal wird der vorgerichtete Zustand der zu verschweißenden Teile kontrolliert. Es geht um die richtige Anordnung der Einzelteile einschließlich möglicher Hilfsmittel, um diese in Position zum Heften zu halten. Als Positionierhilfen können Spannketten, Zentriervorrichtungen, Kniehebel oder rechtwinklige Dauermagnete verwendet werden (▶ „Abschnitt 5 Einrichtungen a) Eignung der Schweiß- und Zusatzeinrichtungen").

Beim Vorrichten ist auch auf den entstehenden Winkelverzug und die (Quer)Schrumpfwirkung bei Stumpfstößen zu achten. Durch „Vorgabe“ bereits beim Positionieren kann der zu erwartende Winkelschrumpf vermindert werden. Ein Festspannen sorgt eher für erhöhte Eigenspannungen im geschweißten Bauteil.

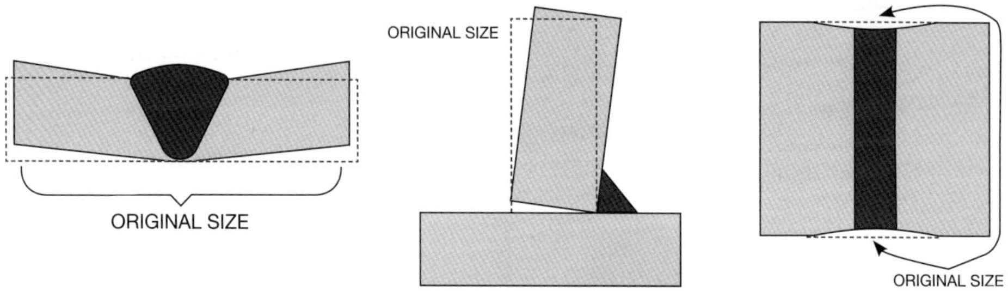

Bild 6.12-4. Verzugsarten.

Um die positionierten Bauteile zu fixieren, werden sie vor den eigentlichen Verbindungsschweißarbeiten geheftet. Heftstellen sollen dabei ausreichend dick und lang bemessen werden, um zum einen die Bauteile in Position zu halten, zum anderen um den Schrumpfkräften widerstehen zu können, um z. B. bei langen Stumpfnähten den vorgegebenen Stegabstand dauerhaft gewährleisten zu können. DIN EN 1011-2 *„Empfehlungen zum Schweißen metallischer Werkstoffe - Teil 2: Lichtbogenschweißen von ferritischen Stählen“* gibt Empfehlungen für die Bemessung von Heftschweißungen:

„Es wird empfohlen, dass die Mindestlänge von Heftschweißungen 50 mm betragen sollte, bei Werkstückdicken unter 12 mm muss die Mindestlänge jedoch die vierfache Dicke des dickeren Teils aufweisen. Bei Werkstückdicken über 50 mm oder bei Streckgrenzen über 500 N/mm² (MPa) sollte eine Vergrößerung der Länge und Dicke von Heftnähten in Betracht gezogen werden, dies kann auch eine Zweilagenschweißung beinhalten. ...“

Nur einen Heftpunkt zu setzen birgt die Gefahr, dass Aushärtungen entstehen und dieser Heftpunkt bei den Nachrichtenarbeiten des positionierten Bauteils reißt. Die Gründe liegen in der schroffen Wärmeableitung dieser kleinen schmelzflüssigen Masse am kalten Bauteil, wodurch es zu Aufhärtungen kommt. Aufhärtung bedeutet zwar zum einen eine Steigerung der Festigkeit, zum anderen, als Nachteil, jedoch eine deutliche Verminderung der Verformungsfähigkeit. Schon von daher verbietet es sich nur Heftpunkte zu setzen!

g) etwaige besondere Anforderungen in der Schweißanweisung (z. B. Vermeiden von Verzug, Formieren)

An dieser Stelle wird als Beispiel für eine besondere Anforderung in der Schweißanweisung das Formieren gegeben. Formieren hat die Aufgabe, die Umgebungsluft und damit den darin enthaltenen Sauerstoff beim Schweißen auf der Nahtunterseite (Wurzelseite) zu verdrängen und die Oxidation des Schmelzbades und des angrenzenden Grundwerkstoffs zu vermeiden. Gleichzeitig wird dadurch die Gefahr des Durchfallens der Wurzellage vermieden. Als Formiergase kommen inerte und reduzierende Gase in Betracht, wie Argon, Stickstoff und Stickstoffwasserstoffgemische. Diese Gase finden sich in DIN EN ISO 14175 „Schweißzusätze - Gase und Mischgase für das Lichtbogenschweißen und verwandte Prozesse". Insbesondere beim Schutzgasschweißen (WIG, MSG) an Chrom-Nickel-Werkstoffen muss formiert werden, um das Verbrennen des Chroms zu vermeiden (Blumenkohl-Effekt) und die gewünschte ausreichende Korrosionsbeständigkeit an der (medienberührten) Wurzelseite sicherzustellen.

Argon trägt die Bezeichnung DIN EN ISO 14174 – I1. „I" steht für inerte Gase und inerte Mischgase, „1" für nominell 100 % Argon. In der breiten Masse der Anwendungen reicht hier ein Schweißargon 4.6 aus. Die Ziffern „4.6" geben dabei den Reinheitsgrad des Gases an, in diesem Fall eine Reinheit von 99,996 %. Vom spezifischen Gewicht her ist Argon (1,784 kg/m^3) schwerer als Luft (1,293 kg/m^3).

Ein Formiergas als Mischgas mit 10 % Wasserstoff und Rest Stickstoff ist nach der Einteilung gemäß DIN EN ISO14175 ein Gas der Hauptgruppe N und Nebengruppe 5 und wird bezeichnet mit „N5 - ArH – 10". „N" steht für reaktionsträges Gas oder reaktionsträges Mischgas mit Stickstoff. Das spezifische Gewicht dieses Mischgases beträgt 1,135 kg/m^3 und ist damit leichter als Luft.

Die Beachtung des spezifischen Gewichtes ist wichtig für den Ort der Einleitung des Formiergases. Leichte Formiergase werden stets von oben eingeleitet. Sie sammeln sich wegen des geringeren spezifischen Gewichtes oben an und infolge des anwachsenden Formiergaspolsters verdrängen sie die Umgebungsluft aus dem späteren Schweißbereich.

Schwerere Formiergase werden von unten eingeleitet. Sie sammeln sich zunächst am Boden eines Behälters oder an der Einspeisestelle einer vertikal verlaufenden Rohrleitung an und verdrängen die Umgebungsluft aus dem Schweißbereich.

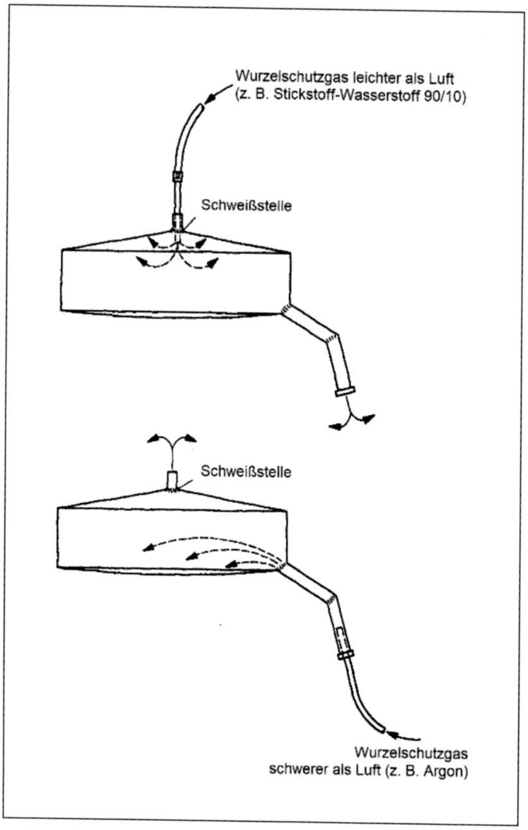

Bild 6.12-5. Einleiten von Formiergasen. (Quelle: DVS MB 0937)

Wenn nicht der gesamte Behälter oder eine Rohrleitung in Gänze mit dem Formiergas geflutet werden soll, kann der zu formierende Bereich auch mit Hilfe von Formiergaskammern oder mit speziellem wasserlöslichem Papier (z. B. „Dissolvo“, „Aquasol“) abgeschottet werden. Vor Beginn der Heft- bzw. Schweißarbeiten werden die abgekammerten Leitungsbereiche so lange mit Wurzelschutzgas vorgespült, bis die Luft weitgehend entfernt ist. Als Richtwert für das hierzu erforderliche Schutzgasvolumen gilt das 2- bis 3-fache Rohrleitungsvolumen.

Zu beachten ist, dass wasserstoffhaltige Wurzelschutzgase ab einem Wasserstoffanteil von mehr als 4 % zünd- bzw. explosionsfähige Gemische mit Luft oder Sauerstoff bilden können. Ab einem Wasserstoffanteil von mehr als 10 % muss abgefackelt werden, um eine Verpuffung zu vermeiden. Ein Abfackeln kann nach einer entsprechenden Spülzeit durch eine externe Flamme oder, je nach Wasserstoffgehalt, durch das Zünden am Formiergasaustritt erfolgen. Dieses Abfackeln hat vor dem Zünden eines Lichtbogens zu erfolgen.

Ob nun ausreichend formiert wurde, ist mit Hilfe eines Sauerstoffrestmengen-Messgerätes zu überprüfen. Die bei Schweißern so beliebte Methode bei einem Stickstoff-Wasserstoff-Gemisch dies mit dem Feuerzeug zu überprüfen, liefert lediglich den „Nachweis“, dass an der Schweißstelle genügend entzündbarer Wasserstoff vorliegt.

Der Reststoffgehalt sollte je nach Werkstoff nicht mehr als 60 ppm betragen. Von Geräten mit Prozentwerten ist abzuraten, die Toleranz ist einfach zu groß. Ein angezeigter Restgehalt von Sauerstoff von 0,1 % entsprechen 1.000 ppm. Das oben beschriebene Schweißargon 4.6 hat eine Verunreinigung von 40 ppm. Was als Schutzgas ausreicht, dürfte als Formiergas ebenso reichen.

h) Eignung der Arbeitsbedingungen für das Schweißen, einschließlich der Umgebungsbedingungen

An diesem Merkpunkt soll die Schweißaufsicht vor Beginn des Schweißens noch einmal die Randbedingungen prüfen, ob das Schweißen unter den vorhandenen Arbeitsbedingungen möglich ist. Zu den Arbeitsbedingungen zählen (▶ „Abschnitt 6.6 Fertigungsplanung“) neben den einzusetzenden Schweißstromquellen auch die notwendigen Lüftungsmaßnahmen (Absauganlagen), persönliche Schutzausrüstung von Helfern, Schweißern und Bedienern sowie die Randbedingungen (Witterungsschutz) beim Schweißen.

Für den Abschnitt „Überwachung und Prüfung vor dem Schweißen“ hilfreiche Normen und Regelwerke:

DIN EN 1011-2 *„Empfehlungen zum Schweißen metallischer Werkstoffe - Teil 2: Lichtbogenschweißen von ferritischen Stählen“*

DIN EN ISO 9692-1 *„Schweißen und verwandte Prozesse - Empfehlungen zur Schweißnahtvorbereitung - Teil 1: Lichtbogenhandschweißen, Schutzgasschweißen, Gasschweißen, WIG-Schweißen und Strahlschweißen von Stählen“*

DIN EN ISO 9692-2 *„Schweißen und verwandte Prozesse - Schweißnahtvorbereitung - Teil 2: Unterpulverschweißen von Stahl“*

DIN EN ISO 9692-3 *„Schweißen und verwandte Prozesse - Arten der Fugenformen - Teil 3: Metall-Inertgasschweißen und Wolfram-Inertgasschweißen von Aluminium und Aluminiumlegierungen“*

DIN EN ISO 9692-4 *„Schweißen und verwandte Prozesse - Empfehlungen zur Schweißnahtvorbereitung - Teil 4: Plattierte Stähle“*

DIN EN 1708-1 *„Schweißen – Verbindungselemente beim Schweißen von Stahl - Teil 1: Druckbeanspruchte Bauteile“*

DIN EN 1708-2 *„Schweißen – Grundlegende Angaben zu Schweißverbindungen an Stahl - Teil 2: Nicht innendruckbeanspruchte Bauteile“*

DIN EN 1708-3 *„Schweißen – Verbindungselemente beim Schweißen von Stahl - Teil 3: Plattierungen, Pufferungen, Auskleidungen druckbeanspruchter Bauteile“*

Merkblatt DVS 0937 *„Wurzelschutz beim Schutzgasschweißen“*

6.13 Überwachung und Prüfung während des Schweißens

Nach DIN EN ISO 14731 werden folgende Hinweise bei der Überwachung und Prüfung während des Schweißens gegeben:

a) wesentliche Schweißparameter (z. B. Schweißstrom, Lichtbogenspannung, Schweißgeschwindigkeit);
b) Vorwärm-/Zwischenlagentemperatur;
c) Reinigung, Form der Raupen und Lagen des Schweißgutes;
d) Ausarbeiten der Wurzel;
e) Schweißfolge;
f) richtiger Gebrauch und Handhabung der Schweißzusätze;
g) Kontrolle des Verzuges;
h) alle Zwischenprüfungen (z. B. Maßkontrollen).

In diesem Kapitel wird das behandelt, was viele unter der eigentlichen Aufgabe einer Schweißaufsicht verstehen: das Überwachen während des reinen Schweißens. Was alles dazu zählt, wird im Anhang B von DIN EN ISO 14731 unter B.12 aufgeführt. Leider wird von Vorgesetzten, die schweißtechnisch nicht so bewandert sind, diese Überwachung während des Schweißens als die alleinige Tätigkeit einer Schweißaufsicht gesehen. Die vorangegangenen Abschnitte und auch die noch folgenden Abschnitte gehören aber klar mit zu den Aufgaben der Schweißaufsicht.

a) wesentliche Schweißparameter (z. B. Schweißstrom, Lichtbogenspannung, Schweißgeschwindigkeit)

Zu diesem Merkmal zählt die Überwachung, ob die in der Schweißanweisung (WPS) vorgegebenen Parameter bei der Bewältigung der Schweißaufgabe auch eingehalten wurden. Die beispielhaft aufgelisteten Punkte erfassen dabei längst nicht alle relevanten Größen.

Die **Schweißstromstärke** dürfte dabei der noch am einfachsten zu kontrollierende Parameter sein. Jede Stromquelle besitzt heute ein meist digitales Amperemeter, womit sich die verwendete Stromstärke kontrollieren lässt.

Bei der **Lichtbogenspannung** ist es beim WIG-Schweißen und Lichtbogenhandschweißen schon schwieriger. Zum einen macht es wenig Sinn, die Spannung oder einen Bereich für die Spannung vorzugeben, da diese von der Lichtbogenkennlinie vorgegeben wird und eine Funktion von der Stromstärke ist. Zum anderen hängt die sich ergebende Schweißspannung auch von der Bauart der Stromquelle und damit von der Art der gerätespezifischen Gerätekennlinie ab.

Beim Metallschutzgasschweißen steht die Stromstärke in direkter Kombination mit der Drahtfördergeschwindigkeit. Hier spielt die Kombination von eingestellter **Lichtbogenspannung** (Gerätekennlinie) und der Drahtfördergeschwindigkeit (Stromstärke) eine wesentliche Rolle für die Ausbildung des Einbrandprofiles. Eine zu hohe Spannung führt bei einer Kehlnahtschweißung zum Nichterfassen des Wurzelpunktes. Dieser Fehler ist von außen ohne weiteres nicht zu erkennen, ggf. nur an Einbrandkerben.

Die beim WIG- und MSG-Schweißen erforderliche **Schutzgasmenge** ist ebenfalls in der WPS vorgegeben. Beim WIG-Schweißen liegt die Schutzgasmenge bei ca. 8 bis 10 l/min bezogen auf die normale Keramikschutzgasdüse Nr. 8. Wird eine Keramikschutzgasdüse mit sehr kleiner Öffnung verwendet, muss die Schutzgasmenge deutlich vermindert werden (3 bis 4 l/min), bei einer Keramikschutzgasdüse mit großer Öffnung dagegen erhöht werden (bis zu 14 l/min). Die Schutzgasmenge ist unter anderem von Nahtform, Werkstoff, Schweißposition, Schutzgas und Düsendurchmesser abhängig.

Beim MSG-Schweißen richtet sich die Menge nach dem verwendeten Drahtelektrodendurchmesser. Die Faustformel besagt: Durchflussmenge (l/min) = 10 bis 12x Drahtelektrodendurchmesser.

Entscheidend ist die Menge, die vorne am Brenner austritt. „Verloren“ gehen kann kein Schutzgas, aber die Messmethode (ob umgewerteter Staudruck vor einer Kalibierdüse oder mittels Flowmeter) hat einen entscheidenden Einfluss darauf, was ich als Schweißaufsicht messe.

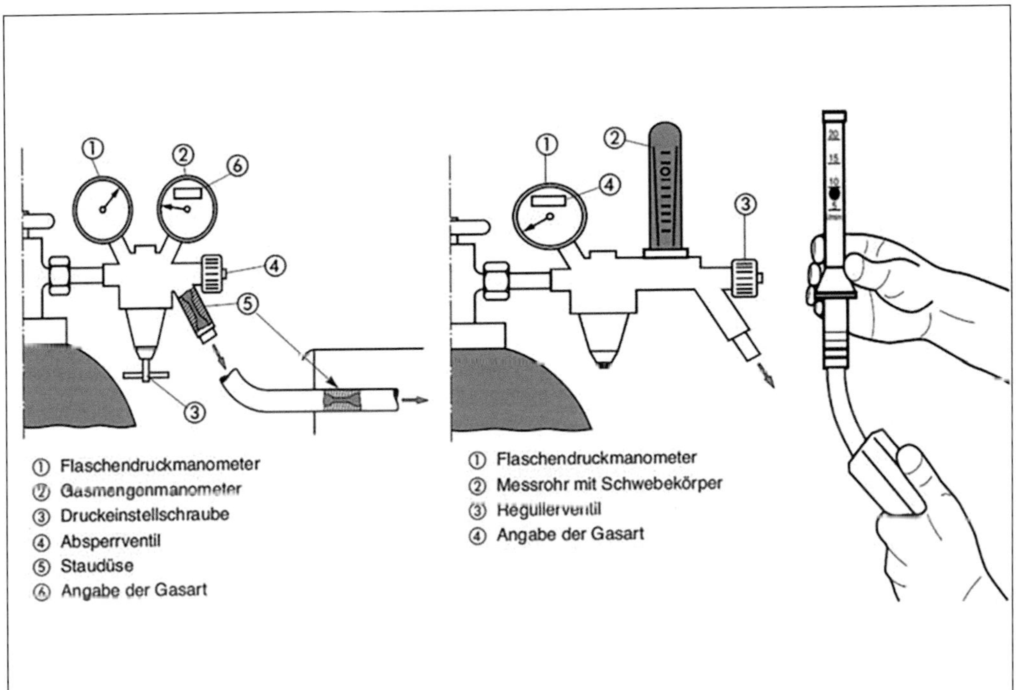

Bild 6.13-1. Gasmengeneinstellung und Gasmengenanzeige an der Schutzgasflasche (links) und am Schweißbrenner (rechts) (Quelle: DVS Media GmbH)

Bei der oft gebräuchlichen Garnitur mit zwei Messuhren (Manometer) wird der Staudruck vor der eingebauten Kalibrierbohrung in eine Durchflussmenge umgewertet. In einem langen Schlauchpaket, gerade wenn es stark gekrümmt um Ecken verlegt ist, kommt es zu weiteren Staudruckbildungen, ähnlich wie in Wasserleitungen. Dieser zusätzliche Druckanstieg sorgt dafür, dass in der Messuhr für die Durchflussmenge zwar infolge des Staudrucks eine ausreichend hohe Gasmenge angezeigt wird, an der Schutzgasdüse aber eine tatsächlich geringere Menge austritt. Die Folge ist eine unzureichende Schutzgasversorgung im Lichtbogen.

Bei einem Flowmeter werden dagegen tatsächliche Durchflussvolumina angezeigt. Das Prinzip beruht auf dem Gleichgewicht der Kräfte. Zum Messen muss das Messröhrchen stets senkrecht stehen. Die Kugel besitzt ein definiertes Gewicht und wird zum Erdmittelpunkt gezogen. Durch die Gasmenge in Kombination mit dem spezifischen Gewicht des Schutzgases ergibt sich eine Gegenkraft, die die Kugel im Messröhrchen steigen lässt. Über die konische Form des Innentrichters des Messröhrchens lässt sich die Durchflussmenge bestimmen. Abgelesen wird stets in der Mitte der Kugel, wo der kleinste verbleibende freie Querschnitt ist. Da hier ein Volumenstrom gemessen wird, ist diese Methode unabhängig von der Länge des Schlauchpaketes. Abgelesen wird die Durchflussmenge an der Skala wo die Oberkante der Kugel schwebt.

Wenn die einzubringende **Streckenenergie** (Lichtbogenenergie) bzw. die **Wärmeeinbringung** von Bedeutung für die Verarbeitung des Werkstoffs ist, muss auch die **Schweißgeschwindigkeit** überwacht werden. Die Schweißgeschwindigkeit kann mit Hilfe eines Bandmaßes und einer Uhr mit Sekundenzeiger ermittelt werden. Es wird eine Strecke für eine Raupe vorgegeben, in der ohne Unterbrechung geschweißt wird, und dann die dafür benötigte Zeit ermittelt.

Die Streckenenergie berechnet sich aus:

$$E = U \times I / v$$

mit Lichtbogenspannung U in Volt, Schweißstromstärke I in Ampere, und Schweißgeschwindigkeit v in mm/s. Die Schweißgeschwindigkeit ist dabei die Länge der geschweißten Raupe in Längsrichtung der Naht und beinhaltet damit auch die Pendelbreite. Es wird also beim Bemessen der Schweißgeschwindigkeit nicht die Wegstrecke des Lichtbogens, sondern die „bereinigte“ Geradeausstrecke in die Berechnung einbezogen.

Die Wärmeeinbringung ist definiert als:

$$Q = k \times E$$

wobei k der thermische Wirkungsgrad ist und vom eingesetzten Schweißprozess abhängig ist. In DIN EN 1011-2 ist im Abschnitt 8.7 dazu näheres beschrieben.

Insbesondere bei der Verarbeitung von Stählen, bei denen hinsichtlich der Wärmeeinbringung besondere Anforderungen im Hinblick an die Begrenzung gestellt werden, muss in der Fertigung die Wärmeeinbringung auch eingehalten werden. In der Regel fordert das Anwendungsregelwerk dann eine Qualifizierung des eingesetzten Schweißprozesses nach DIN EN ISO 151613 oder DIN EN ISO 151614-1. In diesen beiden Qualifizierungsnormen werden die Punkte Anforderungen an die Wärmeeinbringung und Anforderungen an die Härte gestellt. In DIN EN ISO 15614-1:2017 und 2020 heißt es in Abschnitt 8.4.7 „Wärmeeinbringung“:

„Die Wärmeeinbringung kann durch die Lichtbogenenergie (J/mm) ersetzt werden. Die Lichtbogenenergie muss nach ISO/TR 18491 berechnet werden. Bei der Berechnung der Wärmeeinbringung muss der k-Faktor nach ISO/TR 17671-1 berücksichtigt werden. Die Berechnungsmethode, entweder Wärmeeinbringung oder Lichtbogenenergie, muss angegeben werden.“

Für die in Europa üblich anzuwendende Stufe 2 gilt dann als weitere Anforderung:

„Wenn Anforderungen an die Kerbschlagarbeit bestehen, ist für die Wärmeeinbringung eine obere Grenze von 25 % über der beim Schweißen der Prüfstücke angewendeten Wert zulässig.

Wenn Anforderungen an die Härte bestehen, ist für die Wärmeeinbringung eine untere Grenze von 25 % unter dem beim Schweißen der Prüfstücke angewendeten Wert zulässig.

Wenn eine Schweißverfahrensprüfung sowohl mit einer hohen als auch mit einer niedrigen Wärmeinbringung durchgeführt wurde, sind alle dazwischenliegenden Werte der Wärmeeinbringung qualifiziert. Es ist nicht notwendig, jede Lage zu berechnen.“

Werden also in dem Anwendungsregelwerk Anforderungen an die Kerbschlagarbeit und/ oder an die Härte gestellt, muss die Wärmeeinbringung beim Schweißen der Produktionsnähte kontrolliert werden. Dies bedeutet, dass in der Schweißanweisung dann auch der obere (+ 25 %) und untere Grenzwert (- 25 %) für die Wärmeeinbringung, basierend auf den Parametern während der Verfahrensprufung, einzutragen sind (also immer eine Spanne). Während des Schweißens ist zu kontrollieren, ob innerhalb dieser Spanne gearbeitet wurde.

Für den Schweißer ist es dann hilfreich, eine Vorgabe in der WPS zu finden, welche Schweißgeschwindigkeit (sprich wie viele Millimeter Schweißstrecke er pro Minute) einhalten muss.

Die **Lichtbogenlänge** kann bei den zu kontrollierenden Parametern wenig gemessen, aber mehr optisch kontrolliert werden. Die Lichtbogenlänge ist dabei eine prozessabhängige Größe. Beim Lichtbogenhandschweißen mit umhüllter Stabelektrode (111) hängt die vom Schweißer einzustellende Lichtbogenlänge vom Umhüllungstyp der Stabelektrode ab. Rutil, Zellulose und sauer umhüllte Stabelektroden werden mit leichtem Anstellwinkel in einem Abstand von ca. 1 bis 1,5 x Kernstabdurchmesser verschweißt. Der basisch umhüllte Typ dagegen in einem Abstand von 0,5 x Kernstabdurchmesser, dabei wird die Elektrode senkrecht zum Werkstück, also unter 90°, geführt.

Zwischenprüfungen können neben den Maßkontrollen aber auch ergänzende zerstörungsfreie Prüfungen (▶ „Abschnitt 6.14 – Überwachung und Prüfung nach dem Schweißen b) sein. Diese Prüfungen „zwischendurch" dienen der Qualitätssicherung und sorgen dafür, dass auch später nicht mehr zugängliche Schweißverbindungen, Umformstellen etc. geprüft wurden. Diese Art der Zwischenprüfungen sollten ebenfalls im Bauprüfplan ausgewiesen werden.

Für den Abschnitt „Überwachung und Prüfung während des Schweißens" hilfreiche Normen und Regelwerke:

DIN EN ISO 13916 *„Schweißen - Messung der Vorwärm-, Zwischenlagen- und Haltetemperatur"*

DIN EN ISO 13920 *„Schweißen - Allgemeintoleranzen für Schweißkonstruktionen - Längen- und Winkelmaße; Form und Lage"*

6.14 Überwachung und Prüfung nach dem Schweißen

Nach DIN EN ISO 14731 werden folgende Hinweise gegeben:

a) Sichtprüfungen (z. B. Vollständigkeit der Schweißung, Schweißnahtabmessungen, Form);
b) zerstörungsfreie Prüfungen;
c) zerstörende Prüfungen;
d) Form, Gestalt, Toleranzen und Maße des Bauteils;
e) Ergebnisse und Berichte über die Behandlungen nach dem Schweißen (z. B. Wärmenachbehandlung, Aushärten).

a) Sichtprüfungen (z. B. Vollständigkeit der Schweißung, Schweißnahtabmessungen, Form)

Wenn eine Schweißverbindung, aber auch ein Bauteil fertiggestellt ist, erfolgt die Sichtprüfung. Bei dieser Sichtprüfung wird kontrolliert, ob eine Schweißung auch vollständig ausgeführt wurde. Vollständig bedeutet, ob eine Stumpfnaht auch komplett gefüllt wurde, ob eine umlaufende Kehlnaht auch tatsächlich umschließend ausgeführt wurde. Neben der Schweißnahtabmessung zählt hierzu auch die Überprüfung, ob eine nach WPS konkav auszuführende Naht auch wirklich als Hohlkehlnaht vorliegt. Bei Kehlnähten gibt es auch die Möglichkeit der Ausführung als Streckenschweißung (unterbrochene Naht) oder bei beidseitiger Ausführung die versetzte unterbrochene Naht. In der technischen Ausführungszeichnung sind die Vorgaben für die Länge der Kehlnaht selbst, die Länge der Zwischenräume und die Anzahl der Streckenschweißungen hoffentlich angegeben. Ebenso ist zu überprüfen, ob eine Kehlnaht auch mit dem vorgegebenen a-Maß ausgeführt wurde. Auch hier gilt: Kontrolliert werden kann nur, wenn auch ein Maß in der technischen Zeichnung eine Vorgabe macht oder ein Satz zur generellen Ausführung der auf der Zeichnung dargestellten Kehlnähte vorhanden ist.

An erster Stelle prüft der Schweißer selbst, ob die in Zeichnung und WPS gestellten Anforderungen erfüllt sind. Dazu empfiehlt es sich, jedem Schweißer eine Taschenlampe an die Hand zu geben. In der Schweißkabine sollte zudem ein Auszug aus DIN EN ISO 5817 für die äußeren Merkmale hängen, damit der Schweißer vor „Fertigmeldung" einer Naht die Selbstprüfung durchführen kann. Er kontrolliert durch Sichtprüfung und mit Hilfe von Lehren, ob die Naht „abnahmefähig" ist. Erst dann informiert er die Schweißaufsicht, die die abschließende ergebnisliefernde Sichtprüfung durchführt. Das Merkblatt DVS 0703 bietet hier eine gute Hilfe. Das Merkblatt soll Schweißaufsichtspersonen und Prüfstellen die Beurteilung der ausgeführten Nähte erleichtern und Hinweise auf die Entstehung und zur Vermeidung von Unregelmäßigkeiten bei der Herstellung dieser Nähte geben. Zusätzlich hilft das Merkblatt bei der rechnerischen Ermittlung der zulässigen Unregelmäßigkeiten nach den Formeln in der DIN EN ISO 5817:2014-06. Ferner werden die für die Bewertung der Nähte praxisüblichen Messwerkzeuge mit Messbereichen und Ablesemöglichkeiten dargestellt. Der Vorteil: Es werden z. B. Grenzwerte konkret genannt, bezogen auf ein a-Maß bis zu welchem Maß die unterschiedlichen Bewertungsgruppen erfüllt sind.

Für die Sichtprüfung empfiehlt es sich die Randbedingungen aus DIN EN ISO 17637 sicherzustellen. Hierzu zählt hier eine ausreichend helle Beleuchtung. Die Beleuchtungsstärke auf der Oberfläche muss mindestens 350 lx betragen, 500 lx werden aber empfohlen.

Für die Sichtprüfung muss die Schweißaufsicht auch über geeignete Messwerkzeuge verfügen. Einfache Messwerkzeuge sind a-Maß-Lehren aus Aluminium für das Bestimmen des a-Maßes bzw. der Nahtüberhöhung. Diese Lehren sind eher etwas für den Schweißer.

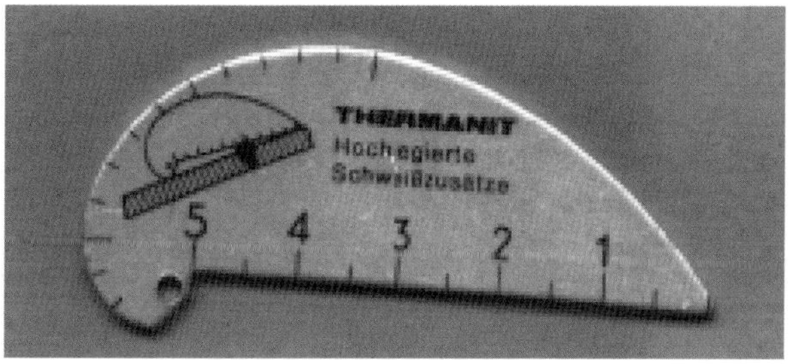

Bild 6.14-1. Einfache a-Maßlehre als Blechevolvente (Quelle: Der Schweißer/Jochen Mußmann).

Besser zum wirklichen Messen sind die Modelle unten. Hiermit lassen sich Lagenüberhöhung, a-Maß, z-Maß, Nahtöffnungswinkel überprüfen.

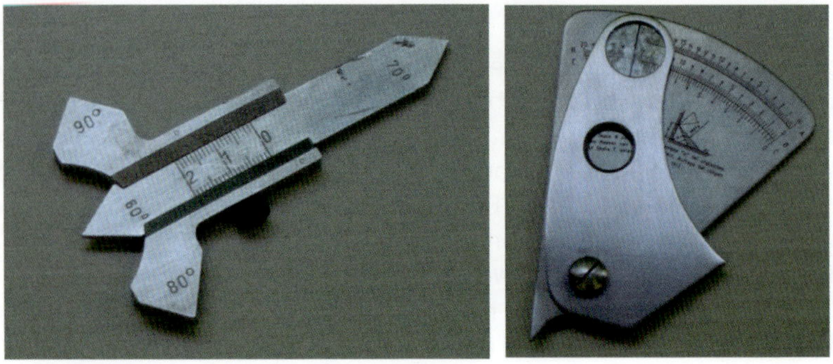

Bild 6.14-2. 1 Skalenmessschieber mit 4 Lehren (links) und 3-Skalenmesswerkzeug (rechts) (Quelle: Der Schweißer/Jochen Mußmann).

b) zerstörungsfreie Prüfungen

Zu den klassischen zerstörungsfreien Prüfungen zählen als Volumenverfahren die Durchstrahlungsprüfung mit Isotop oder Röhre, mit Film oder digitalen Detektoren und die Ultraschallprüfung mit einfachem Sende-Impuls-Echoverfahren bis hin zur Ultraschall Phased Array-Technik (PA-UT). Zu den Prüfverfahren zum Auffinden von Oberflächenunregelmäßigkeiten zählen die Eindringprüfung (früher als Farbeindringprüfung bezeichnet) und die Magnetpulverprüfung. Erwähnt werden muss auch noch die Wirbelstromprüfung.

Zur einfachen Überprüfung von Werkstoffeigenschaften bezüglich der Festigkeit (Aufhärtung) zählt die Härteprüfung, in der Regel nach Vickers.

Alle Volumenprüfverfahren besitzen darüber hinaus unterschiedliche Prüfklassen, über welche die Empfindlichkeit und damit die Wahrscheinlichkeit des Auffindens von Unregelmäßigkeiten bestimmt werden. Bild 6.14-3 gibt einen Überblick über die gängigen Prüfverfahren mit den zugehörigen Regelwerken.

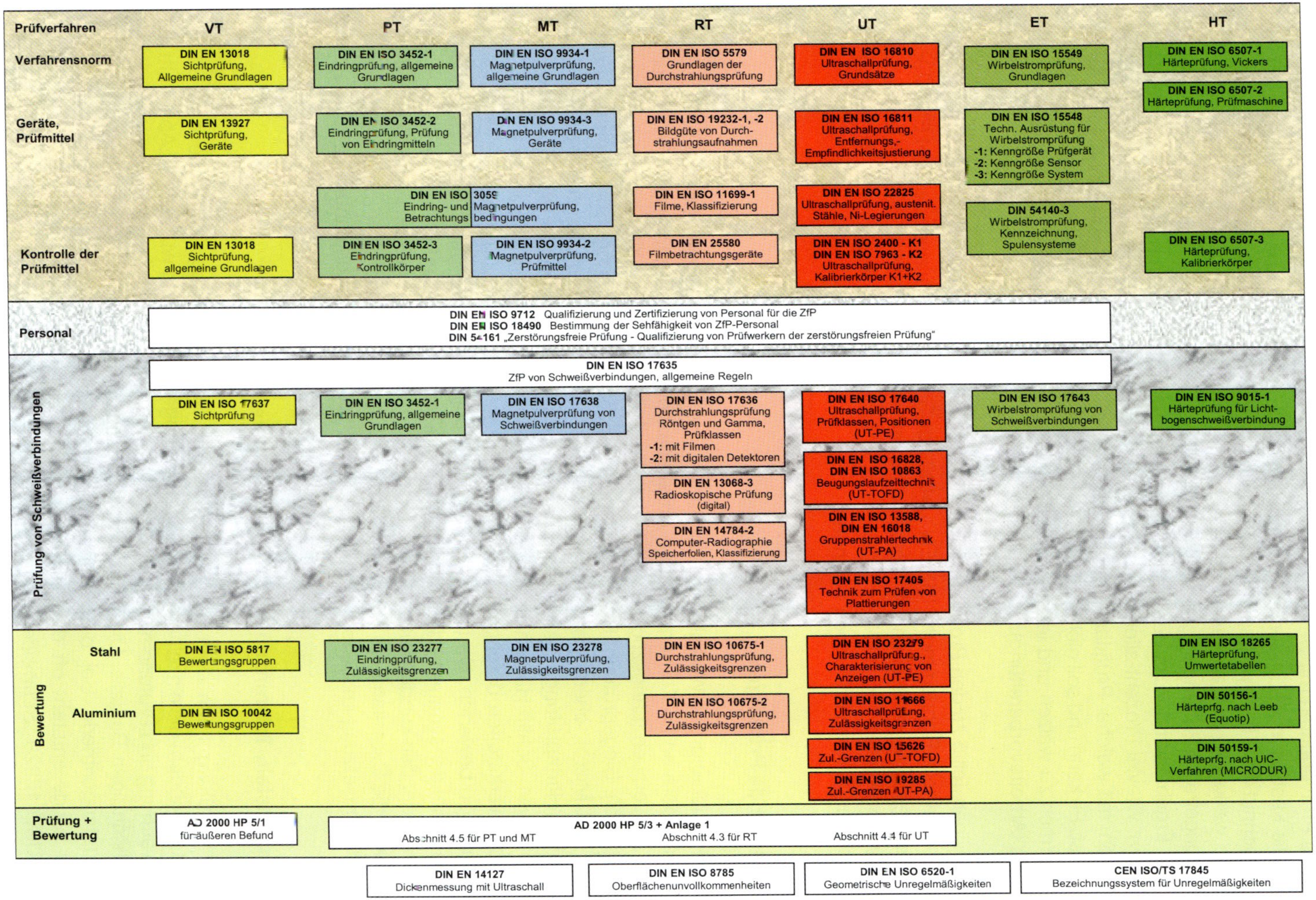

Bild 6.14-3. Übersicht der ZfP-Verfahren (Quelle: Jochen Mußmann)

Welches Prüfverfahren mit welchen Prüfklassen und Prüfumfängen zum Einsatz kommt, wird durch die Festlegungen in den Produktnormen getroffen. Im Rahmen der Fertigungsplanung (▶ „Abschnitt 6.6 – Fertigungsplanung“) müssen also die Produktnormen durchgearbeitet werden und werkstoff- und abmessungsbezogene Festlegungen für die Art und den Umfang der zerstörungsfreien Prüfungen getroffen werden. Diese Festlegungen sollten im Bau- und Prüfplan ihr Ergebnis finden. In der Werkstatt bzw. auf der Baustelle muss eine klare Anweisung vorliegen: Wieviel Prozent aller Nähte aus einem gewissen Werkstoff sind, mit welchem Prüfverfahren, mit welcher Prüfklasse gegen welche Bewertungsgruppe aus DIN EN ISO 5817 zu prüfen ist. Es kann und soll nicht Aufgabe der Schweißaufsicht in Werkstatt/Baustelle sein, jetzt hier Normen zu wälzen und jetzt erst Festlegungen zutreffen. Dies gehört in die Fertigungsplanung (Arbeitsvorbereitung).

Im jeweiligen Teil 5 zu den Produktnormen für unbefeuerte Behälter DIN EN 13445, für metallische industrielle Rohrleitungen DIN EN 13480, für Großwasserraumkessel DIN EN 12953, im Teil 6 für Wasserrohrkessel und Anlagenkomponenten DIN EN 12953 und für die Ausführung von Stahltragwerken nach DIN EN 1090-2 u. a. in Tabelle 24 sind Angaben zu Art und Umfang der zerstörungsfreien Prüfungen zu finden.

c) zerstörende Prüfungen

Die Untersuchung der Werkstoffeigenschaften erfolgt verständlicherweise nicht am Bauteil selbst, sondern an bauteilbegleitenden Arbeitsproben. Zu den zerstörenden Prüfungen zählen der Zugversuch (Längszugprüfung meist aus dem Schweißgut, Querzugprüfung quer zur Schweißnaht), Biegeprüfung, Bruchprüfung, Kerbschlagbiegeprüfung, Schliffuntersuchungen (Makro und Mikro), chemische Analyse (nasschemisch), Bestimmung des Deltaferritgehaltes und die Härteprüfung. Die Härteprüfung wird dann als zerstörende Prüfung eingruppiert, wenn an einem Schliff Härtemessungen in der Schweißnaht, den Wärmeeinflusszonen und in den Grundwerkstoffen durchgeführt werden, um den Härtewertebereich über die Schweißverbindung zu bewerten. Ob (ergänzende) zerstörungsfreie Prüfungen zur Untersuchung der Schweißnahteigenschaften erforderlich sind, ergibt sich aus den Anforderungen der Produktnorm und/oder den kundenseitigen Spezifikationen. Hier lohnt schon bei der Angebotsprüfung ein Blick in die Bestellanfrage (▶ „Abschnitt 6.1 – Überprüfung der Anforderungen“ und eine planende Umsetzung im Bauprüfplan (▶ „Abschnitt 6.6 – Fertigungsplanung g)“).

d) Form, Gestalt, Toleranzen und Maße des Bauteils

Bei der „Prüfung nach dem Schweißen“ ist die Schlussprüfung, Abnahme des Bauteils gemeint. Nachdem die einzelnen Schweißverbindungen untersucht wurden (▶ „Abschnitt 6.14 – Überwachung und Prüfung nach dem Schweißen a), geht es nun um die Gesamtbetrachtung des vollständigen Bauteils. Die Maßkontrolle bezüglich der Grenz- / Anschlussmaße ist hier ein Hauptaugenmerk. Bei den eventuell gemessenen Abweichungen vom Vorgabewert für eine Länge entsteht oft die Diskussion nach der Zulässigkeit dieser Abweichung. Die DIN EN ISO 13920 *„Schweißen - Allgemeintoleranzen für Schweißkonstruktionen - Längen- und Winkelmaße; Form und Lage“* unterscheidet verschiedene Längen- und Winkelmaße sowie Geradheits-, Ebenheits- und Parallelitätstoleranzen mit Buchstaben gekennzeichneten (jeweils 4) Toleranzklassen.

e) Ergebnisse und Berichte über die Behandlungen nach dem Schweißen (z. B. Wärmenachbehandlung, Aushärten)

Da die Kontrolle nach dem Schweißen sich streng genommen auf den abnahmefähigen Endzustand bezieht, ist diese Inspektion nach der letzten abschließenden Wärmebehandlung durchzuführen. Es dürfte aber wohl selbstredend sein, die oben unter Sichtprüfung und zerstörungsfreier Prüfung beschriebenen Schritte rein präventiv vor (!) einer Wärmenachbehandlung (Glühung) durchzuführen, um sicherzugehen, auch wirklich nur annehmbare Schweißverbindungen einer weiteren Behandlung zu unterziehen. Diese, nennen wir sie mal Zwischen-Sichtprüfung und Interims-ZfP, hängt im Umfang und von den Prüfverfahren, von der Erfahrung bei der Verarbeitung der Werkstoffe und der Bauteildicke ab. Die genauen Punkte, welche im Rahmen der Wärmenachbehandlung (oder besser beschrieben der Wärmeführung vor, während und nach dem Schweißen) zu beachten sind, können im nächsten Abschnitt nachgelesen werden (▶ „Abschnitt 6.15 – Wärmebehandlung nach dem Schweißen).

Für den Abschnitt „Überwachung und Prüfung nach dem Schweißen“ hilfreiche Normen und Regelwerke:

DIN EN ISO 2553 *„Schweißen und verwandte Prozesse – Symbolische Darstellung in Zeichnungen – Schweißverbindungen“*

DIN EN ISO 5817 *„Schweißen - Schmelzschweißverbindungen an Stahl, Nickel, Titan und deren Legierungen (ohne Strahlschweißen) - Bewertungsgruppen von Unregelmäßigkeiten“*

Merkblatt DVS 0703 *„Grenzwerte für Unregelmäßigkeiten von Schmelzschweißverbindungen nach DIN EN ISO 5817“*

DIN EN ISO 17637 *„Zerstörungsfreie Prüfung von Schweißverbindungen – Sichtprüfung von Schmelzschweißverbindungen“*

6.15 Wärmebehandlung nach dem Schweißen

Nach DIN EN ISO 14731 wird als Hinweis nur gegeben:

„Für die Wärmenachbehandlung muss die Ausführung entsprechend den Vorgaben berücksichtigt werden.“

Dieser eine Satz bringt die Schweißaufsicht nun auch nicht unbedingt weiter. Er sagt nur aus, dass die Wärmebehandlung (vor, während und nach dem Schweißen) entsprechend der Vorgabe durchzuführen ist und z. B. die Einhaltung von Standards, Werknormen und in Spezifikationen beschriebene Randbedingungen zu überprüfen sind.

Es gilt also schon für die Fertigungsplanung (▶ „Abschnitt 6.6 – Fertigungsplanung") die Bestellgrundlage zu prüfen, welche Normen, Regelwerke für die Ausführung der Wärmebehandlung anzuwenden sind und welche Kontrollschritte dafür umzusetzen sind.

Für die Verarbeitung von Stählen und deren Schweißverbindungen ist die Wärmeführung beim Schweißen eine wesentliche Voraussetzung für die dauerhafte Qualität. Dazu müssen die eingesetzten Wärmverfahren wie auch die Gerätschaften und Temperaturmesseinrichtungen die Anforderungen bezüglich der ausreichenden Wärmeeinbringung in das Bauteil und dann im Folgenden an die gleichmäßige Temperaturverteilung erfüllen.

Eine Einteilung und Begriffserläuterung der Wärmverfahren sind in der DIN 32527 „Wärmen beim Schweißen, Löten, Schneiden und bei verwandten Verfahren" zu finden. Im Apparate-, Behälter-, Rohrleitungs- und Dampfkesselbau gebräuchliche Wärmverfahren sind:

- Flammwärmen mit Ringschwenkbrenner und Wärmelanze;
- Heißluftglühen im Ofen;
- Heizelementwärmen;
- Induktives Wärmen.

Zahlreiche Vorgaben für die Ausführung von Wärmebehandlungen wie Wärmverfahren, Glühtemperaturen, Haltezeiten, Temperaturmessung werden in den Produktnormen gemacht. Ergänzend zu diesen Standards gibt es aber auch noch Verbändevereinbarungen (zwischen Hersteller und Überwachungsorganisationen) sowie Merkblätter von z. B. Verbänden. Nachstehend sind Anforderungen aus diesen Quellen beschrieben. Diese Vorgaben gilt es zu kennen, anzuwenden und im Nachgang zu kontrollieren.

6.15.1 Druckgeräterichtlinie

Mit Einführung der Druckgeräterichtlinie 97/23/EG, der heutigen 2014/68/EU, ist seit vielen Jahren eine europäische Richtlinie in Kraft, unter deren Beachtung Druckgeräte wie Rohrleitungen, Behälter, Wasserohrkessel und Großwasserraumkessel in Verkehr zu bringen sind. Die nationale Umsetzung in deutsches Recht erfolgte durch die Druckgeräte-Verordnung. In einer Europäischen Richtlinie sind sicherlich keine technischen Vorgaben für eine Fertigung zu finden, aber es können Forderungen nach der Überwachung des speziellen Prozesses bzw. Qualifizierung des dabei eingesetzten Personals aufgestellt werden.

Im Folgenden werden die gebräuchlichen deutschen Regelwerke zur Wärmebehandlung beschrieben sowie europäische und internationale Normen, die das Thema Wärmebehandlung ergänzend beschreiben. In diese Betrachtung der Regelwerke werden am Ende die DIN EN 13480 (metallische industrielle Rohrleitungen), DIN EN 12952 (Wasserrohrkessel), DIN EN 12953 (Großwasserraumkessel) und DIN EN 13445 (unbefeuerte Druckbehälter) vorgestellt.

Im Anhang I „Wesentliche Sicherheitsanforderungen" der DGRL wird in Nummer 3.1.4 „Wärmebehandlung" lediglich darauf hingewiesen, dass ein notwendiges Wärmebehandlungsverfahren „angemessen" sein muss. Eine Anforderung an den Nachweis einer Qualifizierung des Fertigungsschrittes „Wärmebehandlung“ und des daran beteiligten Personals gibt es nicht. Die Druckgeräterichtlinie als Richtlinie wird sich auch wohl kaum zu diesen technischen Anforderungen äußern, sie hat vielmehr die Aufgabe, nationale Rechtsvorschriften zu harmonisieren, um den freien Warenverkehr sicherzustellen und Handelshemmnisse aus nationalen Rechtsvorschriften zu beseitigen. Notwendige Angaben zur Erfüllung eben dieser grundlegenden Sicherheitsanforderungen sind in harmonisierten Normen oder anderen Regelwerken hinterlegt.

In der DGRL heißt es: „Besteht das Risiko, dass die Werkstoffeigenschaften durch das Fertigungsverfahren so stark geändert werden, dass hierdurch die Sicherheit des Druckgerätes beeinträchtigt wird, so ist in einem geeigneten Fertigungsstadium eine angemessene Wärmebehandlung durchzuführen.“

6.15.2 AD 2000-Regelwerk

Das AD 2000-Regelwerk hat nicht den Status einer harmonisierten europäischen Norm, im AD 2000-Merkblatt Z1 versichert aber die Arbeitsgemeinschaft Druckbehälter (AD), dass bei geschlossener Anwendung des AD 2000-Regelwerkes von einer Erfüllung aller wesentlichen Sicherheitsanforderungen des Anhanges I der DGRL ausgegangen werden kann. Jedoch ist hiermit keine Konformitätsvermutung im Sinne der DGRL verbunden. Dieses Merkblatt Z1 enthält eine Zusammenstellung der wesentlichen Sicherheitsanforderungen der DGRL und der Abschnitte der einzelnen AD 2000-Merkblätter, mit denen diese erfüllt werden. In diesem Merkblatt Z1 werden zur Erfüllung der grundlegenden Sicherheitsanforderungen aus dem Anhang I Abschnitt 3.1.4 „ggf. angemessene Wärmebehandlung“ die AD 2000-Merkblätter HP 7/1, 7/2, 7/3 und HP 2/1 Abschnitt 3.6 zitiert. Die Reihe „Herstellung und Prüfung“ HP 7/1, 7/2 und 7/3 beschreibt allgemeine Grundsätze und notwendige Wärmebehandlungen nach dem Umformen und nach dem Schweißen für ferritische und austenitische Stähle; AD 2000 HP 2/1 Abschnitt 3.6 legt fest, dass die erforderliche Schweißverfahrensprüfung einen vergleichbaren Wärmebehandlungszustand wie bei der Prüfung am fertigen Bauteil aufweisen muss.

AD 2000 HP 7/1 fordert, dass der Hersteller über geeignete Einrichtungen zur Wärmebehandlung entweder selbst verfügen muss oder auch auf werksfremde zurückgreifen darf, welche diese Voraussetzungen erfüllen. Insofern ist es verständlich, dass Glühfirmen auch über AD-„Zulassungen“ der Reihe HP 7/1 verfügen können und auch müssen. Die zum Einsatz kommenden Wärmebehandlungseinrichtungen müssen eine ausreichende Genauigkeit und eine Gleichmäßigkeit der Temperaturführung am Werkstück ermöglichen. Dies gilt insbesondere bei Werkstoffen mit engen Temperaturspannen für den Wärmebehandlungsprozess. Es soll sachkundiges Personal für die Durchführung der Wärmebehandlung und für die Temperaturmessung eingesetzt werden.

Für ortsfeste Wärmebehandlungseinrichtungen, also stationäre Glühöfen, werden selbstschreibende Instrumente zur Registrierung des Temperaturverlaufes gefordert. Bei ortsbeweglichen Wärmebehandlungseinrichtungen, bei denen keine selbstschreibenden Instrumente verwendet werden, sind allerdings die Messergebnisse „festzuhalten“. Alle Temperaturmesseinrichtungen sind in „angemessenen“ Zeitabständen zu überprüfen.

Für die Festlegung von Wärmebehandlungstemperatur und -dauer wird in AD 2000 HP 7/1 der Querverweis auf Werkstoffspezifikationen gegeben. Im AD 2000-Regelwerk wird des Weiteren auch nur darauf hingewiesen, in Abhängigkeit vom Werkstoff, der Wanddicke und den Bauteilabmessungen die Anwärm- und Abkühlgeschwindigkeit zu wählen.

AD 2000 HP 7/2 für ferritische Stähle und HP 7/3 für austenitische Stähle beschreiben in Bezug auf Schweißverbindungen in den jeweiligen Tafeln die Bedingungen für den Verzicht auf eine Wärmebehandlung. Konkrete Temperaturen, Temperaturspannen, Haltedauer, Angaben über Aufheiz- und Abkühlgradienten werden dort nicht angegeben. Hierzu werden in der Praxis dann die Verbändevereinbarung und FDBR-Norm 18 herangezogen.

Betrachtet man alle diese Forderungen, so gibt es keinerlei konkrete Querverweise auf bestehende Normen oder Regelwerke. Deutlich spürt man in diesem AD 2000-Regelwerk den Anspruch an den (vorhandenen) Sachverstand, den die Herausgeber an die Anwender von AD 2000 stellen. Der Hersteller im Fertigungsprozess soll sich im Vorfeld Gedanken über die geeigneten Wärmebehandlungs- und Messeinrichtungen (Widerstandsglühung, induktive Erwärmung oder Ofenglühung, Thermoelemente, Genauigkeitsklassen der Messschreiber) machen.

6.15.3 VdTÜV-Werkstoffblätter

Für sehr viele Werkstoffe wurden und werden auch weiterhin in Zusammenarbeit mit dem VdTÜV (Vereinigung der Technischen Überwachungsvereine, Berlin) Werkstoffblätter herausgegeben, in denen chemische Analysen, mechanisch-technologische Grenzwerte, Hinweise zum Umformen und Schweißen sowie zur Vorwärmung und Wärmenachbehandlung ausgewiesen sind. Diese meist in Tabellenform angegebenen Hinweise sind dort im Kapitel „Wärmenachbehandlung“ zu finden.

Des Weiteren sei hier auch auf die Empfehlungen der Stahlhersteller verwiesen, welche die Glühdauer auch mit der Faustformel z.B. „Haltezeit = 2 min/mm Wanddicke, mindestens 15 min“ festschreiben.

6.15.4 Verbändevereinbarung V-DK-010:2018-01 – Wärmebehandlung von Schweißverbindungen

Für die Wahl der Glühtemperatur und die Dauer der Haltezeit für artgleiche Verbindungen und Mischverbindungen gibt die Verbändevereinbarung „Wärmebehandlung von Schweißverbindungen“ Empfehlungen. Hier sind tabellarisch die Werkstoffverbindungen mit Temperaturangabe und Haltezeit hinterlegt.

Die Verbändevereinbarung „Wärmebehandlung von Schweißverbindungen“ V-DK-010:2018-01 zwischen FDBR, VGB, VdEh und VdTÜV ersetzt die fast inhaltlich gleiche Vereinbarung 2003/3, identisch mit dem VdTÜV-Merkblatt Dampfkessel 451-03/3.

In dieser Vereinbarung sind die üblich vorkommenden Schweißverbindungen (artgleich wie auch Mischverbindungen) in einer Matrix unter Angabe des Schweißzusatzes dargestellt mit Empfehlung für die Wärmebehandlungstemperatur. Gegenüber der alten Ausgabe werden artgleiche und Mischverbindungen jetzt in einer Tabelle wiedergegeben.

Über die Mindestdauer der Haltezeit gibt die Verbändevereinbarung Auskunft. Ausgenommen sind: die Werkstoffe X20CrMoV12-1, P91, E911, 15CrMoV5-10 und 7CrMoVTiB10-10) bezogen auf die Wanddicke t in Form von Staffelhaltezeiten.

6.15.5 FDBR-Norm 18:1997 – Wärmebehandlung von Schweißverbindungen

Da wie oben beschrieben detaillierte Angaben zur Durchführung von örtlichen Wärmebehandlungen in Bezug auf Wärmeeinbringbereich fehlen, hat der FDBR zu diesem Themenkomplex eine Norm erstellt, bei deren Anwendung und Einhaltung eine Durchwärmung bis zur Rohrinnenseite sichergestellt ist.

Die Fassung 1997 beruht auf den Erfahrungen, welche keinen Bezug zu den harmonisierten Normen hat und eigene Randbedingungen definiert. Hier sind auch nur die Werkstoffe bis hin zum X20CrMoV12-1 und damals üblichen Wanddicken bis ca. 40 mm berücksichtigt.

Für die lokale Glühung von Schweißverbindungen empfiehlt die FDBR-Norm 18 eine Wärmeeinbringungsbreite von W $\geq$ 8 x s für DN > 200 mm, bei kleineren Durchmessern kann dieser Faktor geringer gewählt werden. Dieser Wert von 8 x s entspricht der Formel W =$\sqrt{rs}$ und stellt sicher, dass sowohl ein ausreichender Wärmeeinbringungsbereich vorhanden ist als auch am Rand des Wärmeeinbringbereiches die Temperatur nicht weniger als die Hälfte der Glühtemperatur beträgt, wobei „r“ der innere Rohrhalbmesser und „s“ die Wanddicke ist. Weiterhin wird durch Einhalten dieses Wärmeeinbringbereiches gewährleistet, dass die Schweißnaht auch im Wurzelpunkt die erforderliche Glühtemperatur aufweist. Zu beachten ist hierbei, dass gerade bei dickwandigen Bauteilen t > 25 mm und bei den martensitischen Chromstählen aufgrund der verminderten Temperaturleitfähigkeit gegenüber den C-Stählen bei örtlichen Glühungen der Wärmeeinbringbereich zusätzlich um ca. 50 % zu vergrößern ist.

Die Aufheizgeschwindigkeit bzw. der Aufheizgradient gibt an, mit welcher Temperaturänderung pro Zeiteinheit das zu wärmende/glühende Bauteil auf die vorgegebene Wärmebehandlungstemperatur mit Hilfe des Wärmebehandlungsverfahrens aufgeheizt wird. Eine übliche Größenangabe ist [K/h].

Die FDBR-Norm 18 *„Wärmebehandlung von Schweißverbindungen – örtliche Glühung und Ofen-Glühung“* gibt bezogen auf die Werkstoffe in der Tafel 1 diese Maximalwerte an. Die Angaben dazu lauten:

- max. Aufheizgradient [K/h] $\leq$ 9.000/t , mit t als Wanddicke in [mm] für t > 20 mm
- Qualitäten wie X20CrMoV12-1: max. 7.000/t [K/h] für t > 10 mm

Für die Festlegung der Mindesthaltezeiten findet sich hier dann die aus dem deutschen Regelwerk schon geläufige Formel für die Berechnung der Dauer, z. B. 2 w mindestens die Mindesthaltezeit in der bekannten Staffelform aus dem VdTÜV-Merkblatt. Eine ähnliche Tabelle gibt es dann auch für die Wärmebehandlung von Werkstoffkombinationen dieser Werkstoffgruppen mit Angabe des empfohlenen Schweißzusatzwerkstoffes. In dieser europäischen Norm sind in der Werkstoffgruppe 6.4 auch die genannten Werkstoffe X20CrMoV12-1 und X10CrMoVNb9-1 einschließlich möglicher Mischverbindungen bereits berücksichtigt.

Das neue Europäische Regelwerk begrenzt für Glühungen die Gradienten zum Aufheizen und zum Abkühlen oberhalb von 300 °C auf 5.500/w [K/h], wobei maximal 300 K/h nicht überschritten werden dürfen. Die Größe w ist dabei die Bezugsdicke des zu glühenden Bauteilquerschnitts (entspricht der Wanddicke). Diese Gradienten stammen aus dem British Standard.

Wenn eine örtliche Wärmebehandlung einer Rohrrundnaht durchzuführen ist, fordert DIN EN 13480, dass die vorgeschriebene Glühtemperatur über eine Glühbreite nach einer darin stehenden Formel erreicht sein muss. Diese Formel orientiert sich an der DIN EN ISO 17663, die wiederum basierend auf FDBR-Norm 18 sicherstellt, dass sowohl die Wurzel der Schweißung als auch die Wärmeeinflusszone die erforderliche Glühtemperatur erfährt.

Über die Anordnung von Temperaturmessstellen oder maximal zulässigen Härtewerten werden in dieser Norm keine Angaben gemacht.

6.15.8 DIN EN 12952 – Wasserrohrkessel und Anlagenkomponenten

Dieses Regelwerk gilt für Trommeln, Sammler und ähnliche druckhaltende Teile aus Rohren, Schmiedestücken, Blechen oder Gussstücken. Der Abschnitt 10.4 „Wärmebehandlung nach dem Schweißen“ der DIN EN 12952 Teil 5 „Verarbeitung und Bauausführung für druckhaltende Kesselteile“ beschreibt die Temperaturbereiche, Haltezeiten und weitere Randbedingungen sowohl für die Ofen- wie auch örtliche Wärmebehandlung von Schweißverbindungen.

Bauteile sollen, soweit möglich, in einem durch Gas oder Strom beheizten Ofen als Ganzkörperglühung wärmebehandelt werden, oder, wo dies nicht möglich ist, Rundnähte in Form einer örtlichen Glühung. Bei der örtlichen Glühung spricht die Norm von einem „beheizten Band“. Hieraus könnte – streng genommen – nur die Zulässigkeit der Widerstandserwärmung abgeleitet werden. Generell gibt es jedoch keinerlei Hinweise auf die Methode der elektrischen Glühung, die Induktivglühung ist ebenso zulässig.

Genau wie in der schon beschriebenen DIN EN 13480 geschieht auch in diesem Regelwerk die Einteilung der Werkstoffe in die Gruppen nach dem CEN-Bericht CR ISO/TR 15608. Betrachtet werden in diesem Regelwerk die Werkstoffgruppen 1, 2, 4, 5.1, 5.2 und 6.

Vergleichbar mit den Tabellen aus der Verbändevereinbarung V-DK-010:2018 werden in der DIN EN 12952 die Temperaturbereiche für die Verbindungen artgleich und für Mischverbindungen in einer Tabelle angegeben. Für die Festlegung der Haltezeiten in Abhängigkeit von der maßgeblichen Dicke *e* der Schweißverbindung gibt es eine weitere Tabelle. Je Werkstoffgruppe ist der Wanddickenbereich in drei Zonen eingeteilt. Die Festschreibung der Haltezeiten erinnert recht stark an die bekannten Festlegungen aus der Verbändevereinbarung mit den Staffelhaltezeiten und dem Faktor [Minuten Haltezeit / mm Wanddicke] aus der FDBR-Norm 18.

Die Definition der maßgeblichen Dicke *e* für die verschiedenen Verbindungsarten ergibt sich aus der Bauteildicke *w* in der Schweißverbindung.

Wenn ein Bauteil, das wärmebehandelt werden muss, Nähte mit unterschiedlichen maßgeblichen Dicken enthält, ist die größere maßgebliche Schweißnahtdicke die für die Wärmebehandlung ausschlaggebende Dicke.

Während der Aufheiz- und Abkühlphase dürfen für Trommeln und Sammler bis 500 °C die Temperaturabweichungen über das gesamte Bauteil in einem Abstand von 4.500 mm die Grenze von 150 °C nicht überschreiten. Oberhalb von 500 °C soll diese Temperaturdifferenz an einer Komponente 100 °C nicht überschreiten.

Bei allen Arten der Wärmebehandlung ist die Bauteiltemperatur durch an der Oberfläche des Bauteils befestigte Thermoelemente kontinuierlich zu messen und aufzuzeichnen. Alle Thermoschriebe sind bauteilbezogen zu archivieren.

Die Stellen, an denen Thermopaare „angepunktet“ (befestigt mittels Kondensatorentladungs-Bolzenschweißen mit Spitzenzündung) waren, sind nach der Wärmebehandlung zu beschleifen. Eine Forderung nach Prüfung dieser Stellen z. B. durch Oberflächenrissprüfung, gibt es nicht.

Die Mindestanforderung über die Anzahl der Thermoelemente bei einer örtlichen Glühung beträgt je eine Messstelle auf der Vorder- bzw. Rückseite je Position; gemeint ist damit die Schweißnaht.

Die DIN EN 12952 fordert den Hersteller auf, dafür zu sorgen, dass alle Thermoelemente und Temperaturaufzeichnungsgeräte für den Anwendungsfall der Wärmebehandlung hinreichend genau sind oder dass diese stattdessen in einem Kalibrierungsprogramm enthalten sind.

6.15.9 DIN EN 12953 – Großwasserraumkessel

Für die Wärmebehandlung von Großwasserraumkesseln gilt die DIN EN 12953 Teil 4 „Verarbeitung und Bauausführung für drucktragende Kesselteile“. Die Vorgaben für die Wärmenachbehandlung sind in diesem Normteil im Vergleich zu den bisherigen erwähnten Regelwerken recht knapp gehalten. Das liegt auch darin begründet, dass für diese Komponente nur unlegierte und C-Mn-Stähle zum Einsatz kommen, die ggf. nur einer Spannungsarmglühung unterzogen werden müssen.

Generell wird auf DIN EN 12952-5 für die Durchführung verwiesen.

Hinweise oder Vorgaben auf Genauigkeitsklassen, Kalibrierungen der Temperaturmess- und Aufzeichnungsgeräte gibt es nicht diesem Regelwerk.

6.15.10 DIN EN 13445 – Unbefeuerte Druckbehälter

Die Wärmebehandlung nach dem Schweißen an unbefeuerten Druckbehältern ist im Teil 4 „Herstellung“ Abschnitt 10 der DIN EN 13445 geregelt.

Die Wärmenachbehandlung ist nach einem schriftlichen festgelegten Verfahren durchzuführen, in dem alle relevanten Daten für die Wärmeführung festgeschrieben sind.

Die Wärmebehandlungseinrichtung muss für die Werkstoffe geeignet sein und die Temperaturkontrolle am Glühteil hinreichend genau und gleichmäßig ermöglichen. Also auch hier gibt es keine Querverweise auf bestehende Normen oder gar Anforderungen an Genauigkeitsklassen der Registriereinrichtungen. Der Hersteller legt diese Anforderungen selbst fest.

Für die Parameter der Wärmenachbehandlung gibt es in der DIN EN 13445 Teil 4 eine Tabelle, die in gleicher Form aufgebaut ist wie die in der Verbändevereinbarung V-DK-010:2018. Nach Werkstoffgruppen auf Basis von CEN/ISO ISO/TR 15608 eingruppiert wird in Abhängigkeit von der Wanddicke die Dauer für die Haltezeit und die Spanne für die Haltetemperatur angegeben. Hier finden sich die bekannten Staffelhaltezeiten ebenfalls wieder.

Diese Norm bevorzugt eine Ganzkörperglühung im Ofen, lässt aber die lokale Wärmenachbehandlung ebenfalls zu, wenn sie aus technischen Gründen nicht angewendet werden kann.

Auch in diesem Regelwerk wird eine ausreichende Wärmedämmung gefordert, um sicherzustellen, dass die Schweißnaht und die Wärmeeinflusszone mindestens die festgelegte Temperatur aufweisen und dass am Rand des Glühgürtels mindestens noch die Hälfte der Höchsttemperatur liegt. Die Bandbreite für eine ausreichende Wärmedämmung wird über eine Berechnung nach einer Formel vorgegeben, wobei auch hier die Schweißnaht mittig liegen soll.

Stutzen, Abgänge oder andere Anschweißteile dürfen ebenfalls lokal geglüht werden, wobei die Breite des Glühgürtels in jede Richtung eine Länge von mindestens abdecken muss.

Eine innenseitige Wärmebehandlung ist ebenfalls nach dieser Norm zulässig; dabei muss der Behälter außenseitig vollständig mit Wärmedämmstoffen abgedeckt sein.

Beim Auf- und Abheizen darf bei Temperaturen unterhalb von 500 °C die Temperaturschwankung im Behälter oder im Bauteil innerhalb einer Länge von 4.500 mm bei „sanft verlaufenden Temperaturgradienten“ nicht mehr als 150 °C betragen, oberhalb von 500 °C ist diese Temperaturschwankung auf 100 °C begrenzt. Für die Auf- und Abheizgradienten des Behälters gelten die schon bekannten Werte aus der DIN EN 12952.

Hinsichtlich der Lage und Anzahl von Temperaturmessstellen gibt es nur die Forderung, eine ausreichende Anzahl von Thermoelementen anzubringen, um sicherzustellen, dass der gesamte wärmebehandelte Behälter sich innerhalb des vorgegebenen Temperaturbereiches befunden hat und keine unerwünschten Wärmegradienten aufgetreten sind.

Man sieht an den Ausführungen für die Wärmebehandlung nach diesen hier eingehend beschriebenen Regelwerken, dass das Thema Kontrolle der Wärmebehandlung nach dem Schweißen recht umfänglich ist. Es ist eben nicht nur die Kontrolle danach, sondern beginnt in der Fertigungsplanung, die diversen Anforderungen aus den Produktnormen umzusetzen. Insofern ist dieser Abschnitt eng verzahnt mit der Fertigungsplanung.

Für den Abschnitt „Wärmebehandlung nach dem Schweißen" hilfreiche Normen und Regelwerke:

DIN EN ISO 17663 *„Schweißen – Qualitätsanforderungen zur Wärmebehandlung beim Schweißen und bei verwandten Prozessen"*

DIN EN ISO 13916 *„Schweißen - Messung der Vorwärm-, Zwischenlagen- und Haltetemperatur"*

DIN EN 13480-4 „Metallische industrielle Rohrleitungen - Teil 4: Fertigung und Verlegung"

DIN EN 13445-4 *„Unbefeuerte Druckbehälter - Teil 4: Herstellung"*

DIN EN 12952-5 *„Wasserrohrkessel und Anlagenkomponenten - Teil 5: Verarbeitung und Bauausführung für drucktragende Kesselteile"*

DIN EN 12953-4 *„Großwasserraumkessel - Teil 4: Verarbeitung und Bauausführung für drucktragende Kesselteile"*

FDBR Norm 18 *„Vorwärmen und Wärmebehandeln von Schweißverbindungen - Örtliche Wärmebehandlung"*

V-DK 010 *„Wärmebehandlung von Schweißverbindungen"*

6.16 Mangelnde Übereinstimmung und Korrekturmaßnahmen

Nach DIN EN ISO 14731 wird als Hinweis nur gegeben:

„Bei mangelnder Übereinstimmung und Korrekturmaßnahmen müssen die erforderlichen Maßnahmen und Tätigkeiten (z. B. Schweißnahtreparaturen, Nachbewertung der reparierten Schweißnähte, Korrekturmaßnahmen) berücksichtigt werden."

Dieser Satz bezieht sich nicht nur auf einzuleitende Maßnahmen bei der Beurteilung einer Schweißnaht ▶ „Abschnitt 6.14 – Überwachung und Prüfung nach dem Schweißen"), er ist ebenso anzuwenden auch bei anderen Tätigkeiten wie in den Abschnitten ganz zu Beginn, z. B. Technische Überprüfung, Schweißtechnisches Personal, Einrichtungen, Fertigungsplanung, etc.

Bei festgestellten Abweichungen ist zu unterscheiden zwischen einer zufälligen Abweichung und einer systematischen Abweichung. Eine zufällige Abweichung ist ein meist „einmaliger" Vorgang, der unerwartet auftritt. Ein systematischer Fehler ist eine Abweichung, die wiederkehrend auftritt, von der man zwar auch überrascht ist, die aber einer zu klärenden Routine folgt.

Was heißt das jetzt konkret?

Erstes Beispiel „Zeichnungskontrolle" (▶ „Abschnitt 6.2 – Technische Überprüfung" f) Maße und Einzelheiten der Nahtvorbereitung und der fertigen Schweißnaht): hier wird festgestellt, dass eine gezeichnete oder über Symbolik vorgesehene Ausführung der Naht aus Gründen der Zugänglichkeit für den Schweißbrenner nicht umsetzbar ist. Zeichnerisch dargestellt war an einem Behälter eine DV-Naht, die aber nicht von der Innenseite zugänglich ist. Wenn bei diesem Behälter diese falsche Form der vorgesehenen Ausführung nur einmal vorkam, ist dies ein zufälliger Fehler, wahrscheinlich in Folge von Unkonzentriertheit beim Konstruieren. Auch ein derartiger Fehler muss behoben, sprich in dieser Normsprache korrigiert werden. Das Detail ist vor Weiterleitung der technischen Zeichnung in eine einseitige V-Naht zu korrigieren.

Zweites Beispiel „fehlerbehaftete Schweißnaht" (▶ „Abschnitt 6.14 – Überwachung und Prüfung nach dem Schweißen b) die Durchführung zerstörungsfreier Prüfungen"): hier wird bei der Durchstrahlungsprüfung einer mittels Lichtbogenhand-geschweißten mehrlagigen Naht eine Schlackezeile festgestellt, die nach Bewertungsgruppe B von DIN EN ISO 5817 nicht zulässig ist. Alle anderen hergestellten Nähte zeigen bei weiteren im Prüfumfang stichprobenweise durchgeführten Durchstrahlungsprüfungen nicht diese Unregelmäßigkeit. Dann ist dies eine zufällige Abweichung, die nur einmalig vorkam. Aber auch dieser Mangel muss behoben werden, d. h. die Naht muss örtlich ausgeschliffen und nachgeschweißt werden. Nach der durchgeführten Reparatur ist diese Stelle dann wieder mit dem gleichen Prüfverfahren (Durchstrahlungsprüfung, gleiche Prüfklasse, gleiche Bewertungsgruppe) zu untersuchen, ob der ursprünglich festgestellte Fehler nun auch beseitigt wurde.

Sollte sich jedoch bei der Stichprobenprüfung herausstellen, dass genau bei diesem Schweißer auch weitere geprüfte Nähte genau diesen Mangel zeigen, liegt ein systematischer Fehler vor. Gerade systematische Fehler bergen große Risiken, da sie nicht zufällig und vereinzelt vorkommen, sondern wie der Name schon sagt, eine Ursache in fehlerhaften Schweißroutinen haben. Es ist wohl selbstverständlich, dass die Nähte, welche bei der Durchstrahlungsprüfung mängelbehaftet detektiert wurden, auch repariert werden müssen, aber im Sinne von einer gelebten Qualitätssicherung muss die Schweißaufsicht bei einem systematischen Fehler nun auch alle (!) von diesem Schweißer mit diesem Schweißverfahren hergestellten Nähte untersuchen lassen. Gerade beim Auftreten von systematischen Fehlern erkennt man sehr deutlich, dass eine fertigungsbegleitende ZfP wichtig ist, um derartige wiederkehrende Fehler frühzeitig zu erkennen und diesen gegensteuern zu können.

Was wären in diesem Zusammenhang denn Korrekturmaßnahmen? Zum einen selbstverständlich das Ausbessern der betroffenen Schweißnähte mit einer anschließenden zerstörungsfreien Prüfung mit gleichem Prüfverfahren und Beurteilungsmaßstab wie bei der Erstprüfung, zum anderen das Einleiten von Maßnahmen, dass dieser Fehler sich nicht wiederholt. Der identifizierte Schweißer darf zunächst nicht mehr eingesetzt werden. Dann ist zu ergründen, woran es lag, dass immer bei ihm Schlackenzeilen auftraten. Liegt es möglicherweise an einer schlechten Sehfähigkeit? Hat er bei der erwähnten Mehrlagenschweißung bei Lichtbogenhand nach jedem Legen einer Raupe die Schlacke entfernt und die Oberfläche gebürstet? Lag es evtl. am mangelnden Spülverhalten der Elektrode selbst, verbunden mit ggf. niedrigen Stromstärken, womit Schlackenreste nicht ausreichend ausgespült werden konnten? Wie war das Handling beim Schweißen selbst, Führung und Anstellung der Elektrode? Entscheidend ist hier ein feinfühliges Herangehen an den Mensch Schweißer. Wichtig erscheint, ihn hier nicht für alles verantwortlich zu machen, sondern mit ihm zu ergründen, woran es lag und ggf. durch Üben ein wiederholtes Auftreten des Fehlers für die Zukunft zu vermeiden.

Da je nach Produktart (Stahlbau versus Apparatebau) auch nicht immer eine ausreichende Anzahl von produzierten Schweißnähten zerstörungsfrei untersucht wird, erkennt man deutlich wie wichtig die regelmäßigen Schweißerprüfungen sind. Oben geschilderte Unregelmäßigkeiten, hier sogar Fehler, lassen sich mit der reinen Sichtprüfung der äußeren Nahtoberflächen nicht erkennen. Im Rahmen von regelmäßigen Schweißerprüfungen wird zumindest in recht groben Abständen die Handfertigkeit überprüft. Eine sinnvolle präventive Maßnahme gerade beim übermäßigen Schweißen von Kehlnähten ist es, regelmäßig Kehlnahtprüfstücke als Handfertigkeitsprobe schweißen zu lassen und diese dann zu brechen, um eine Sicherheit zu haben, dass der Schweißer auch jeweils den Wurzelpunkt aufschmilzt.

Es muss aber nicht nur mangelnde Übereinstimmung direkt beim Schweißen sein; die Abweichungen und Fehler können bei allen Kapiteln aus dem Anhang aus DIN EN ISO 14731 auftreten. Damit sind alle in diesem Buch beschriebenen Inhalte des Abschnittes 6 gemeint. So können bei der Auswahl von Stromquellen (▶ „Abschnitt 6.5 - Einrichtungen“) für die Montage auf der Baustelle ungeeignete Schweißstromquellen mit fehlender begrenzter Leerlaufspannung geplant worden sein. Ist dies nun Unachtsamkeit oder schlichte Unkenntnis über Vorgaben beim Schweißen in Räumen erhöhter elektrischer Gefährdung?

Wenn in der Schweißtechnik über Kalibrierung / Validierung gesprochen wird, ist hiermit die Prüf- und Messmittelüberwachung der Einrichtungen gemeint, mit denen eine Inspektion, eine Prüfung oder die Messung der geschweißten Endprodukte durchgeführt wurde, um die Übereinstimmung des Produkts mit den Anforderungen aus einer Produktnorm zu bestätigen.

Der Inhalt der DIN EN ISO 17662 ist beschränkt auf die Kalibrierung, Verifizierung und Validierung der Einrichtungen nach der Installation als Teil der Werkstattauslegung. Sie gilt weder für die Herstellung noch die Installation der Schweißeinrichtungen. Die Anforderungen an neue Einrichtungen, z. B. Stromquellen, sind gegebenenfalls in Richtlinien und Normen z. B. DIN EN 60974-14 „Lichtbogenschweißeinrichtungen – Teil 14: Leistungsüberprüfung festgelegt".

Die speziellen Anforderungen an eine Kalibrierung, Verifizierung und Validierung von den einzelnen Mess-, Überwachungs- und Prüfeinrichtungen müssen vom Hersteller aus der geforderten Genauigkeit abgeleitet werden und mit dem zulässigen Bereich übereinstimmen, der für das Produkt eine Genauigkeit vorgibt. Hersteller ist in diesem Fall der schweißtechnische Fertigungsbetrieb. Der Hersteller beschreibt in der Schweißanweisung (WPS) die in Betracht kommende(n) Prozessgröße(n), mit denen eine reproduzierbare Schweißnahtqualität in Bezug auf die zugrunde gelegte Schweißverfahrensprüfung erzielt werden kann.

Viele bei der Kontrolle des Schweißens verwendete Geräte, wie Amperemeter, Voltmeter, Längenmaßstäbe, Thermoelemente, Stoppuhren usw., werden auch für andere Zwecke außerhalb der Schweißtechnik eingesetzt. Es muss daher vom Hersteller beachtet werden, dass die Anforderungen an die Genauigkeit, wenn sie für schweißtechnische Zwecke angewendet werden, weniger streng sein können als bei anderen Anwendungen der Geräte. ,,Normale" (genormte) Verfahren für die Kalibrierung, Verifizierung und Validierung könnten zu streng und zu aufwändig sein, wenn sie für schweißtechnische Zwecke angewendet werden. Das heißt, der Hersteller muss die Genauigkeiten für eine Kalibrierung/Validierung festlegen.

Aus dem oben Beschriebenen ergibt sich, dass der Hersteller für sein Unternehmen eine Auflistung der Einrichtungen und Hilfsmittel für Mess- und Überwachungseinrichtungen definieren muss. Zu diesen „überwachungspflichtigen" Einrichtungen und Gerätschaften zählen:

- Messwerkzeuge zur Verifizierung der Werkstückabmessungen bezogen auf den Grundwerkstoff und die Zusatzwerkstoffe;
- Messwerkzeuge zur Messung und Verifizierung der Nahtvorbereitung und Schweißposition bezogen auf die Verbindung;
- Heft-, Spannvorrichtungen und Werkzeugausrüstungen z. B. Dreh- und Wendeeinrichtungen, x-y-Arbeitstische;
- Durchflussmengenmessgeräte für Schutzgase und den Gaswurzelschutz;
- Temperatur- und Feuchtemessgeräte zur Kontrolle der Lagerbedingungen für Schweißzusätze, z. B. Rücktrocknungsöfen, Warmhalteköcher;
- Anzeigen und Einsteller für elektrische Einflussgrößen der Stromquelle wie Stromstärke, Spannung etc.;
- Vorschubgeschwindigkeit, Drahtvorschubgeschwindigkeit beim mechanischen Schweißen (t-, v, a-);

- Messwerkzeuge für die Bestimmung der Ausziehlänge;
- Uhren für Zeitmessung zur Bestimmung der Schweißgeschwindigkeit und der Dauer der Haltezeit beim Unterbrechen des Schweißens und der Haltezeit bei der Wärmenachbehandlung;
- Messmittel zur Bestimmung der Vorwärm-, Halte- und Zwischenlagentemperatur;
- Messmittel bei der Wärmenachbehandlung Temperaturmessung, Messung der Wärmebehandlungszeit, Temperaturaufzeichner (Temperaturmessdrucker).

Nachstehend einige Beispiele für erforderliche Kalibrierungen oder Validierungen.

Messwerkzeuge für Werkstückabmessungen

Zu Messwerkzeugen für das Abmessen von Werkstücken aber auch für die „Qualitätskontrolle" eines fertig geschweißten Bauteiles zählen Maßstäbe wie Gelenkgliedermaßstäbe, Rollbandmaße, Lineale, Messschieber und Bügelmessschrauben. DIN EN ISO 17662 sagt dazu in Tabelle 1:

„Zur Messung und/oder zur Verifizierung der Werkstückabmessungen verwendete Geräte müssen gegebenenfalls kalibriert werden. Die Anforderungen hängen von den festgelegten Grenzmaßen usw. ab."

Hieraus ergibt sich nicht zwangsläufig die Forderung nach einer Kalibrierung im Sinne der Rückverfolgung hin auf ein DKD (Deutscher Kalibrierdienst) kalibriertes Bezugsnormal mit Rückverfolgung auf ein PTB-kalibriertes nationales Bezugsnormal. Es steht in DIN EN ISO 17662 „gegebenenfalls kalibriert". Die Anforderungen an die Genauigkeit hängen von den geforderten Toleranzen in z. B. der Produktnorm ab. Die Anforderungen an schweißtechnisch hergestellte Produkte werden hinsichtlich ihrer Toleranzen nach den Klassen von DIN EN ISO 13920 „Allgemeintoleranzen für Schweißkonstruktionen – Längen und Winkelmaße, Form und Lage" in die Toleranzklassen A bis D (für Längen- und Winkelmaße) und in die Toleranzklassen E bis H (für Geradheits-, Ebenheits- und Parallelitätstoleranzen) beschrieben. Der Hersteller muss somit festlegen, ob mit seinen Messmitteln die in diesen Toleranzklassen festgelegten Toleranzen messbar sind. Die Genauigkeit des verwendeten Messmittels muss immer besser sein als die Toleranz für das geschweißte Bauteil.

Messgeräte zur Überprüfung der Gestaltung der Verbindung wie Kantenversatzlehren, a-Maßlehren, Vergleichskonturen für Nahtvorbereitungen müssen validiert werden. Sie können somit über Vergleichsmessungen für gültig erklärt werden.

Durchflusssmengenmessgeräte für Schutzgase und den Gaswurzelschutz

Messgeräte für Bestimmung der Durchflussmengen für Schutzgase und für den Gaswurzelschutz müssen validiert werden. Hier reicht ebenfalls eine vergleichende Messung. DIN EN ISO 17662 (Tabelle 6) lässt eine zulässige Fehlergrenze von ± 20 % der Gasdurchflussrate sogar zu. Zu diesen Messgeräten zählen die Manometer für die Umwertung des Staudrucks vor der Kalibrierdüse und die Schwebekörpermessröhrchen (Flowmeter oder Rotameter genannt).

DVS Merkblatt 0714 *„Erläuterungen zum Kalibrieren und Validieren von schweißtechnischen Einrichtungen in Schweißbetrieben“*

6.18 Kennzeichnung und Rückverfolgbarkeit

Unter diesem Aufgabenpunkt nach DIN EN ISO 14731 muss bei der Kennzeichnung und Rückverfolgbarkeit folgendes in Betracht gezogen werden:

a) Kennzeichnung von Fertigungsplänen;
b) Kennzeichnung von Begleitkarten;
c) Kennzeichnung der Lage der Schweißnähte im Bauteil;
d) Kennzeichnung der Verfahren für zerstörungsfreie Prüfungen und des Personals;
e) Kennzeichnung der Schweißzusätze (z. B. Bezeichnung, Handelsname, Hersteller der Schweißzusätze und Los- oder Gussnummer);
f) Kennzeichnung und/oder Rückverfolgbarkeit der Grundwerkstoffe (z. B. Typ, Schmelzennummer);
g) Kennzeichnung der Lage von Reparaturen;
h) Kennzeichnung der Lage von Zusammenbauhilfen;
i) Rückverfolgbarkeit von vollmechanischen und automatischen Schweißanlagen zu speziellen Schweißnähten;
j) Rückverfolgbarkeit der Schweißer und Bediener zu speziellen Schweißnähten;
k) Rückverfolgbarkeit von Schweißanweisungen zu speziellen Schweißnähten.

Die verschiedenen Teile von DIN EN ISO 3834 verlangen nicht immer die Kennzeichnung und Rückverfolgbarkeit. Wenn der Hersteller einen Vertrag abgeschlossen hat oder vor dem Abschluss eines Vertrages steht, bei dem die Rückverfolgbarkeit gefordert wird, muss eine geeignete Prozessanweisung / Arbeitsanweisung eingeführt werden, in der steht, was wie zu kennzeichnen ist und wie die Rückverfolgbarkeit sicherzustellen ist.

Derartige Anweisungen sollten keine Verwechslung mit Inhalten von Verträgen verursachen, bei denen Rückverfolgbarkeit nicht gefordert wird.

Wenn beispielsweise Rückverfolgbarkeit von Schweißzusätzen gefordert wird, wird erwartet, dass die verschiedenen Schmelzen (Chargennummern) die beim Schweißen verwendet werden, aufgezeichnet werden. Es ist aber nicht zwangsläufig erforderlich, die Lage der verschiedenen zum Einsatz gekommenen Schmelzen von zugelassenen Schweißzusätzen bei mehrlagigen Verbindungen festzuhalten (siehe ▶ „Abschnitt 6.1 – Überprüfung der Anforderungen). Dies müsste zusätzlich zu Produktnormen gefordert werden.

Insofern ist die Tiefe bei der Rückverfolgbarkeit hinsichtlich der Kennzeichnung (Identifizierung von zum Auftrag genutzter Unterlagen bzw. Gerätschaften, Prüfmittel) eine Umsetzung der Forderungen aus den Teilen 2, 3 und 4 von DIN EN ISO 3834 und / oder auch aus vereinbarten Produktnormen bzw. Lieferspezifikationen. DIN EN ISO 3834 Teil 1 Anhang A zeigt dies gut im Überblick.

Die Aufgabe der Schweißaufsicht ist es, basierend auf den Anforderungen der Produktnorm bzw. zusätzlicher Spezifikationen dafür zu sorgen, dass die geforderten Unterlagen zusammengestellt werden. In der Regel wird die Dokumentation nicht von der Schweißaufsicht selbst durchgeführt, sondern von dem jeweiligen Projektleiter des Auftrages, siehe oben Punkte a) und b), (siehe ▶ „Abschnitt 6.19 – Qualitätsberichte).

Die Zuarbeit zur Rückverfolgbarkeit und die Gewährleistung, dass eben die Punkte c) bis k) sich eindeutig nachverfolgen lassen, ist originäre Aufgabe der Schweißaufsicht.

c) Kennzeichnung der Lage der Schweißnähte im Bauteil

Für eine Rückverfolgbarkeit sollten alle Schweißverbindungen in einer Konstruktionszeichnung für die Fertigung (auch mit den notwendigen Informationen) nach DIN EN ISO 2553 „Schweißen und verwandte Prozesse – Symbolische Darstellung in Zeichnungen – Schweißverbindungen“ dargestellt werden. Damit ist klar angegeben, wie eine Schweißung auszuführen ist. In der symbolhaften Darstellung wird angegeben: Nahtvorbereitung, Schweißposition, Schweißprozess, Nahtausführung, Nahtlänge etc., gegebenenfalls ein direkter Verweis auf eine Schweißanweisung (WPS). Ergänzt werden kann in den Konstruktionsunterlagen auch noch eine „Naht-Nr.“. Hierzu wird empfohlen, pro Zeichnung die Symbolik jeder Schweißnaht um eine laufende Naht-Nummer zu ergänzen.

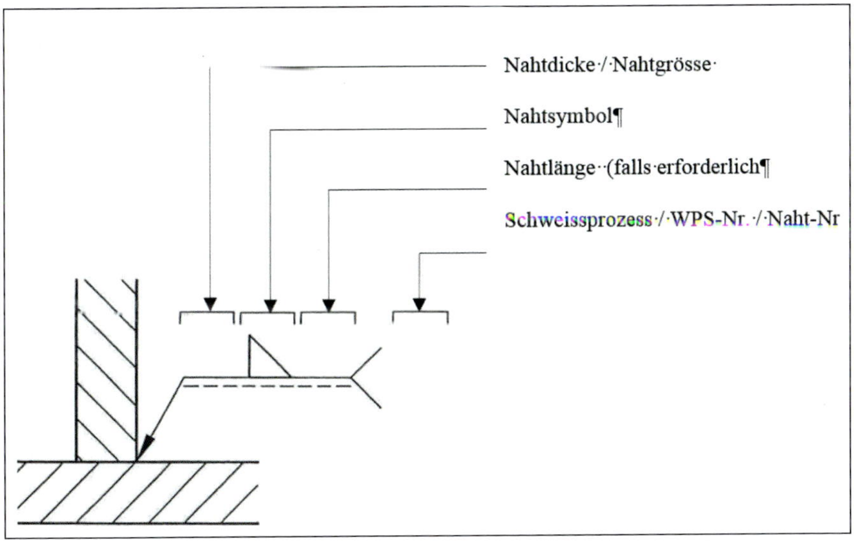

Bild 6.18-1. Beispiel einer symbolhaften Kennzeichnung.

d) Kennzeichnung der Verfahren für zerstörungsfreie Prüfungen und des Personals

In den Konstruktionsunterlagen werden alle durch zerstörungsfreie Prüfungen (RT, UT, MT, PT) geprüften Schweißnähte durch einen Hinweis auf ein vorliegendes ZfP-Protokoll zusätzlich gekennzeichnet. Eine Kennzeichnungsmöglichkeit ist der Bezug auf die Protokollnummer, z. B. „RT-15“. Da auch auf dem Protokoll der Durchstrahlungsprüfung ein Verweis auf Auftrag und Zeichnungsnummer sowie möglicher Schweißnahtnummer eingetragen ist, ist die eindeutige Hin- und Rückverfolgbarkeit gegeben. Auf dem Prüfprotokoll findet sich in der Unterschriftszeile dann auch der Verweis auf den die Prüfung durchführenden Prüfer und damit auch auf seine Qualifikation nach DIN EN ISO 9712.

e) Kennzeichnung der Schweißzusätze (z. B. Bezeichnung, Handelsname, Hersteller der Schweißzusätze und Los- oder Gussnummer)

Da wie unter c) ausgeführt die Ausführung jeder Naht entweder über die Symbolik oder über anzuwendende Schweißanweisungen eindeutig beschrieben ist, kann mit Bezug auf die angewendete Schweißanweisung auch die Los- oder, in Deutschland besser bekannt, die Chargennummer (Schmelzennummer statt Gussnummer) dokumentiert werden, wenn dies gefordert ist. Aufgabe der Schweißaufsicht ist es, die verwendeten Schweißzusätze bezogen auf Herstellername, Markenname und Chargennummer festzuhalten. Zusammen mit den Prüfbescheinigungen über die Schweißzusätze meist Werkszeugnis 2.2 oder Abnahmeprüfzeugnis 3.1 nach DIN EN 10204 ist so eine Rückverfolgbarkeit gegeben.

Zu beachten ist, dass ein Werkszeugnis 2.2 nur eine Bestätigung der Übereinstimmung mit der Bestellung unter Angabe von Ergebnissen nichtspezifischer Prüfung ist. Es werden also nicht Prüfergebnisse aus genau dieser Lieferung im Zeugnis wiedergegeben. Bei einem Abnahmeprüfzeugnis 3.1 dagegen wird in diesem Zeugnis die Übereinstimmung mit der Bestellung unter Angabe von Ergebnissen aus spezifischer Prüfung bestätigt. Eine Chargenrückverfolgbarkeit macht somit nur Sinn, wenn die Schweißzusätze auch mit einem Abnahmeprüfzeugnis 3.1 bestellt und geliefert wurden.

f) Kennzeichnung und/oder Rückverfolgbarkeit der Grundwerkstoffe (z. B. Typ, Schmelzennummer)

DIN 1090-2:2018-09 *„Ausführung von Stahltragwerken und Aluminiumtragwerken – Teil 2: Technische Regeln für die Ausführung von Stahltragwerken“* fordert im Abschnitt 5.2 eine Identifizierbarkeit, Prüfbescheinigungen und Rückverfolgbarkeit. Aus der dortigen Tabelle 1 ist bezogen auf die verschiedenen metallischen Erzeugnisse wie Baustähle, nichtrostende Stähle, Stahlguss etc. mit ihren jeweiligen Produkten wie I- und H-Profile, warmgewalzte I-Profile mit geneigten inneren Flanschflächen, gleich- und ungleichschenklige Winkelprofile, Bleche, Flach- und Breitflacherzeugnisse ersichtlich, mit welchem Prüfzeugnis die Erzeugnisse zu bescheinigen sind.

Bezüglich einer Rückverfolgbarkeit steht im Normentext weiterhin:

„Bei EXC3 und EXC4 muss die Rückverfolgbarkeit für Ausgangsprodukte in allen Stadien von der Lieferung bis zur Übergabe nach dem Einbau in das Stahltragwerk gegeben sein.

Enthalten Bauteile bei EXC2, EXC3 und EXC4 gleichzeitig Ausgangsprodukte verschiedener Stahlsorten und/oder Gütegruppen, muss jedes einzelne Ausgangsprodukt so gekennzeichnet sein, dass die jeweilige Sorte und die Gütegruppe erkennbar sind."

Der Hersteller ist also aufgefordert ein eigenes System einzurichten, mit dem er die Rückverfolgbarkeit sicherstellt. Die einfachste Art ist und bleibt die Hartstempelung mit Werkstoffstahlstempel oder mit Farbstrichen. Es sollten dabei nur die Werkstoffsorten gekennzeichnet werden, die eine Besonderheit gegenüber dem sonst in Massen verwendetem Werkstoff darstellen. Zum Beispiel ein S235J2 bei sonst nur S235JR verwendetem Werkstoff. Dann wäre der S235J2 der zu kennzeichnende Stahl, um sich gegen den sonst im Bauteil verwendeten S235JR abzugrenzen.

Eine Rückverfolgbarkeit nach DIN EN 1090-2 ist nur erforderlich bezüglich der Stahlsorte und/oder Gütegruppe, jedoch nicht bezogen auf die Charge. Da für einen S235JR in dieser Ausführungsklasse nur ein Werkszeugnis 2.2 erforderlich ist, reicht eine Prüfbescheinigung mit nicht spezifischen Ergebnissen aus den Prüfungen. Eine Rückführung auf die Chargennummer ist dann ohnehin unsinnig.

Eine Chargenrückverfolgbarkeit macht nur Sinn bei Abnahmeprüfzeugnissen 3.1 und wenn diese chargenbezogene Rückverfolgbarkeit durch weitergehende Spezifikationen gefordert ist.

g) Kennzeichnung der Lage von Reparaturen

Hier kommt ▶ „Abschnitt 6.16 – Mangelnde Übereinstimmung und Korrekturmaßnahmen" wieder ins Spiel. Im dortigen Abschnitt wurde beschrieben wie bei Schweißnahtfehlern vorzugehen ist. Auch wenn ein entdeckter Fehler am Ende fach- und sachgerecht beseitigt wurde, gehört zur Rückverfolgbarkeit auch das Dokumentieren, dass es einen Fehler gab und wie er repariert wurde, einschließlich der dann anschließenden Maßnahmen durch zerstörungsfreie Prüfverfahren. Reparierte Nähte und deren Dokumentation werden mit Ursprungsnahtnummer mit einem nachgestellten „R" für Reparatur bezeichnet. Sollten Nähte komplett herausgeschnitten und durch eine Neuschweißung ersetzt werden, wird diese Neuschweißung mit Ursprungsnahtnummer mit einem nachgestellten „N" für Neuschweißung dokumentiert.

h) Kennzeichnung der Lage von Zusammenbauhilfen

Werden für das Positionieren von zu verschweißenden Bauteilen Hilfskonstruktionen verwendet und am Bauteil angeschweißt, so kann bei rissempfindlichen Werkstoffen, z. B. hochfesten Feinkornbaustählen, es wichtig sein zu dokumentieren, wo diese Hilfskonstruktionen angeschweißt waren. Hilfskonstruktionen werden nach dem Verschweißen der Bauteile wieder entfernt. Dazu werden diese in der Regel abgeschliffen und ggf. der beschliffene Bereich je nach Empfindlichkeit des Grundwerkstoffes mittels Oberflächenrissprüfung danach untersucht. Die Stelle, an der diese Hilfskonstruktion angeschweißt war, wird in der Fertigungsunterlage (Zeichnung) maßstäblich dokumentiert. Sollten später im Grundwerkstoff Risse auftreten, kann einfacher nachvollzogen werden, ob genau dort auch eine Zusammenbauhilfe positioniert war. Beispiele wären sogenannte „Schweißbrücken" zum Fixieren von Stumpfnähten, wo nicht in der Fuge selbst geheftet werden kann.

i) Rückverfolgbarkeit von vollmechanischen und automatischen Schweißanlagen zu speziellen Schweißnähten

Eine Rückverfolgbarkeit kann bei Schweißverbindungen gefordert werden, die vollmechanisch oder in automatischen Schweißanlagen hergestellt wurden. Bei vollmechanischen Schweißungen gibt es keine Einflüsse über handwerkliche Geschicklichkeit beim reinen Schweißen, sondern nur noch beim Einrichten der Schweißanlage. Man geht beim vollmechanischen Schweißen von einer 100%-igen Reproduzierbarkeit aller Nähte aus. Von daher sind hier systematische Fehler eine der Hauptursachen. Auch werden hier nicht alle Schweißverbindungen einer nachfolgenden zerstörungsfreien Schweißnahtprüfung unterzogen, sondern die Prüfung erfolgt nur stichprobenweise. Sollte sich nun bei einer derartigen Stichprobenprüfung eine unzulässige Unregelmäßigkeit wie z. B. ungenügende Durchschweißung zeigen, muss nachvollziehbar sein, welche Nähte mit dieser Anlage und eben diesen Parametern geschweißt wurden. Über die Zuordnung zur Schweißanlage und dem Herstelldatum lässt sich zusammen mit ergänzenden zerstörungsfreien Prüfungen ergründen, ab wann dieser Fehler auftrat und was die Ursachen dafür waren.

Das gleiche gilt für automatische Schweißanlagen. Hier erfolgt das Einlegen in eine Vorrichtung zum Schweißen automatisch z. B. über einen Greifroboter. Das Schweißen selbst ist dann ein vollmechanischer Prozess, das geschweißte Bauteil wird hiernach wiederum durch einen Greifroboter aus der Schweißanlage entnommen. Beim automatischen Schweißen sind somit auch die bedienenden Anlagen wie Greifroboter, verwendete pneumatische Spannanlagen etc. von Bedeutung, um bei Fehlern diesen nachgehen zu können. Hierzu muss nachverfolgbar sein, auf welcher Schweißanlage diese Produkte (auch wann) hergestellt wurden.

j) Rückverfolgbarkeit der Schweißer und Bediener zu speziellen Schweißnähten

Der Begriff „spezielle Schweißnaht“ ist nirgends definiert. Spezielle Schweißnähte sind Schweißverbindungen, bei denen eben diese Forderung nach Rückverfolgbarkeit aufgestellt wird. Diese Forderung ergibt sich aus der Produktnorm oder der zusätzlich vereinbarten Spezifikation.

Für eine Rückverfolgbarkeit, insbesondere welcher Schweißer bzw. Bediener an einem bestimmten Bauteil welche Naht geschweißt hat, ist ein System einzuführen, das eine Zuordnung ermöglicht (falls gefordert). Eine einfache Möglichkeit ist, dass jeder Schweißer in die Zeichnung neben der von ihm gefertigten Naht sein Namenskurzzeichen oder die an ihn vergebene Schweißernummer einträgt. Im Kraftwerkkesselbau und Rohrleitungsbau ist es dazu sogar noch üblich, dass die Schweißer / Bediener die von ihnen geschweißte Naht hartstempeln. Das heißt, jeder Schweißer / Bediener hat einen Schweißerkontrollstempel, Schlagstempel aus Werkzeugstahl, an dessen Ende sich die Prägung z. B. seiner Schweißernummer als Relief befindet. Alle von ihm geschweißten Nähte kennzeichnet er so unverwechselbar mit seiner Identität.

k) Rückverfolgbarkeit von Schweißanweisungen zu speziellen Schweißnähten

Auch hier ist der Begriff „spezielle Schweißnaht“ nirgends definiert. Diese Forderung nach Zuordnung zu einer verwendeten Schweißanweisung ergibt sich aus der Produktnorm oder der zusätzlich vereinbarten Spezifikation. So kann die Rückverfolgung zu den genutzten Schweißanweisungen wie schon unter c) beschrieben, hergestellt werden. Alternativ, wenn nur eine Schweißanweisung für alle auf der Zeichnung herzustellen Nähte gilt, reicht ein Verweis im Schriftfeld der Zeichnung auf diese WPS. Dies setzt voraus, dass nur ein Prozess und der in der WPS zu verwendende Schweißzusatz sowie die Parameter für alle Werkstoffe und Geometrien anwendbar sind.

6.19 Qualitätsberichte

Unter diesem Aufgabenpunkt nach DIN EN ISO 14731 wird als Hinweis nur genannt:

„Im Hinblick auf Qualitätsberichte müssen die Erstellung und Aufbewahrung der erforderlichen Berichte (einschließlich untervergebener Tätigkeiten) berücksichtigt werden.

ANMERKUNG   Für nähere Informationen siehe Normenreihe ISO 3834."

Auch hier besteht die Aufgabe der Schweißaufsicht in der Umsetzung der Forderungen von DIN EN ISO 3834 und dem anzuwendenden Teil 2, 3 oder 4. Qualitätsberichte sind verschiedenen Arten von Dokumenten, wie Verfahren, Berichte, Anweisungen und Zertifikate. Teil 6 von DIN EN ISO 3834 nennt diese verschiedenen schweißtechnischen Dokumente.

Tabelle 6.19-1. Beispiele für Dokumente zum Erfüllen der QS-Anforderungen aus DIN EN ISO 3834

Art des Dokuments	Beschreibung	Beispiele
Verfahren	Beschreibung einer schweißtechnischen Tätigkeit	Vertragsprüfung Konstruktionsprüfung Beschreibung der Rolle (Aufgaben, Verantwortungen und Vollmacht) der Schweißaufsichtsperson Beschreibung der Behandlung von Schweißzusätzen und Grundwerkstoffen Beschreibung, wie Schweißverfahrensprüfungen durchgeführt werden Beschreibung, wie Schweißerprüfungen durchgeführt werden
Bericht	Bericht über eine schweißtechnische Tätigkeit	Bericht über eine Schweißverfahrensprüfung (WPQR) Bericht über eine Schweißerprüfung Schweiß(ist)protokoll
Anweisung	Beschreibung einer schweißtechnischen Tätigkeit	Schweißanweisung (WPS) Arbeitsanweisungen (AA)
Bescheinigung	Bestätigung einer schweißtechnischen Tätigkeit	Schweißer-Prüfungsbescheinigung Bediener-Prüfungsbescheinigung Werkstoffbescheinigung

In Abhängigkeit von den zu Grunde gelegten oder im Vertrag geforderten Qualitätsstufen (Umfassende Qualitätsanforderungen DIN EN ISO 3834-2, Standard- oder Elementare Qualitätsanforderungen DIN EN ISO 3834-3) ergeben sich für die Schweißaufsicht nachstehende Dokumente (ausgefüllte Checklisten, Protokolle, Berichte, Bescheinigungen, Listen, Zertifikate etc.). Diese erzeugten Unterlagen werden teilweise auftragsbezogen abgelegt, andere Dokumente, die übergeordnet auch für alle anderen Aufträge genutzt werden, werden zentral abgelegt.

Tabelle 6.19-2. Beispiele für Dokumente aus den verschiedenen Aufgaben einer Schweißaufsicht.

DIN EN ISO 14731	Typische Unterlagen
Überprüfung der Anforderungen und technische Überprüfung (1, 2)	Checkliste für die Überprüfung der Anforderungen Checkliste für die Technische Überprüfung
Untervergabe, z. B. Schweißen; Wärmebehandlungen; Wartung und Kalibrierung (3)	Bericht über die Bewertung von Unterlieferanten Checkliste für die Überwachung von Unterlieferanten Bericht über die Überprüfung
Schweißtechnisches Personal (4)	Prüfungsbescheinigungen von Schweißern und Bedienern (Zertifikate) Berichte über die Qualifizierung und Befugnisse des Schweißaufsichtspersonals Organigramm der Wechselbeziehungen der Schweißaufsicht
Personal für die Überwachung und Prüfung (4)	Zertifikate des ZfP-Personals Bericht über die Qualifikation für die visuelle Prüfung und des Nahsehvermögens und des Farbsehvermögens
Einrichtungen (5)	Liste der wesentlichen Einrichtungen Prüfberichte von neuen Einrichtungen Protokolle der Wartung der Einrichtungen
Schweißtechnische und verwandte Tätigkeiten (6, 7, 8, 9)	Zeichnungen und Skizzen WPQR WPS oder Arbeitsanweisungen Prozessanweisungen, z. B. für ZfP, für Anstricharbeiten (Beschichtungen) Prozessprotokolle, z. B. ZfP-Prüfberichte, Protokolle von Beschichtungsarbeiten und Prüfberichte
Schweißzusätze (10)	Prüfbescheinigungen der Schweißzusätze Aufzeichnungen über Lagerbedingungen (Klima) Kennzeichnung über Einlagerung
Lagerung der Grundwerkstoffe (11)	Prüfbescheinigungen der Grundwerkstoffe
Überwachung und Prüfung beim Schweißen (12, 13, 14)	Berichte über Maßprüfung Überprüfungsberichte Reparaturprotokolle
Wärmebehandlung (vor, während und) nach dem Schweißen (15)	Protokolle der Vorwärmung Protokolle der Wärmebehandlung
Mangelnde Übereinstimmung und Korrekturmaßnahmen (16)	Berichte über mangelnde Übereinstimmung (Abweichungsberichte) Berichte über eingeleitete Verbesserungsmaßnahmen (Korrekturmaßnahmen)
Kalibrierung und Validierung von Messungen, Prüfungen und Prüfeinrichtungen (17)	Protokolle der Kalibrierungs- und Validierungsprüfungen
Kennzeichnung und Rückverfolgbarkeit (18)	Berichte über die Rückverfolgung Aufbau der Dokumentation
Qualitätsberichte (19)	[wie hier in der Tabelle aufgelistet]
Umwelt, Gesundheit und Sicherheit (20)	Prüfprotokolle von Sicherheitseinrichtungen Checkliste von Arbeitsplatzausrüstungen
Die Ziffer in Klammern gibt die Aufgabe nach Anhang B (normativ) von DIN EN ISO 14731 an. Die Aufgaben im Detail sind im Abschnitt 6.1 bis 6.20 des Buches beschrieben.	

6.20 Umwelt, Gesundheit und Sicherheit

Unter diesem Aufgabenpunkt nach DIN EN ISO 14731 wird als Hinweis nur genannt:

„Hinsichtlich der Umwelt-, Gesundheits- und Sicherheitsaspekte müssen alle einschlägigen Regeln und Vorschriften berücksichtigt werden.“

Neu eingefügt wurde im Anhang B eben diese Merkmal B.20 „Umwelt, Gesundheit und Sicherheit“. Hiernach zählen auch zu den Aufgaben einer Schweißaufsichtsperson, die Umwelt-, Gesundheits- und Sicherheitsaspekte hinsichtlich der national geltenden einschlägigen Regeln und Vorschriften zu berücksichtigen. Dies wird sich so pauschal nicht einfach übertragen lassen, da z. B. die DGUV Regel 100-500, Kapitel 2.26 *„Betreiben von Arbeitsmitteln - Schweißen, Schneiden und verwandte Verfahren“* sich direkt an den Arbeitgeber wendet. Erst mit einer Übertragung dieser Unternehmerpflichten (DGUV Regel 100-001 § 13) an die Schweißaufsichtsperson wird daraus eine verbindliche Aufgabe.

Für den Abschnitt „Umwelt, Gesundheit und Sicherheit“ hilfreiche Normen und Regelwerke:

DGUV Regel 100-500 *„Betreiben von Arbeitsmitteln“, dort Kapitel 2.26 „Schweißen, Schneiden und Verwandte Verfahren“*

DGUV Regel 100-001 *„Grundsätze der Prävention“*

DGUV 209-010 *„Lichtbogenschweißer“*

DGUV 209-011 *„Gasschweißer“*

DGUV 209-058 *„Schweißtechnische Arbeiten mit chrom- und nickellegierten Zusatz- und Grundwerkstoffen“*

DGUV 209-059 *„Umgang mit thoriumoxidhaltigen Wolframelektroden beim Wolfram-Inertgas-Schweißen (WIG)“*

DGUV 209-077 *„Schweißrauche“*

DGUV 209-020 *„Beurteilung der Gesundheitsgefährdung durch Schweißrauche – Hilfestellung für die schweißtechnische Praxis“*

DGUV 209-047 *„Nitrose Gase beim Schweißen und verwandten Verfahren“*

DGUV Vorschrift 3 *„Elektrische Anlagen und Betriebsmittel“*

DIN EN 14717 *„Schweißen und verwandte Prozesse – Umweltcheckliste“*

7 Berücksichtigung von DIN EN ISO 14731 im Anwendungsregelwerk

Viele Produkt- bzw. Anwendungsnormen und Lieferspezifikationen fordern heute vom Hersteller eine verantwortliche Schweißaufsichtsperson. Diese Tätigkeiten einer Schweißaufsichtsperson sind in Form von Aufgaben und Verantwortung in DIN EN ISO 14731 beschrieben. In dieser Norm gibt es dazu im normativen Anhang B eine Auflistung der „Wesentlichen mit dem Schweißen verbundenen Aufgaben“, die eine Schweißaufsichtsperson tätigen kann. Um Dopplungen bei der Beschreibung des Anforderungsprofils einer Schweißaufsichtsperson in einer Produktnorm zu vermeiden, wird ein Hinweis auf DIN EN ISO 14731 gegeben. In Europa und der Welt hat man sich bei der Ausbildung von verantwortlichem Personal wie Schweißfachmann, Schweißtechniker oder Schweißfachingenieur auf einheitliche Ausbildungsleitlinien innerhalb von Richtlinie DVS-IIW/EWF geeinigt, nach denen dieses Schweißaufsichtspersonal ausgebildet, geprüft und auch zertifiziert werden kann. Jedoch ist diese Empfehlung für die notwendigen technischen Kenntnisse und die damit verbundene Ausbildung einschließlich Prüfung nach dem informativen Anhang A von DIN EN ISO 14731 nicht bindend.

7.1 Was ist geeignetes Aufsichtspersonal nach DIN EN ISO 14731?

An dieser Stelle muss kurz auf die Änderungen zwischen den Ausgaben 2006 zu 2019 eingegangen werden.

7.1.1 Wer war denn bislang geeignetes Personal nach ISO 14731:2006?

Schweißaufsichtspersonal muss „in der Lage sein, entsprechende Kenntnisse nachzuweisen, die ihm ermöglichen, diese Aufgaben zufriedenstellend auszuführen“ (Zitat aus Abschnitt 6.1 aus ISO 14731:2006). Dazu muss es über allgemeine technische Kenntnisse verfügen, aber auch über besondere technische Kenntnisse im Schweißen und verwandten Verfahren entsprechend den zugewiesenen Aufgaben. Diese besonderen technischen Kenntnisse können durch eine Verbindung aus theoretischem Wissen, Schulung und/oder Erfahrung erworben werden.

Der Hersteller musste dazu festlegen, über welche Herstellungserfahrung, über welche Ausbildung und welchen Umfang des technischen Wissens seine vorgesehene Schweißaufsicht verfügen muss. Dies hängt logischer Weise vom zu fertigenden Produkt, von den Werkstoffen, den Füge- und Trennverfahren ab.

Die bislang gültige DIN EN ISO 14731:2006 kannte drei Gruppen bzw. Stufen von verantwortlichem Schweißaufsichtspersonal:

a) Schweißaufsichtspersonal mit umfassenden Kenntnissen, wobei volle technische Kenntnisse nach 6.1 für alle Aufgaben und Verantwortung für die schweißtechnische Herstellung, bei der Planung, Ausführung, Beaufsichtigung und Prüfung erforderlich sind (siehe Anhang A [aus ISO 14731:2006]);

Spezifisches Niveau (Eng.: specific)

Bei spezifischem Niveau muss das Schweißaufsichtspersonal über fortgeschrittene Problemlösungsfähigkeiten verfügen. Diese Fähigkeiten müssen kritische Bewertung zur Findung geeigneter technischer und wirtschaftlicher Lösungen bei der Anwendung der Schweißtechnik und verwandter Technologien für komplexe und unvorhersehbare Bedingungen zu finden.

Das Schweißaufsichtspersonal muss in der Lage sein, die Anwendung der Schweißtechnik und verwandter Technologien für die Fertigung von Schweißkonstruktionen, einschließlich komplexer Sachverhalte, zu bewältigen.

Es muss befähigt sein, Entscheidungen zu treffen und die schweißtechnischen und mit dem Schweißen verbundenen Personalaufgaben festzulegen.

Basis Niveau (Eng.: basic)

Bei Basisniveau muss das Schweißaufsichtspersonal über grundlegende Problemlösungsfähigkeiten verfügen. Diese Fähigkeiten müssen die Fähigkeit umfassen, bei der Anwendung der Schweißtechnik und verwandter Technologien für übliche grundsätzliche und spezifische Probleme geeignete Lösungen festzulegen und zu entwickeln.

Das Schweißaufsichtspersonal muss in der Lage sein, in vorhersehbaren Situationen übliche oder Standardschweißtechniken und mit dem Schweißen verbundene Technologien, die geringfügigen Änderungen unterliegen können, zu überwachen.

Es muss befähigt sein, bei gängigen oder Standardarbeiten Entscheidungen zu treffen und die grundlegenden schweißtechnischen und mit dem Schweißen verbundenen Personalaufgaben zu überwachen.

Da dieser Text und seine Unterschiede zwischen den drei Kompetenzniveaus in dieser geschriebenen Form sicherlich nur schwerlich direkt zu lesen sind, gibt Bild 7.1.2-1 die Unterschiede der Niveaus noch einmal übersichtlich wieder. In der Norm ist diese Übersicht nicht enthalten.

Bild 7.1.2-1 Anforderungen und Kompetenzniveaus

		Kompetenzniveau		
		umfassendes Niveau (comprehensive) Level C	spezifisches Niveau (specific) Level S	Basis Niveau (basic) Level B
Problemlösungs-fähigkeit	hochspezialisierte Problemlösungsfähigkeit	x		
	fortgeschrittene Problemlösungsfähigkeit		x	
	grundlegende Problemlösungsfähigkeit			x
Fähigkeit	kritische und ursprüngliche Bewertung	x		
	kritische Bewertung		x	
	(keine Bewertung gefordert)			x
Bedingungen; Lösungen für	hochkomplexe und unvorhersehbare Bedingungen beste technische und wirtschaftliche Lösung	x		
	komplexe und unvorhersehbare Bedingungen geeignete technische und wirtschaftliche Lösung		x	
	grundsätzliche und spezifische Probleme geeignete Lösung			x
SAP muss in der Lage sein ...	bewältigen und anpassen	x		
	bewältigen		x	
	überwachen			x
Entscheidungen; Personal	Entscheidungen (Schweißtechnologie) treffen Personalaufgaben definieren und überprüfen	x		
	Entscheidungen (Schweitechnik) treffen Personalaufgaben festelgen		x	
	Entscheidungen (Schweitechnik) treffen Personalaufgaben überwachen			x

Der Hersteller als Arbeitgeber ist im Sinne dieser Norm nun aufgefordert, ein entsprechendes Anforderungsprofil bezüglich der erforderlichen Kenntnisse (Werkstoffe, Schweißprozesse, Regelwerke wie Normen etc.), Fähigkeiten zur Anwendung der Schweißtechnik zur Bewältigung der Aufgaben-/Problemstellung anzuwenden und die Kompetenz zur Lösung von Arbeitssituationen (z. B. Änderungen, Reparaturen) zu definieren. Dazu ist eben von ihm, dem Arbeitgeber, eine Risikoanalyse für die Fertigung seiner Bauteile / Produkte erforderlich, um diese notwendigen Aspekte definieren zu können.

7.2 Qualifizierung nach DIN EN ISO 14731

Nachstehend werden verschiedene technische Produktnormen und Standards bezüglich des Verweises auf DIN EN ISO 14731 untersucht und es wird der Frage nach zusätzlicher Spezifizierung des Ausbildungsweges nachgegangen. Insbesondere wird die Frage geklärt, ob eine Ausbildung und Qualifizierung nach DVS-IIW/EWF-Richtlinie über die DIN EN ISO 14731 hinaus als verpflichtend gefordert wird.

7.3 Druckgeräte

Für das Schweißen an Druckgeräten gelten europäisch harmonisierte Produktnormen, zum Beispiel DIN EN 13480, DIN EN 13445, DIN EN 12952 und DIN EN 12953, aber auch nicht harmonisierungsfähige rein deutsche Verbandsregelwerke wie AD 2000. In beiden Möglichkeiten wird stellenweise auf DIN EN ISO 14731 verwiesen.

7.3.1 Druckgeräte nach harmonisierten Normen

Zur Erfüllung der Mindestanforderungen der Druckgeräterichtlinie kann der Hersteller eine harmonisierte Norm (zum Beispiel Normenreihe DIN EN 13445 für unbefeuerte Druckbehälter, Normenreihe DIN EN 13480 für metallische industrielle Rohrleitungen, Normenreihe DIN EN 12952 für Wasserrohrkessel, Normenreihe DIN EN 12953 für Großwasserraumkessel, Normenreihe DIN EN 14222 für Edelstahl-Großwasserraumkessel) anwenden.

Wendet ein Hersteller diese harmonisierten Normen an, kann er davon ausgehen, dass er die wesentlichen Sicherheits- und Gesundheitsanforderungen der Druckgeräterichtlinie erfüllt (Vermutungswirkung). Er kann aber auch andere Spezifikationen (zum Beispiel AD 2000-Merkblätter, ASME Boiler and Pressure Vessel Code, BS 5500 oder CODAP 2000) anwenden, wenn er als Hersteller nachweist, dass er damit ebenfalls diese Sicherheits- und Gesundheitsanforderungen erfüllt.

In den jeweiligen Teilen der genannten Normen zur Herstellung finden sich dann gegebenenfalls auch Hinweise bezüglich einer geforderten Schweißaufsicht. Bei diesen Verweisen auf Normen kann es sich aber auch noch um Verweise auf die alte DIN EN 719 (europäische Vorgängernorm zur DIN EN ISO 14731) handeln. Der Grund liegt darin, dass seit der Abfassung dieses Normenteils keine Überarbeitung im entsprechenden CEN/TC stattgefunden hat.

DIN EN 13480 *„Metallische Industrielle Rohrleitungen“*

In DIN EN 13480-4:2017-12 *„Metallische Industrielle Rohrleitungen – Teil 4: Fertigung und Verlegung“* findet sich an zwei Stellen ein Hinweis auf die Schweißaufsicht nach DIN EN ISO 14731.

Im Abschnitt 5.2.3 heißt es: *„Fertiger und/oder Errichter müssen eine eigene verantwortliche Schweißaufsicht und sachkundiges Personal beschäftigen. Werden Subunternehmer beauftragt, bleiben Fertiger und/oder Errichter für deren Sachkenntnis und die Übereinstimmung mit dieser Europäischen Norm verantwortlich."* Zur Erläuterung wurde eine Anmerkung eingefügt, die lautet: *„Die Aufgaben und Verantwortungen der Schweißaufsicht sind in EN ISO 14731 beschrieben."*

Ferner im Abschnitt 9.1.2: „Schweißarbeiten müssen von einer Schweißaufsicht überwacht werden." Hier gibt es ebenfalls eine Anmerkung: „Die Aufgaben und Verantwortungen der Schweißaufsicht sind in EN ISO 14731 beschrieben."

Beide Textpassagen haben mehr zum Inhalt, dass eine schweißtechnische Organisation beim Hersteller etabliert sein muss. Über die fachliche Ausbildung des Schweißaufsichtspersonals wird darüber hinaus keinerlei Aussage getroffen.

DIN EN 13445 *„Unbefeuerte Druckbehälter"*

In DIN EN 13445-4 *„Unbefeuerte Druckbehälter – Teil 4: Herstellung"* von 2018-12 gibt es in Abschnitt 3.1 „Herstellung" nur umschrieben folgende zwei Hinweise auf die schweißtechnische Organisation:

„Der Hersteller folgende Punkte sicherzustellen:

a) *die Organisation der Überwachung der Herstelltätigkeiten, die besondere Prozesse umfassen, z. B. Schweißen, Umformen und Wärmebehandlung, muss vom Hersteller eindeutig festgelegt sein; …*
d) *das Personal muss für die vorgesehenen Aufgaben geeignet sein."*

Ergänzt wird dieser Abschnitt mit der Anmerkung: *„Für die Koordinierung der Schweißarbeiten kann der Hersteller die Qualifikationen, Aufgaben und Zuständigkeiten in Übereinstimmung mit EN ISO 14731 in der Arbeitszuweisung festlegen."*

Auch hier gibt es zwar eine Anforderung an eine eindeutige Organisation der Schweißtechnik und die Forderung nach ausreichender Eignung dieses Personals. DIN EN ISO 14731 wird aber nur als eine Empfehlung bzw. Möglichkeit herangezogen.

DIN EN 12952 *„Wasserrohrkessel und Anlagenkomponenten"*

Die Norm DIN EN 12952-5:2012-01 *„Wasserrohrkessel und Anlagenkomponenten – Teil 5 Verarbeitung und Bauausführung für drucktragende Kesselteile"* stellt im Normentext keinerlei Anforderungen an eine Schweißaufsicht. Lediglich im informativen (also nicht verpflichtenden) Anhang F „Leitfaden für die Feststellung der Befähigung von Kesselherstellern" gibt es in F.3 „Verantwortlichkeit des Herstellers" den Hinweis, dass „das Personal für die Herstellung und Prüfung für seine Aufgaben befähigt bzw. ordnungsgemäß qualifiziert ist".

Detailliertere Aufgabenbeschreibungen oder ein Hinweis auf DIN EN ISO 14731 sind lediglich in Tabelle F.1 unter dem Merkmal Organisation, Autorisierte Schweißaufsicht zu finden.

DIN EN 12953 *„Großwasserraumkessel"*

In DIN EN 12953-4 *„Großwasserraumkessel – Teil 4: Verarbeitung und Bauausführung für drucktragende Kesselteile"* von 2018-6 wird in Abschnitt 5.1.4 gefordert, dass „der Hersteller eine sachkundige Schweißaufsicht in Übereinstimmung mit EN ISO 14731 benennen muss".

DIN EN 14222 *„Edelstahl-Großwasserraumkessel"*

In DIN EN 14222 *„Edelstahl-Großwasserraumkessel"* von 2021-03 wird bezüglich der Herstellung keine eigene Aussage getroffen. Diese Norm verweist im Abschnitt 6 „Herstellung" auf „Die Dampfkessel muss nach EN 13445-EN 13445-4:2014 hergestellt werden." Damit gilt das Geschriebene wie bei DIN EN 13445.

7.3.2 Druckgeräte nach AD 2000-Regelwerk

Die Arbeitsgemeinschaft Druckbehälter, die das AD 2000-Regelwerk herausgibt, verweist im AD 2000-Merkblatt HP 3 auf DIN EN ISO 14731 bezüglich der von ihr wahrzunehmenden Aufgaben und Verantwortung. Bezüglich der fachlichen Eignung kommen gemäß Merkblatt HP 3 nach Abschnitt 2.2 Personen in Frage, „die aufgrund ihrer Ausbildung, Qualifikation, Kenntnisse, Erfahrung und Fähigkeiten nach entsprechender Einarbeitung für die Koordinierungsaufgabe als geeignet angesehen werden. Hinsichtlich des Kompetenzniveaus sind folgende Personenkreise zu unterscheiden:

2.2.1 Schweißaufsichten mit umfassendem Niveau gemäß DIN EN ISO 14731 Abschnitt 6.2.2 (Schweißfachingenieur) können ohne Einschränkung des Aufgabenbereichs eingesetzt werden.

2.2.2 Schweißaufsichten mit spezifischem Niveau gemäß DIN EN ISO 14731 Abschnitt 6.2.3 (Schweißtechniker) können unter Einschränkungen auf bestimmte Werkstoffe als Schweißaufsicht eingesetzt werden.

2.2.3 Schweißaufsichten mit technischem Basis-Niveau gemäß DIN EN ISO 14731 Abschnitt 6.2.4 (Schweißfachmann) können für Bauteile aus einfachen und ohne Wärmebehandlung zu verarbeitenden Werkstoffen die Schweißaufsicht ausüben.

Der Nachweis der entsprechenden Qualifizierung kann nach Richtlinie DVS-IIW 1170, IAB-253r3-16 erfolgen. Um im Merkblatt HP 3 als Schweißaufsicht benannt zu werden, ist eine Zulassung durch die zugelassene unabhängige Stelle erforderlich.

Die Zulassung von Schweißfachmännern als Schweißaufsicht in kleineren Betrieben, die auch warmfeste Stähle (also mit Wärmebehandlung) verarbeiten, ist trotzdem möglich, da diese Personen nach einem Fachgespräch mit dem Vertreter der zugelassenen unabhängigen Stelle im Sinne vom AD 2000-Regelwerk (TÜV, TÜH, AfA und Industrieüberwacherstellen) als verantwortliche Schweißaufsicht zugelassen werden können.

Ebenso lässt Merkblatt HP 3 es auch zu, andere als Schweißaufsicht geeignete Personen, die nicht über entsprechende Qualifikationsnachweise wie Schweißfachingenieur, Schweißtechniker, Schweißfachmann verfügen, für besondere Arbeitsbereiche, für die sie sich die notwendigen Erfahrungen angeeignet haben, zuzulassen. Dies betrifft zum Beispiel den Einsatz eines Schweißlehrers (Lehrschweißers) als Schweißaufsicht.

7.4 ASME Boiler and Pressure Vessel Code (BPVC) Section IX

Im *„Boiler and Pressure Vessel Code"* von ASME (American Society of Mechanical Engineers) ist im Abschnitt IX „Welding and Brazing Qualifications" kein direkter Hinweis auf ISO 14731 zu finden. Nach der ASME-Philosophie ist der Hersteller für alle Tätigkeiten in der Fertigung und bei der Entstehung seines Produktes verantwortlich. Im gesamten Code wird nicht mehr wie in der Vergangenheit von „manufacturer or contractor" (Hersteller oder Auftragnehmer) gesprochen, sondern von „Organisation". Nach der Begriffsdefinition in QG-109.2 ist eine Organisation Hersteller, Auftragnehmer, Montagefirma, Errichter, Einzelperson oder Arbeitsgemeinschaft, die verantwortlich für die Betriebssteuerung der Fügeprozesse in der Herstellungsphase von Komponenten in Übereinstimmung mit Codes, Normen und Spezifikationen nach dem Abschnitt IX ist.

Nach QG-106.2 „Anwenderzulassung" a) ist die Organisation (gemeint ist der Hersteller) verantwortlich für die Überwachung und Kontrolle von Personen, die die Werkstoffverbindungen für die Herstellung von Verbindungen anwenden. Dies kann man in Europa als Schweißaufsicht interpretieren.

QW-103 regelt die Verantwortlichkeit für die nach dem Abschnitt IX geforderten Prüfungen zum Nachweis der Schweißverfahren und des eingesetzten Personals wie Schweißer und Bediener. Es wird dort aber nur davon gesprochen, dass die „Organisation" dies durchführen muss.

In QW-200 werden Schweißverfahrensprüfungen geregelt. Auch dort ist nur die Anforderung beschrieben, dass die „Organisation" ein Verfahrensprüfprotokoll (PQR) mit definiertem Inhalt erstellen muss.

Gleiches gilt nach QW-300 für die Schweißerprüfungen. Die „Organisation" muss jeden Schweißer bzw. Bediener auf seine Eignung für das in der Fertigung einzusetzende Verfahren hin prüfen.

Wer letztlich als Schweißaufsicht fungiert, ist in der Darstellung der Organisation im QM-Handbuch darzulegen. Hierzu wird auf Appendix 10 „Quality control system" verwiesen:

7.7 Stahl- und Aluminiumtragwerke nach DIN EN 1090-2 und DIN EN 1090-3

Für den Stahlbau gilt DIN EN 1090-2:2011-10 *„Ausführung von Stahltragwerken und Aluminiumtragwerken – Teil 2: Technische Regeln für die Ausführung von Stahltragwerken“*. Im Abschnitt 7.4.3 sind Anforderungen an die Schweißaufsicht beschrieben:

„Bei EXC 2, EXC 3 und EXC 4 muss die Schweißaufsicht während der Ausführung der Schweißarbeiten durch ausreichend qualifiziertes Schweißaufsichtspersonal sichergestellt sein. Sie muss über Erfahrungen in den zu beaufsichtigenden Schweißarbeiten, wie in EN ISO 14731 festgelegt, verfügen.

In Bezug auf die zu beaufsichtigenden Schweißarbeiten muss das Schweißaufsichtspersonal technische Kenntnisse nach den Tabellen 14 und 15 besitzen.“

Für die Ausführungsklasse EXC 1 ist kein Schweißaufsichtspersonal erforderlich.

Tabelle 14 nennt die technischen Kenntnisse des Schweißaufsichtspersonals für Baustähle, Tabelle 15 nennt die technischen Kenntnisse des Schweißaufsichtspersonals für nichtrostende Stähle. Die in den Tabellen 14 und 15 genannten Abkürzungen B, S und C bedeuten entsprechend DIN EN ISO 14731 Basiskenntnisse (B), spezielle technische Kenntnisse (S) und umfassende technische Kenntnisse (C).

Nach DIN EN 1090-2 ist somit keine Ausbildung und Qualifizierung nach DVS-IIW/EWF-Richtlinie mit Abschluss als Schweißfachingenieur, Schweißtechniker oder Schweißfachmann zwingend erforderlich. Die alternative Aneignung der erforderlichen technischen Kenntnisse für B, C oder S kann auch über betriebliche Erfahrung oder anderes erfolgen.

In DIN EN 1090-3:2008-09 *„Ausführung von Stahltragwerken und Aluminiumtragwerken – Teil 3: Technische Regeln für die Ausführung von Aluminiumtragwerken“* wird in Abschnitt 7.4.4. „Schweißaufsichtspersonal“ für die Ausführungsklassen EXC 2, EXC 3 und EXC 4, wie in DIN EN 1090-2 gefordert, dass während der Schweißarbeiten die Schweißaufsicht durch eine ausreichend qualifizierte Schweißaufsichtsperson sichergestellt sein muss. Diese muss über Erfahrungen, wie in DIN EN ISO 14731 festgelegt, verfügen. Näheres in Abhängigkeit vom Basiswerkstoff (Grundwerkstoff), von der Art des Schweißzusatzes (Typ 3, 4 oder 5) und von der Nenndicke regelt die Tabelle 7 „Erforderliche Technische Kenntnisse des Schweißaufsichtspersonals“.

Analog zu DIN EN 1090-2 wird auch in DIN EN 1090-3 für Aluminiumtragwerke keine Ausbildung und Qualifizierung nach DVS-IIW/EWF-Richtlinie mit Abschluss als Schweißfachingenieur, Schweißtechniker oder Schweißfachmann zwingend gefordert. Die alternative Aneignung der erforderlichen technischen Kenntnisse für B, C oder S kann auch über betriebliche Erfahrung oder anderes erfolgen.

7.8 Structural Welding Code – Steel AWS D1.1

„Structural Welding Code – Steel" gilt für die Fertigung und Montage von Stahltragwerken für Wanddicken über 1/8 in (3 mm) und für Werkstoffe mit einer Mindeststreckgrenze von bis zu 100 ksi (690 MPa). Auftragnehmer nach AWS D 1.1 Clause 1.3.2 ist ein Unternehmen, dass verantwortlich für die Fertigung, Montage, Produktion oder Schweißen in Übereinstimmung mit diesem Regelwerk ist. In „Clause 1.4.2" die „Auftragnehmerverantwortung" beschrieben. Hiernach ist der Auftragnehmer verantwortlich für die Schweißanweisungen, Qualifizierung des Schweißpersonals (Schweißer und Bediener), die „Contractor Inspection" und die Durchführung der Arbeiten bezüglich der Anforderung dieses Codes. Im Teil B „Auftragnehmerverantwortung" wird diese Verantwortung in „Clause 6.6.1" präzisiert auf die Sichtprüfung und notwendige Korrekturmaßnahmen für alle Mängel bezüglich der Werkstoffe und der Verarbeitung. Eine Nennung von Schweißaufsicht wie „Welding Coordinator" oder ein Verweis auf DIN EN ISO 14731 ist nicht zu finden.

7.9 DIN EN 15085 *„Schweißen von Schienenfahrzeugen und -fahrzeugteilen"*

Für den Bereich des Schienenfahrzeugbaus gilt in Europa die DIN EN 15085:2008 *„Bahnanwendungen – Schweißen von Schienenfahrzeugen und -fahrzeugteilen"*. Darin sind die Anforderungen an die Schweißaufsicht im Teil 2 „Qualitätsanforderungen und Zertifizierung von Schweißbetrieben" im Abschnitt 5.1 „Schweißaufsicht" geregelt:

„Der Schweißbetrieb muss entsprechend erfahrenes Schweißaufsichtspersonal mit dem dazugehörigen technischen Wissen nach EN ISO 14731 haben. Der Schweißbetrieb muss gegenüber der Hersteller-Zertifizierungsstelle deutlich nachweisen, dass das Schweißaufsichtspersonal für die erforderliche Stufe nach dieser Europäischen Norm ein entsprechendes technisches Wissen hat."

Auch DIN EN 15085 unterscheidet drei Stufen von Schweißaufsichtspersonal, wie sie auch in DIN EN ISO 14731 gelistet sind:

- Schweißaufsicht mit umfassenden technischen Kenntnissen (Stufe A [Bezeichnung nach DIN EN 15085-2]),
- Schweißaufsicht mit spezifischen technischen Kenntnissen (Stufe B [Bezeichnung nach DIN EN 15085-2]),
- Schweißaufsicht mit technischen Basiskenntnissen (Stufe C [Bezeichnung nach DIN EN 15085-2]).

Voraussetzung zur Tätigkeit als Schweißaufsicht ist neben dem Nachweis der Kenntnisse der Stufen A, B oder C auch eine Erfahrung von 3 Jahren in der Fertigung von Schienenfahrzeugen und/oder Komponenten.

Vom Schweißaufsichtspersonal mit den Qualifikationen nach

- IAB-002-2000/EWF-409 (Internationaler/europäischer Schweißingenieur),
- IAB-003-2000/ EWF-410 (Internationaler/europäischer Schweißtechniker),
- IAB-004-2000/EWF-411 (Internationaler/europäischer Schweißfachmann),
- IAB-004-2000/EWF-451 (Internationaler/europäischer Schweißpraktiker)

oder nach anerkannten nationalen Qualifikationen darf ebenfalls davon ausgegangen werden, dass dieser Personenkreis über die entsprechenden technischen Kenntnisse verfügt.

Die erforderliche Stufe des Schweißaufsichtspersonals hängt ab von der Zertifizierungsstufe (CL) 1 bis 4. Die verschiedenen Komponenten und Bauteile von Schienenfahrzeugen werden gemäß dem informativen Anhang A von DIN EN 15085-2 dabei den vier möglichen Zertifizierungsstufen zugeordnet. Der normative Anhang C „Anforderung an den Schweißbetrieb" regelt letztlich verbindlich, in welcher Zertifizierungsstufe CL 1 bis CL 4 und welche Stufe A bis C die verantwortliche Schweißaufsicht über technische Kenntnisse verfügen muss.

Nach DIN EN 15085-2 ist somit keine Ausbildung und Qualifizierung nach DVS-IIW/EWF-Richtlinie mit Abschluss als Schweißfachingenieur, Schweißtechniker Schweißfachmann oder Schweißpraktiker zwingend erforderlich. Jedoch müssen 3 Jahre praktische Erfahrung im Schienenfahrzeugbau nachgewiesen werden. Die alternative Aneignung der erforderlichen technischen Kenntnisse für A, B oder C kann auch über betriebliche Erfahrung oder anderes erfolgen.

Bei Zulassung von Betrieben führt die Hersteller-Zertifizierungsstelle mit der Schweißaufsicht ein Fachgespräch zum Nachweis der erforderlichen technischen Kenntnisse nach DIN EN ISO 14731 und DIN EN 15085.

7.10 DIN 2303 - Wehrtechnik

Wehrtechnische Produkte müssen aufgrund ihrer statischen und dynamischen Beanspruchung, ihres Einsatzspektrums, der speziellen Sicherheitsbedürfnisse und der Forderungen nach Zuverlässigkeit einem definierten Qualitätsstandard in der Herstellung und Instandsetzung entsprechen. Von daher müssen alle Unternehmen, die an wehrtechnischen Produkten schweißen, im Besitz einer Herstellerqualifikation nach DIN 2303 *„Schweißen und verwandte Prozesse – Qualitätsanforderungen an Herstell- und Instandsetzungsbetriebe für wehrtechnische Produkte"* sein. Die Norm gilt für Dienststellen der Bundeswehr und zivile Hersteller. In DIN 2303 werden in Tabelle 2 Angaben zur Qualifikation des Aufsichtspersonals getroffen. DIN 2303 gliedert sich bezüglich der Herstellerqualifikation in folgende vier Klassen:

- Q1 – Wehrtechnisches Produkt mit allgemeinen Anforderungen,
- Q2 – Wehrtechnisches Produkt mit besonderen Anforderungen,
- Q3 – Wehrtechnisches Produkt mit Panzerungsfunktion,
- Q4 – Wehrtechnisches Produkt mit Luftfahrttauglichkeit.

Die Bescheinigungen nach DIN 2303 werden in Abhängigkeit von der Bauteilklasse und unter Berücksichtigung der Werkstoffe erteilt. Es gilt dazu folgende Einteilung:

- produktunabhängig für Q1 die Gruppe 1.1, 1.2, 1.4, 21, 22, 8.1 gemäß DIN-Fachbericht CEN ISO/TR 15608,
- produktunabhängig für Q2 alle anderen Gruppen gemäß DIN-Fachbericht CEN ISO/TR 15608,
- produktabhängig für Q3 nur ausgewählte Werkstoffe gemäß Technischen Lieferbedingungen (TL) – Panzerungsfunktion,
- produktabhängig für Q4 gemäß separaten Normen der Luftfahrt, wie DIN ISO 24394, DIN ISO 11745, DIN ISO 16338, die völlig unabhängig vom vorgenannten DIN-Fachbericht sind.

Innerhalb der vier Q-Klassen der Herstellerqualifikation wird noch unterschieden in vier Bauteilklassen (BK):

- Bauteilklasse BK 1: Wehrtechnische Produkte mit hoher statischer oder dynamischer Beanspruchung und hoher Sicherheitsbedeutung,
- Bauteilklasse BK 2: Wehrtechnische Produkte mit normaler statischer oder dynamischer Beanspruchung und mittlerer Sicherheitsbedeutung,
- Bauteilklasse BK 3: Wehrtechnische Produkte mit geringer statischer oder dynamischer Beanspruchung und geringer Sicherheitsbedeutung,
- Bauteilklasse BK 4: Wird im Einzelfall zwischen Besteller und Hersteller vereinbart, keine Herstellerqualifikation erforderlich.

Die erforderliche personelle Qualifikation ist abhängig von der Bauteilklasse BK 1 bis BK 4. Auf der Grundlage von DIN EN ISO 14731 ist eine Einstufung in die Stufen A bis C festgelegt, wobei Stufe A die höchste Qualifikation beschreibt (analog Anhang A von DIN EN ISO 14731). Betriebe müssen sowohl über eigenes festangestelltes verantwortliches als auch über stellvertretendes Aufsichtspersonal verfügen.

Als Schweißaufsichtspersonal kommen nur Personen in Betracht, die über eine Ausbildung mit erfolgreicher Prüfung nach DVS-IIW/EWF-Richtlinie verfügen. Im Rahmen der Zulassung eines Herstellers durch eine anerkannte Stelle findet auch ein Fachgespräch mit der Schweißaufsicht und dessen Stellvertreter statt. Jedoch liegt die Forderung nach einer zwingenden Ausbildung nach DVS-IIW/EWF-Richtlinie im Ermessensspielraum der anerkannten Stelle.

7.11 VGB-Standards

In Spezifikationen der VGB PowerTech e.V. für die Betreiberseite wird in deren Standards ebenso auf bestehende Normen verwiesen. Ergänzend zu diesen normativen Forderungen gibt es dort auch Zusatzanforderungen, zum Beispiel für die Schweißaufsicht:

Im VGB-Standard S-013 von 2017 *„Bau- und Montageüberwachung bei der Herstellung und Errichtung von Wasserrohrkesseln und zugehörigen Anlagen in Wärmekraftwerken“* wird im Abschnitt 3.1 Herstellervoraussetzungen bezüglich der Schweißaufsicht folgendes gefordert:

„Der Auftragnehmer/Hersteller benennt für den jeweiligen Auftrag eine geeignete und qualifizierte Schweißaufsicht, die die Anforderungen gemäß EN ISO 14731 erfüllt und einen entsprechenden Qualifikationsnachweis (DVS-IIW/EWF) vorweisen kann."

Gemeint ist damit, dass der Auftragnehmer bzw. der Hersteller einer Komponente eine Schweißaufsichtsperson haben muss, die genau die Aufgaben nach DIN EN ISO 14731 wahrnehmen soll. Die Organisation, die Pflichten und die Verantwortung sollen nach dieser Norm geregelt werden.

Als Zusatzanforderung in VGB S-013 muss entsprechend Abschnitt 6.1 nach DIN EN ISO 14731 aber diese Schweißaufsichtsperson über eine Ausbildung und eine Prüfung nach den DVS-IIW/EWF-Richtlinie verfügen. Ein Wissenserwerb und ein Qualifikationsnachweis durch eine Alternative zu den genannten Möglichkeiten sind ausgeschlossen.

7.12 American Welding Society (AWS) Rules

In den USA gibt es nur wenige Unternehmen, die mit „Schweißaufsicht" das Personal bezeichnen, das alle Entscheidungen im Bereich des Schweißens trifft. Selbst im Rahmen der ISO 3834-Zertifizierung wird in den USA keine vorherige Qualifikation akzeptiert, um als Schweißaufsicht (Welding Coordinator) tätig sein zu können. Voraussetzung ist immer ein Fachgespräch mit dem Kandidaten, um seine Kompetenz in den tatsächlichen beruflichen Pflichten feststellen zu können.

Eine Schweißaufsicht ist nach AWS-Definition eine Person, die durch Ausbildung und Training die berufliche Position zur Lenkung der schweißtechnischen Aktivitäten und des schweißtechnischen Personals ausüben kann. Nach den Regeln der American Welding Society (AWS) gibt es auch die Möglichkeit der Zertifizierung als „Certified Welding Supervisor" (CWS) auf Basis von AWS QC13. Ein Verweis auf ISO 14731 existiert dabei nicht. Die Aufgaben und Verantwortung einer zertifizierten Schweißaufsicht (CWS) sind in Section 5 von AWS B5.9:2006 „Specification for the Qualification of Welding Supervisors" aufgeführt.

7.13 Klassifikations- und Bauvorschriften des Germanischen Lloyd

Im Schiffbau werden die Anforderungen über Vorschriften der Zertifizierer beschrieben. Hier sollen beispielhaft die Klassifikations- und Bauvorschriften des Germanischen Lloyd (GL) betrachtet werden. In „II - Werkstoffe und Schweißtechnik" im Abschnitt 2 „Anforderungen an die Betriebe – Zulassung" werden Anforderungen an die Schweißaufsicht formuliert:

„2.1 Die Betriebe oder Betriebsteile müssen über mindestens eine sachkundige Schweißaufsichtsperson verfügen, die für die fachgerechte Ausführung der Schweißarbeiten verantwortlich ist. Schweißaufsichtspersonen müssen eine den Fertigungsanforderungen angemessene Ausbildung und Erfahrung besitzen und dem GL die erforderlichen Nachweise liefern."

Je nach Art und Umfang der Tätigkeiten sind als Schweißaufsichtspersonen Schweißfachingenieure oder Schweißfachleute zu benennen. In einer Fußnote zu diesen beiden Gruppen heißt es dann:

„Z. B. Schweißfachingenieure nach den Empfehlungen des Europäischen Verbandes für Schweißtechnik (EWF) oder Ingenieure mit gleichwertigen Kenntnissen.

Z. B. Schweißtechniker oder Schweißfachmänner nach den Empfehlungen des EWF, gegebenenfalls auch andere Personen mit entsprechenden Kenntnissen."

Nach den Anforderungen des GL ist somit keine Ausbildung und Qualifizierung nach DVS-IIW/EWF-Richtlinie mit Abschluss als Schweißfachingenieur, Schweißtechniker oder Schweißfachmann zwingend erforderlich. Jedoch müssen die verantwortlichen Schweißaufsichtspersonen und deren Vertreter vom GL im Rahmen der Zulassung des Betriebes anerkannt sein.

7.14 Schlussbemerkung

Die in DIN EN ISO 14731 im Anhang A empfohlene Ausbildung und Qualifizierung des Schweißaufsichtspersonals wird lediglich in deutschen Normen (DIN), in Verbandsregelwerken und in Auftraggeber-Spezifikationen als zusätzlich verbindlich gefordert.

Europäische Regelwerke zum Druckgerätebau und zum Tragwerkbau lassen die Alternative über theoretisches Wissen, Schulung und/oder praktische Erfahrung zu.

Im pazifischen Raum ist ISO 14731 noch nicht in die Regelwerke eingezogen. Somit gibt es dort keine Hinweise auf ISO 14731 und keine Festlegungen zum Erwerb und Nachweis des erforderlichen Wissens.

Es sind deshalb vor Vertragsunterzeichnung die zu erfüllenden Normen und Kundenspezifikationen genau zu lesen, ob Zusatzanforderungen zum Nachweis des technischen Wissens des Schweißaufsichtspersonals zu erfüllen sind.

8 Möglichkeiten der Zertifizierung als Schweißaufsichtsperson

In dem vorstehenden Abschnitt wurden Regelwerke vorgestellt, die eine Schweißaufsicht fordern. Dort ist nur der Verweis auf das Vorhandensein und die Organisation der Schweißaufsicht beschrieben. In ISO- und in EN-Normen wird lediglich auf die (EN) ISO 14731 verwiesen, weitergehende Anforderungen an eine Ausbildung und erfolgreiche Qualifizierung (also Abschlussprüfung) sind darin nicht zu finden.

Von einer Schweißaufsichtsperson wird unabhängig von der Kompetenzstufe ein aktuelles schweißtechnisches Wissen verlangt. Wenn eine z. B. Schweißfachmann-Prüfung vor 10 Jahren erfolgreich abgeschlossen wurde, verfügt diese Person noch über aktuelles Wissen? Eine Möglichkeit den Nachweis eines aktuellen Wissens (ohne klassische schriftliche und mündliche Prüfung) nachzuweisen, ist die Zertifizierung.

Im Rahmen der Globalisierung und der damit gültigen internationalen Regelwerke gewinnt ein Qualitätsnachweis immer mehr an Bedeutung. Das hat zur Folge, dass neue Richtlinien und Normen demnächst schneller in Kraft treten werden. In Zukunft kann das bedeuten, dass die Vergabe eines Auftrages davon abhängt, ob ein Hersteller nach der Norm (DIN EN) ISO 3834 Stufe X zertifiziert ist und somit einen hohen Qualitätsstandard nachweist.

Wissen und Qualität sind ein wesentlicher Bestandteil im Bereich aller schweißverwandten Aktivitäten. Dazu ist qualifiziertes, kompetentes Personal mit aktuellem Wissensstand erforderlich. Es ist zu erwarten, dass auch hierzu in Zukunft zunehmend Nachweise gefordert werden.

Die Personalzertifizierung hat drei Hauptzwecke:

a) Der Nachweis, dass der Bewerber über ausreichende Kenntnisse der Schweißtechnik zu dem jeweiligen Zeitpunkt in der Planung und Fertigung verfügt. Die Kenntnisanforderung ist die entsprechende IIW-Qualifizierung.
b) Die Anforderung, dass der Bewerber bestimmte Schweißaufgaben zufriedenstellend ausgeführt und bestimmte, dem angestrebten Zertifizierungsgrad entsprechende Verantwortlichkeiten über einen Zeitraum von zwei der drei Jahre vor dem Zertifizierungsantrag ausgeübt haben muss.
c) Die Anforderung an den Bewerber, nachzuweisen, dass er sich laufend über die Schweißtechnik informiert und seine Kenntnisse aufrechterhält und erweitert.

Die Zertifizierung der Schweißaufsichtsperson (SAP) ist nicht zwingend erforderlich, jedoch erleichtert ein entsprechendes IIW-Zertifikat den Zertifizierungsprozess nach DIN EN ISO 3834. Die Zertifizierung einer Schweißaufsichtsperson erfolgt nach Richtlinie DVS-IIW/EWF 1172 (IIW IAB 341).

Der Weg zur Zertifizierung

Um die Zertifizierung als Schweißaufsichtsperson zu erlangen, wird ein Antrag an die zuständige GSI-Niederlassung an den Personal- und Zertifizierungssausschuss (PZA) gestellt. Dieser Antrag wird vom DVS - Deutscher Verband für Schweißen und verwandte Verfahren e.V. als autorisiertem Mitglied des IIW geprüft. Bei positivem Ergebnis wird das Zertifikat ausgestellt.

Mit dem Antrag auf Zertifizierung wird belegt, dass die Schweißaufsichtsperson über ein IIW-Diplom Schweißfachingenieur, -techniker, -fachmann oder -praktiker verfügt.

Zusätzlich ist nachzuweisen, dass die Schweißaufsichtsperson seit mind. drei Jahren im Besitz des entsprechenden IIW-Diploms ist und vor der Antragstellung mindestens über eine zweijährige praktische Berufserfahrung verfügt hat und dass das Wissen im praktizierten Anwendungsbereich gepflegt und aktualisiert wird. Hierzu sind dem Antrag Nachweise über die Teilnahme an Weiterbildungsmaßnahmen (z. B. Lehrgänge, Seminare und Gremiumsarbeiten) beizulegen.

Die Gültigkeit einer Zertifizierung ist auf drei Jahre begrenzt, danach erfolgt die Re-Zertifizierung.

Zertifizierten Personen wird je nach Qualifizierungsniveau und Tätigkeit einer der folgenden Titel zuerkannt:

- Zertifizierter internationaler Schweißingenieur (CIWE);
- Zertifizierter internationaler Schweißtechniker (CIWT);
- Zertifizierter internationaler Schweißspezialist (CIWS);
- Zertifizierter internationaler Schweißfachmann (CIWP).

Erneuerung der Zertifizierung/Re-Zertifizierung

Die DVS-Zeugnisse/IIW-Diplome sind, wie ein akademischer Grad, lebenslang gültig. Es gibt keine Überprüfung, ob der Einzelne über neueste Kenntnisse in seinem schweißtechnischen Zuständigkeits- und Verantwortungsbereich verfügt.

Für eine Schweißaufsichtsperson, die nach DIN EN ISO 14731 zertifiziert wurde, ist alle drei Jahre eine Re-Zertifizierung erforderlich. Um dies zu erreichen, muss die Schweißaufsichtsperson fachbezogene Weiterbildungsmaßnahmen nachweisen.

Zusammen mit der Bescheinigung „Certified International Welding Engineer, -Specialist, -Technologist oder -Practioner“ reicht der Antragsteller in der für ihn zuständigen GSI-Niederlassung die Nachweise über die Weiterbildung ein. Nach Überprüfung der Unterlagen wird die Zertifizierung wiederum um drei Jahre verlängert.

Für den Abschnitt „Zertifizierung als Schweißaufsichtsperson“ hilfreiche Regelwerke:

DVS-IIW/EWF 1172 *„Rules for Implementation of IIW Scheme for Certification of Personnel with Welding Coordination Responsibilities (IIW-Richtlinie IAB 341)”*

9 Aufstellung von schweißtechnisch wichtigen Normen

In den vorstehenden Kapiteln und Abschnitten wurden zahlreiche Verweise auf bestehende schweißtechnische Normen gegeben. Nachstehend sind diese in einer nach Sachgebieten geordneten Übersicht wiedergegeben. In der anschließenden Tabelle sind diese Normen bezogen auf Themengebiete mit vollständigem Normentext und der zum Zeitpunkt des Drucks geltenden Ausgabe aufgelistet.

Aktueller Stand der Normen für das Schmelzschweißen

Qualitätsanforderungen für das Schmelzschweißen

DIN EN ISO 3834-1 bis -5, DIN FB CEN ISO/TR 3834-6

Lichtbogenschweißen

	Stahl	Aluminium
Einteilung der Werkstoffe	DIN CEN ISO/TR 15608, 20172, 20174; ISO/TR 20173	
Empfehlungen zum Schweißen	DIN EN 1011-1 (ISO/TR 17671-1)	
	DIN EN 1011-2, -3	DIN EN 1011-4
Temperaturmessung	DIN EN ISO 13916	
Schweißerprüfung	DIN EN ISO 9606-1, -2, -4; DIN SPEC 35234	
Bedienerprüfung	DIN EN ISO 14732	
Schweißaufsicht	DIN EN ISO 14731; DIN SPEC 35236	
Schweißanweisung	DIN EN ISO 15609-1, -2, -6	
Qualifizierung von Verfahren	DIN EN ISO 15607, 15610, 15611, 15612, 15613	
	DIN EN ISO 15614-1	DIN EN ISO 15614-2, -4
Kalibrieren, Validieren, Verifizieren	DIN EN ISO 17662; ISO/TR 18491	
Wärmebehandlung	DIN EN ISO 17663, DIN EN ISO 4885, ISO/TR 14745	

Unregelmäßigkeiten, Schweißnahtvorbereitung

Gruppen Schmelzschweißen	DIN EN ISO 5817	DIN EN ISO 10042
Gruppen Strahlschweißen	DIN EN ISO 13919-1	DIN EN ISO 13919-2
Thermisches Trennen	DIN EN ISO 9013	
Nahtvorbereitung	DIN EN ISO 9692-1, -2, -4	DIN EN ISO 9692-3
Verbindungselemente Druckbeanspruchte und Nicht innendruckbeanspruchte Bauteile	DIN EN 1708-1, DIN EN 1708-2, DIN EN 1708-3 DIN 2559-2, DIN 2559-3, DIN 2559-4	
Geometrische Unregelmäßigkeiten Schmelz-, Preßschweißen	DIN EN ISO 6520-1,- 2	
Geometrische Unregelmäßigkeiten Thermische Schnitte	DIN EN ISO 17658	
Schweißbarkeit	DIN FB ISO/TR 581	

Lichtbogenschweißeinrichtungen, Arbeitsschutz

Schweißstromquellen	DIN EN 60974-1, -2, -3, -4
Drahtvorschubgeräte, Brenner, Stabelektrodenhalter, Steckverbinder für Schweißleitungen	DIN EN 60974-5, -6, -7, -8, -9, -11, -12,- 13
Rohrleitungen, Gasschläuche, Anschlüsse, Manometer	DIN 2403; DIN EN 560, 561, 1256; DIN EN ISO 2503, 3821, 5171, 7291, 14113, 10432
Gebrauchsstellenvorlagen, Brenner	DIN EN ISO 5175-1, -2; DIN EN ISO 9012, 10225
Schutzkleidung, -handschuhe	DIN EN ISO 11611, DIN EN 12477
Augenschutz	DIN EN 169, 175, 379
Schweißvorhänge	DIN EN ISO 25980
Umwelt-Checkliste	DIN EN 14717
Luftreinigungssysteme	DIN EN ISO 15012-1, -2; DIN EN ISO 21904-1 bis -4
Schweißrauche Laborverfahren	DIN EN ISO 15011-1 bis -5; DIN CEN ISO/TS 15011-6
Schweißrauche Probennahme	DIN EN ISO 10882-1, -2

Zerstörungsfreie Prüfungen

Qualifizierung Personal	DIN EN ISO 9712
Regeln für ZfP	DIN EN ISO 17635
Sichtprüfung	DIN EN ISO 17637
Durchstrahlungsprüfung	DIN EN ISO 17636-1, -2
Ultraschallprüfung	DIN EN ISO 17640
Eindringprüfung	DIN EN ISO 3452-1, -2, -5, -6
Magnetpulverprüfung	DIN EN ISO 17638
Wirbelstromprüfung	DIN EN ISO 17643
Härteprüfung	DIN EN ISO 9015-1, -2
Beugungslaufzeitprüfung (TOFD-Verfahren)	DIN EN ISO 10863, 16827
Phased Array	DIN EN ISO 13588, DIN EN ISO 23243

Zerstörende Prüfungen

Querzugversuch	DIN EN ISO 4136
Längszugversuch SG	DIN EN ISO 5178
Kreuzzugprüfung	DIN EN ISO 9018
Biegeprüfung	DIN EN ISO 5173
Bruchprüfung	DIN EN ISO 9017
Kerbschlagbiegeversuch	DIN EN ISO 148-1, DIN EN 875, DIN EN ISO 9016
Härteprüfung	DIN EN ISO 9015-1, -2
Mikro- und makroskopische Untersuchung	DIN EN ISO 17639
Ätzungen für Mikro- u. makroskopische Unters.	DIN CEN ISO/TR 16060; DIN SPEC 8548
Heißrissprüfverfahren	DIN EN ISO 17641-1, -2, -3
Kaltrissprüfverfahren	DIN EN ISO 17642-1, -2, -3, DIN FB ISO/TR 17844
Bestimmung Ferritanteil	DIN EN ISO 8249

Annahmekriterien für ZfP

	Stahl	Aluminium
VT	DIN EN ISO 5817	DIN EN ISO 10042
RT	DIN EN ISO 10675-1	DIN EN ISO 10675-2
UT	DIN EN ISO 11666, DIN EN ISO 23279, DIN EN ISO 22825, DIN EN ISO 15626	
PT	DIN EN ISO 23277	
MT	DIN EN ISO 23278	
HT	DIN EN ISO 18265	

Schweißzusätze

Allg. Produktnorm	DIN EN 13479
QS-Anforderung für Herstellung	DIN EN 12074
Techn. Lieferbed.	DIN EN ISO 544
Richtlinien zur Beschaffung	DIN EN ISO 14344
Prüfverfahren & QS	DIN EN 14532-1, -2, -3 DIN EN ISO 15792-1, -2, -3
Prüfmethoden	DIN EN ISO 15792-1,-2,-3, DIN EN ISO 6847, 14372, 8249, 3690, DIN EN ISO 2401
Wolframelektroden	DIN EN ISO 6848
Zusätze zum Hartauftragen	DIN EN 14700
Zusätze für Gusseisen	DIN EN ISO 1071

Begriffe, Definitionen

Symbolische Darstellung	DIN EN ISO 2553
Verfahren und Nr.	DIN EN ISO 4063
Begriffe Metallschweißen	DIN 1910-100; DIN ISO 857-2
Begriffe & Definitionen	DIN FB CEN/TR 14599, DIN FB ISO/TR 25901-1, -3, -4
Mehrsprachige Benennung mit Bildern	DIN EN 1792, DIN EN ISO 17659
Schweißpositionen	DIN EN ISO 6947
Schweißtoleranzen	DIN EN ISO 13920

Weitere Normen

Schweißerprüfung Kupfer	DIN EN ISO 9606-3
Schweißerprüfung Nickel	DIN EN ISO 9606-4
Schweißerprüfung Titan	DIN EN ISO 9606-5
Schweißerprüfung Gußeisen	DIN EN 287-6
Bewertungsgruppen Hybrid	DIN EN ISO 12932
Verfahrensprüfung Kupfer	DIN EN ISO 15614-6
Verfahrensprüfung Nickel	DIN EN ISO 15614-1
Verfahrensprüfung Titan	DIN EN ISO 15614-5
VP Gusseisen	DIN EN ISO 15614-3
VP Auftragschweißen	DIN EN ISO 15614-7
VP Rohre in Rohrböden	DIN EN ISO 15614-8
VP Hybrid-Prozess	DIN EN ISO 15614-14
VP Schw. von Stahlguss	DIN EN ISO 11970
Schweißen von Gusseisen	DIN EN 1011-8
Schweißen v. Plattierungen	DIN EN 1011-5
Schweißen von Betonstahl	DIN EN ISO 17660
Verfahren zur Beurteilung von Unregelmäßigkeiten bei metallischen Bauteilen	DIN FB CEN/TR 15235

Schweißzusätze nach Werkstoffen

	unleg. + FK-Stähle	hochfeste Stähle	warmfeste Stähle	nichtrostende Stähle	Nickel und Nickellegierungen	Kupfer und Kupferlegierungen	Aluminium und Al-Legierungen	Titan und Titanlegierungen
Stabelektroden (E)	DIN EN ISO 2560	DIN EN ISO 18275	DIN EN ISO 3580	DIN EN ISO 3581	DIN EN ISO 14172			
Drahtelektrode (MSG)	DIN EN ISO 14341	DIN EN ISO 16834	DIN EN ISO 21952	DIN EN ISO 14343	DIN EN ISO 18274	DIN EN ISO 24373	DIN EN ISO 18273	DIN EN ISO 24034
Stab/Draht (WIG)	DIN EN ISO 636							
Draht (UP)	DIN EN ISO 14171	DIN EN ISO 26304	DIN EN ISO 24598					
Pulver (UP)	DIN EN ISO 14174							
Fülldraht (MSG)	DIN EN ISO 17632	DIN EN ISO 18276	DIN EN ISO 17634	DIN EN ISO 17633	DIN EN ISO 12153			
Autogenstab (G)	DIN EN ISO 20378		DIN EN ISO 20378					
Schutzgas	DIN EN ISO 14175, DIN EN 1089-3							

www.mussmann.org Stand: 05.2021

Bild 9-1. Übersicht Normen für das Schmelzschweißen

Tabelle 9-1. Titel und Ausgabedatum der in Bild 9-1 aufgeführten Normen

Qualitätsanforderungen für das Schmelzschweißen	
DIN EN ISO 3834-1:2006-03	Qualitätsanforderungen für das Schmelzschweißen von metallischen Werkstoffen – Teil 1: Kriterien für die Auswahl der geeigneten Stufe der Qualitätsanforderungen (ISO 3834-1:2005); Deutsche Fassung EN ISO 3834-1:2005
DIN EN ISO 3834-2:2006-03	Qualitätsanforderungen für das Schmelzschweißen von metallischen Werkstoffen – Teil 2: Umfassende Qualitätsanforderungen (ISO 3834-2:2005); Deutsche Fassung EN ISO 3834-2:2005
DIN EN ISO 3834-3:2006-03	Qualitätsanforderungen für das Schmelzschweißen von metallischen Werkstoffen – Teil 3: Standard-Qualitätsanforderungen (ISO 3834-3:2005); Deutsche Fassung EN ISO 3834-3:2005
DIN EN ISO 3834-4:2006-03	Qualitätsanforderungen für das Schmelzschweißen von metallischen Werkstoffen – Teil 4: Elementare Qualitätsanforderungen (ISO 3834-4:2005); Deutsche Fassung EN ISO 3834-4:2005
DIN EN ISO 3834-5:2015-11	Qualitätsanforderungen für das Schmelzschweißen von metallischen Werkstoffen – Teil 5: Dokumente, deren Anforderungen erfüllt werden müssen, um die Übereinstimmung mit den Anforderungen nach ISO 3834-2, ISO 3834-3 oder ISO 3834-4 nachzuweisen (ISO 3834-5:2015); Deutsche Fassung EN ISO 3834-5:2015
DIN-Fachbericht CEN ISO/TR 3834-6:2007-05	Qualitätsanforderungen für das Schmelzschweißen von metallischen Werkstoffen – Teil 6: Richtlinie zur Einführung von ISO 3834 (ISO/TR 3834-6:2007); Deutsche Fassung CEN ISO/TR 3834-6:2007

Die Reihenfolge der nachstehenden Normen erfolgte nicht numerisch, sondern orientiert sich an Bild 9-1 „Übersicht Normen für das Schmelzschweißen". Die Tabelle gibt alle veröffentlichten Normen zum Zeitpunkt der Drucklegung dieses Buches im Mai 2021 wieder. Auf veröffentlichte Normentwürfe wurde bewusst verzichtet, weil diese sich über mögliche Einsprüche und daraus resultierende Umformulierungen noch verändern können.

Begriffe und Definitionen	
DIN EN ISO 2553:2019-12	Schweißen und verwandte Prozesse - Symbolische Darstellung in Zeichnungen - Schweißverbindungen (ISO 2553:2019); Deutsche Fassung EN ISO 2553:2019
DIN EN ISO 4063:2011-03	Schweißen und verwandte Prozesse – Liste der Prozesse und Ordnungsnummern (ISO 4063:2009, Korrigierte Fassung 2010-03-01); Dreisprachige Fassung EN ISO 4063:2010
DIN 1910-100:2008-02	Schweißen und verwandte Prozesse - Begriffe - Teil 100: Metallschweißprozesse mit Ergänzungen zu DIN EN 14610:2005
DIN ISO 857-2:2007-03	Schweißen und verwandte Prozesse – Begriffe – Teil 2: Weichlöten, Hartlöten und verwandte Begriffe (ISO 857-2:2005)
DIN 1912-4:2018-10	Zeichnerische Darstellung – Schweißen, Löten – Teil 4: Begriffe und Benennungen für Lotstöße und Lotnähte
DIN-Fachbericht CEN/TR 14599:2005-08	Begriffe und Definitionen zum Schweißen in Verbindung mit EN 1792; Dreisprachige Fassung CEN/TR 14599:2005
DIN-Fachbericht ISO/TR 25901:2008-11	Schweißen und verwandte Verfahren – Terminologie
ISO/TR 25901-1:2016-03	Schweißen und verwandte Verfahren - Terminologie - Allgemeine Begriffe
ISO/TR 25901-3:2016-03	Schweißen und verwandte Verfahren - Begriffe für Metallschweißprozesse; Dreisprachige Fassung EN 14610:2004
ISO/TR 25901-4:2016-03	Schweißen und verwandte Verfahren - Terminologie - Lichtbogenschweißen
DIN EN 1792:2003-06	Schweißen – Mehrsprachige Liste mit Begriffen für Schweißen und verwandte Prozesse; Dreisprachige Fassung EN 1792:2003
DIN EN ISO 17659:2005-09	Schweißen – Mehrsprachige Benennungen für Schweißverbindungen mit bildlichen Darstellungen (ISO 17659:2002); Dreisprachige Fassung EN ISO 17659:2004
DIN EN ISO 6947:2020-02	Schweißen und verwandte Prozesse - Schweißpositionen (ISO 6947:2019); Deutsche Fassung EN ISO 6947:2019
DIN EN ISO 13920:1996-11	Schweißen – Allgemeintoleranzen für Schweißkonstruktionen – Längen- und Winkelmaße; Form und Lage (ISO 13920:1996); Deutsche Fassung EN ISO 13920:1996

Lichtbogenschweißen, Stahl und Aluminium	
DIN CEN ISO/TR 15608:2020-07	Schweißen – Richtlinien für eine Gruppeneinteilung von metallischen Werkstoffen (ISO/TR 15608:2017); Deutsche Fassung CEN ISO/TR 15608:2017
DIN SPEC 1097; DIN-Fachbericht CEN ISO/ TR 20172:2009-10	Schweißen – Werkstoffgruppeneinteilung – Europäische Werkstoffe (ISO/TR 20172:2009); Deutsche Fassung CEN ISO/TR 20172:2009
ISO/TR 20172:2021-04	Welding - Grouping systems for materials - European materials
DIN SPEC 1116; CEN ISO/TR 20173:2010-03	Schweißen – Werkstoffgruppeneinteilung – Amerikanische Werkstoffe (ISOTR 20173:2009); Deutsche Fassung CEN ISO/TR 20173:2009
ISO/TR 20173:2018-07	Schweißen - Werkstoffgruppeneinteilung - Amerikanische Werkstoffe
DIN-Fachbericht CEN ISO/TR 20174:2006-09	Schweißen – Werkstoffgruppeneinteilung – Japanische Werkstoffe (ISO/TR 20174:2005); Deutsche Fassung CEN ISO/TR 20174:2005
ISO/TR 20174:2020-06	Schweißen - Werkstoffgruppeneinteilung - Japanische Werkstoffe
DIN EN 1011-1:2009-07	Schweißen – Empfehlungen zum Schweißen metallischer Werkstoffe – Teil 1: Allgemeine Anleitungen für das Lichtbogenschweißen; Deutsche Fassung EN 1011-1:2009
ISO/TR 17671-1:2002-02	Schweißen – Empfehlungen zum Schweißen metallischer Werkstoffe – Teil 1: Allgemeine Anleitungen für das Lichtbogenschweißen; (enthält Änderung A1:2002) Deutsche Fassung EN 1011-1:1998 + A1:2002
DIN EN 1011-2:2001-05	Schweißen – Empfehlungen zum Schweißen metallischer Werkstoffe – Teil 2: Lichtbogenschweißen von ferritischen Stählen; Deutsche Fassung EN 1011-2:2001
ISO/TR 17671-2:2002-02	Schweißen – Empfehlungen zum Schweißen metallischer Werkstoffe – Teil 2: Lichtbogenschweißen von ferritischen Stählen
DIN EN 1011-3:2019-06	Schweißen - Empfehlungen zum Schweißen metallischer Werkstoffe - Teil 3: Lichtbogenschweißen von nichtrostenden Stählen; Deutsche Fassung EN 1011-3:2018
ISO/TR 17671-3:2002-02	Schweißen – Empfehlungen zum Schweißen metallischer Werkstoffe – Teil 3: Lichtbogenschweißen von nichtrostenden Stählen
DIN EN 1011-4:2001-02	Schweißen – Empfehlungen zum Schweißen metallischer Werkstoffe – Teil 4: Lichtbogenschweißen von Aluminium und Aluminiumlegierungen; Deutsche Fassung EN 1011-4:2000
ISO/TR 17671-4:2002-02	Schweißen – Empfehlungen zum Schweißen metallischer Werkstoffe – Teil 4: Lichtbogenschweißen von Aluminium und Aluminiumlegierungen
DIN EN 1011-8:2018-07	Schweißen - Empfehlungen zum Schweißen metallischer Werkstoffe - Teil 8: Schweißen von Gusseisen; Deutsche Fassung EN 1011-8:2018

Lichtbogenschweißen, Stahl und Aluminium	
DIN EN ISO 13916:2018-03	Schweißen - Messung der Vorwärm-, Zwischenlagen- und Haltetemperatur (ISO 13916:2017); Deutsche Fassung EN ISO 13916:2017
DIN EN ISO 9606-1:2017-12	Prüfung von Schweißern - Schmelzschweißen - Teil 1: Stähle (ISO 9606-1:2012, einschließlich Cor 1:2012 und Cor 2:2013); Deutsche Fassung EN ISO 9606-1:2017
DIN EN ISO 9606-2:2005-03	Prüfung von Schweißern – Schmelzschweißen – Teil 2: Aluminium und Aluminiumlegierungen (ISO 9606-2:2004); Deutsche Fassung EN ISO 9606-2:2004
DIN SPEC 35234:2018-07	Prüfung von Schweißern – Schmelzschweißen – Auftragschweißen
DIN EN ISO 14732:2013-12	Schweißpersonal - Prüfung von Bedienern/Einrichtern von Schweißeinrichtungen zum vollmechanischen und automatischen Schweißen von metallischen Werkstoffen (ISO 14732:2013); Deutsche Fassung EN ISO 14732:2013
DIN EN ISO 14731:2019-07	Schweißaufsicht - Aufgaben und Verantwortung (ISO 14731:2019); Deutsche Fassung EN ISO 14731:2019
DIN SPEC 35236:2020-04	Qualifizierung von Schweißaufsichtspersonal
DIN EN ISO 15609-1:2019-12	Anforderung und Qualifizierung von Schweißverfahren für metallische Werkstoffe - Schweißanweisung - Teil 1: Lichtbogenschweißen (ISO 15609-1:2019); Deutsche Fassung EN ISO 15609-1:2019
DIN EN ISO 15609-2:2019-12	Anforderung und Qualifizierung von Schweißverfahren für metallische Werkstoffe - Schweißanweisung - Teil 2: Gasschweißen (ISO 15609-2:2019); Deutsche Fassung EN ISO 15609-2:2019
DIN EN ISO 15609-6:2013-06	Anforderung und Qualifizierung von Schweißverfahren für metallische Werkstoffe – Schweißanweisung – Teil 6: Laserstrahl-Lichtbogen-Hybridschweißen (ISO 15609-6:2013); Deutsche Fassung EN ISO 15609-6:2013
DIN EN ISO 15607:2020-02	Anforderung und Qualifizierung von Schweißverfahren für metallische Werkstoffe - Allgemeine Regeln (ISO 15607:2019); Deutsche Fassung EN ISO 15607:2019
DIN EN ISO 15610:2004-02	Anforderung und Qualifizierung von Schweißverfahren für metallische Werkstoffe – Qualifizierung aufgrund des Einsatzes von geprüften Schweißzusätzen (ISO 15610:2003); Deutsche Fassung EN ISO 15610:2003
DIN EN ISO 15611:2004-03	Anforderung und Qualifizierung von Schweißverfahren für metallische Werkstoffe – Qualifizierung aufgrund von vorliegender schweißtechnischer Erfahrung (ISO 15611:2003); Deutsche Fassung EN ISO 15611:2003
DIN EN ISO 15612:2018-10	Anforderung und Qualifizierung von Schweißverfahren für metallische Werkstoffe - Qualifizierung durch Einsatz eines Standardschweißverfahrens (ISO 15612:2018); Deutsche EN ISO 15612:2018
DIN EN ISO 15613:2004-09	Anforderung und Qualifizierung von Schweißverfahren für metallische Werkstoffe – Qualifizierung aufgrund einer vorgezogenen Arbeitsprüfung (ISO 15613:2004); Deutsche Fassung EN ISO 15613:2004

Lichtbogenschweißen, Stahl und Aluminium	
DIN EN ISO 15614-1:2020-05	Anforderung und Qualifizierung von Schweißverfahren für metallische Werkstoffe - Schweißverfahrensprüfung - Teil 1: Lichtbogen- und Gasschweißen von Stählen und Lichtbogenschweißen von Nickel und Nickellegierungen (ISO 15614-1:2017 + Amd 1:2019); Deutsche Fassung EN ISO 15614-1:2017 + A1:2019
DIN EN ISO 15614-2:2005-07	Anforderung und Qualifizierung von Schweißverfahren für metallische Werkstoffe – Schweißverfahrensprüfung – Teil 2: Lichtbogenschweißen von Aluminium und seinen Legierungen (ISO 15614-2:2005); Deutsche Fassung EN ISO 15614-2:2005
DIN EN ISO 15614-4:2005-09	Anforderung und Qualifizierung von Schweißverfahren für metallische Werkstoffe – Schweißverfahrensprüfung – Teil 4: Fertigungsschweißen von Aluminiumguss (ISO 15614-4:2005); Deutsche Fassung EN ISO 15614-4:2005
DIN EN ISO 15614-4 Berichtigung 1:2008-01	Anforderung und Qualifizierung von Schweißverfahren für metallische Werkstoffe – Schweißverfahrensprüfung – Teil 4: Fertigungsschweißen von Aluminiumguss (ISO 15614-4:2005); Deutsche Fassung EN ISO 15614-4:2005, Berichtigungen zu DIN EN ISO 15614-4:2005-09; Deutsche Fassung EN ISO 15614-4:2005/AC:2007
DIN EN ISO 17662:2016-09	Schweißen - Kalibrierung, Verifizierung und Validierung von Einrichtungen einschließlich ergänzender Tätigkeiten, die beim Schweißen verwendet werden (ISO 17662:2016); Deutsche Fassung EN ISO 17662:2016
DIN EN ISO 17663:2009-10	Schweißen – Qualitätsanforderungen zur Wärmebehandlung beim Schweißen und bei verwandten Prozessen (ISO 17663:2009); Deutsche Fassung EN ISO 17663:2009
DIN EN ISO 4885:2018-07	Eisenwerkstoffe - Wärmebehandlung - Begriffe (ISO 4885:2018); Deutsche Fassung EN ISO 4885:2018
ISO/TR 14745:2015-01	Schweißen - Parameter zur Wärmenachbehandlung von Stählen
ISO/TR 18491:2015-05	Richtlinien zum Messen der Schweißenergie

Unregelmäßigkeiten und Schweißnahtvorbereitung	
DIN EN ISO 5817:2014-06	Schweißen Schmelzschweißverbindungen an Stahl, Nickel, Titan und deren Legierungen (ohne Strahlschweißen) – Bewertungsgruppen von Unregelmäßigkeiten (ISO 5817:2014); Deutsche Fassung EN ISO 5817:2014
DIN EN ISO 10042:2019-01	Schweißen - Lichtbogenschweißverbindungen an Aluminium und seinen Legierungen - Bewertungsgruppen von Unregelmäßigkeiten (ISO 10042:2018); Deutsche Fassung EN ISO 10042:2018
DIN EN ISO 13919-1:2020-03	Elektronen- und Laserstrahl-Schweißverbindungen - Anforderungen und Empfehlungen für Bewertungsgruppen für Unregelmäßigkeiten - Teil 1: Stahl, Nickel, Titan und deren Legierungen (ISO 13919-1:2019); Deutsche Fassung EN ISO 13919-1:2019
DIN EN ISO 13919-2021-06	Schweißen – Elektronenstrahl- und Laserstrahl-Schweißverbindungen; Richtlinie für Bewertungsgruppen für Unregelmäßigkeiten - Teil 2: Aluminium und seine schweißgeeigneten Legierungen (ISO 13919-2:2001); Deutsche Fassung EN ISO 13919-2:2001
DIN EN ISO 9013:2017-05	Thermisches Schneiden - Einteilung thermischer Schnitte - Geometrische Produktspezifikation und Qualität (ISO 9013:2017); Deutsche Fassung EN ISO 9013:2017
DIN EN ISO 9692-1:2013-12	Schweißen und verwandte Prozesse Arten der Schweißnahtvorbereitung – Teil 1: Lichtbogenhandschweißen, Schutzgasschweißen, Gasschweißen, WIG-Schweißen und Strahlschweißen von Stählen (ISO 9692-1:2013); Deutsche Fassung EN ISO 9692-1:2013
DIN EN ISO 9692-2:1999-09	Schweißen und verwandte Verfahren – Schweißnahtvorbereitung – Teil 2: Unterpulverschweißen von Stahl (ISO 9692-2:1998, enthält Berichtigung AC:1999); Deutsche Fassung EN ISO 9692-2:1998 + AC:1999
DIN EN ISO 9692-3:2016-11	Schweißen und verwandte Prozesse - Arten der Schweißnahtvorbereitung - Teil 3: Metall-Inertgasschweißen und Wolfram-Inertgasschweißen von Aluminium und Aluminiumlegierungen (ISO 9692-3:2016); Deutsche Fassung EN ISO 9692-3:2016
DIN EN ISO 9692-4:2003-10	Schweißen und verwandte Prozesse - Empfehlungen zur Schweißnahtvorbereitung – Teil 4: Plattierte Stähle (ISO 9692-4:2003); Deutsche Fassung EN ISO 9692-4:2003
DIN EN 1708-1:2010-05	Schweißen – Verbindungselemente beim Schweißen von Stahl – Teil 1: Druckbeanspruchte Bauteile; Deutsche Fassung EN 1708-1:2010
DIN EN 1708-2:2019-06	Schweißen - Grundlegende Angaben zu Schweißverbindungen an Stahl - Teil 2: Nicht innendruckbeanspruchte Bauteile; Deutsche Fassung EN 1708-2:2018

Unregelmäßigkeiten und Schweißnahtvorbereitung	
DIN EN 1708-3:2012-05	Schweißen – Verbindungselemente beim Schweißen von Stahl – Teil 3: Plattierungen, Pufferungen, Auskleidungen druckbeanspruchter Bauteile; Deutsche Fassung EN 1708-3:2012
DIN 2559-2:2007-09	Schweißnahtvorbereitung – Teil 2: Anpassen der Innendurchmesser für Rundnähte an nahtlosen Rohren
DIN 2559-3:2007-09	Schweißnahtvorbereitung – Teil 3: Anpassen der Innendurchmesser für Rundnähte an geschweißten Rohren
DIN 2559-4:1994-07	Schweißnahtvorbereitung; Teil 4: Anpassen der Innendurchmesser für Rundnähte an nahtlosen Rohren aus nichtrostenden Stählen
DIN EN ISO 6520-1:2007-11	Schweißen und verwandte Prozesse – Einteilung von geometrischen Unregelmäßigkeiten an metallischen Werkstoffen – Teil 1: Schmelzschweißen (ISO 6520-1:2007); Dreisprachige Fassung EN ISO 6520-1:2007
DIN EN ISO 6520-2:2013-12	Schweißen und verwandte Prozesse Einteilung von geometrischen Unregelmäßigkeiten an Metallen – Teil 2: Pressschweißungen (ISO 6520-2:2013); Deutsche Fassung EN ISO 6520-2:2013
DIN EN ISO 17658:2015-08	Schweißen - Unregelmäßigkeiten an Brennschnitten, Laserstrahlschnitten und Plasmaschnitten - Terminologie (ISO 17658:2002); Dreisprachige Fassung EN ISO 17658:2015
DIN-Fachbericht ISO/TR 581:2007-04	Schweißbarkeit – Metallische Werkstoffe – Allgemeine Grundlagen; Deutsche Fassung ISO/TR 581:2005

Lichtbogenschweißen und Arbeitsschutz	
DIN EN IEC 60974-1; VDE 0544-1:2018-01	Lichtbogenschweißeinrichtungen - Teil 1: Schweißstromquellen (IEC 60974-1:2017); Deutsche Fassung EN IEC 60974-1:2018
DIN EN IEC 60974-1/A1:2019-11; VDE 0544-1/A1:2019-11	Lichtbogenschweißeinrichtungen - Teil 1: Schweißstromquellen (IEC 60974-1:2017/A1:2019); Deutsche Fassung EN IEC 60974-1:2018/A1:2019
DIN EN IEC 60974-2:2019-11; VDE 0544-2:2019-11	Lichtbogenschweißeinrichtungen - Teil 2: Flüssigkeitskühlsysteme (IEC 60974-2:2019); Deutsche Fassung EN IEC 60974-2:2019
DIN EN IEC 60974-3; VDE 0544-3:2020-05	Lichtbogenschweißeinrichtungen - Teil 3: Lichtbogenzünd- und -stabilisierungseinrichtungen (IEC 60974-3:2019); Deutsche Fassung EN IEC 60974-3:2019
DIN EN 60974-4; VDE 0544-4:2017-05	Lichtbogenschweißeinrichtungen - Teil 4: Wiederkehrende Inspektion und Prüfung (IEC 60974-4:2016); Deutsche Fassung EN 60974-4:2016
DIN EN IEC 60974-5:2019-12; VDE 0544-5:2019-12	Lichtbogenschweißeinrichtungen - Teil 5: Drahtvorschubgeräte (IEC 60974-5:2019); Deutsche Fassung EN IEC 60974-5:2019

Lichtbogenschweißen und Arbeitsschutz	
DIN EN 60974-6; VDE 0544-6:2016-08	Lichtbogenschweißeinrichtungen - Teil 6: Schweißstromquellen mit begrenzter Einschaltdauer (IEC 60974-6:2015); Deutsche Fassung EN 60974-6:2016
DIN EN IEC 60974-7; VDE 0544-7:2020-06	Lichtbogenschweißeinrichtungen - Teil 7: Brenner (IEC 60974-7:2019); Deutsche Fassung EN IEC 60974-7:2019
DIN EN 60974-8; VDE 0544-8:2016-08	Lichtbogenschweißeinrichtungen - Teil 8: Gaskonsolen für Schweiß- und Plasmaschneidsysteme (IEC 60974-8:2009); Deutsche Fassung EN 60974-8:2009
DIN EN IEC 60974-9; VDE 0544-9:2019-03	Lichtbogenschweißeinrichtungen - Teil 9: Errichten und Betreiben (IEC 60974-9:2018); Deutsche Fassung EN IEC 60974-9:2018
DIN EN 60974-11; VDE 0544-11:2011-06	Lichtbogenschweißeinrichtungen – Teil 11: Stabelektrodenhalter (IEC 60974-11:2011); Deutsche Fassung EN 60974-11:2011
DIN EN 60974-12; VDE 0544-202:2012-03	Lichtbogenschweißeinrichtungen – Teil 12: Steckverbindungen für Schweißleitungen (IEC 60974-12:2011); Deutsche Fassung EN 60974-12:2011
DIN EN 60974-13; VDE 0544-13: 2012-03	Lichtbogenschweißeinrichtungen – Teil 13: Schweißstromrückleitungsklemmen (IEC 60974-13:2011); Deutsche Fassung EN 60974-13:2011
DIN EN IEC 60974-14; VDE 0544-14:2019-07	Lichtbogenschweißeinrichtungen - Teil 14: Kalibrierung, Validierung und Konsistenzprüfung (IEC 60974-14:2018); Deutsche Fassung EN IEC 60974-14:2018
DIN EN 2403:2018-10	Kennzeichnung von Rohrleitungen nach dem Durchflussstoff
DIN EN ISO 3821:2020-04	Gasschweißgeräte - Gummischläuche für Schweißen, Schneiden und verwandte Prozesse (ISO 3821:2019); Deutsche Fassung EN ISO 3821:2019
DIN EN 560:2018-11	Gasschweißgeräte - Schlauchanschlüsse für Geräte und Anlagen für Schweißen, Schneiden und verwandte Prozesse, Deutsche Fassung EN 560:2018
DIN EN 561:2002-09	Gasschweißgeräte – Schlauchkupplungen mit selbsttätiger Gassperre für Schweißen, Schneiden und verwandte Prozesse; Deutsche Fassung EN 561:2002
DIN EN 1256:2008-03 mit Berichtigung 2008-03	Gasschweißgeräte Festlegungen für Schlauchleitungen für Ausrüstungen für Schweißen, Schneiden und verwandte Prozesse; Deutsche Fassung EN 1256:2006
DIN EN ISO 5171:2019-09	Gasschweißgeräte - Manometer für Schweißen, Schneiden und verwandte Prozesse (ISO 5171:2019); Deutsche und Englische Fassung EN ISO 5171:2019
DIN EN ISO 7291:2021-03	Gasschweißgeräte - Hauptstellendruckregler für Schweißen, Schneiden und verwandte Prozesse bis 30 MPa (300 bar) (ISO 7291:2010 + Amd 1:2015); Deutsche Fassung EN ISO 7291:2010 + A1:2015
DIN EN ISO 10225:2021-05	Gasschweißgeräte - Kennzeichnung von Geräten für das Gasschweißen, Schneiden und verwandte Prozesse (ISO 10225:2013); Deutsche Fassung EN ISO 10225:2021

Lichtbogenschweißen und Arbeitsschutz	
DIN EN ISO 2503:2015-12	Gasschweißgeräte - Druckregler und Druckregler mit Durchflussmessgeräten für Gasflaschen für Schweißen, Schneiden und verwandte Prozesse bis 300 bar (30 MPa) (ISO 2503:2009 + Amd 1:2015); Deutsche Fassung EN ISO 2503:2009 + A1:2015
DIN EN ISO 10462:2019-12	Gasflaschen - Acetylenflaschen - Wiederkehrende Inspektion und Wartung (ISO 10462:2013 + Amd 1:2019); Deutsche Fassung EN ISO 10462:2013 + A1:2019
DIN EN ISO 14113:2014-02	Gasschweißgeräte – Gummi- und Kunststoffschläuche und Schlauchleitungen für Industriegase bis zu einem Druck von 450 bar (45 MPa) (ISO 14113:2013); Deutsche Fassung EN ISO 14113:2013
DIN EN ISO 5175-1:2018-03	Gasschweißgeräte - Sicherheitseinrichtungen - Teil 1: Mit integrierter Flammensperre (ISO 5175-1:2017); Deutsche Fassung EN ISO 5175-1:2017
DIN EN ISO 5175-2:2019-05	Gasschweißgeräte - Sicherheitseinrichtungen - Teil 2: Einrichtungen ohne integrierte Flammensperre (ISO 5175-2:2017, korrigierte Fassung 2019-01); Deutsche Fassung EN ISO 5175-2:2017
DIN EN 12477:2005-09	Schutzhandschuhe für Schweißer; Deutsche Fassung EN 12477:2001 + A1:2005
DIN EN ISO 11611:2015-11	Schutzkleidung für Schweißen und verwandte Verfahren (ISO 11611:2015); Deutsche Fassung EN ISO 11611:2015
DIN EN ISO 9012:2011-12	Gasschweißgeräte – Handbrenner für angesaugte Luft – Anforderungen und Prüfungen (ISO 9012:2011); Deutsche Fassung EN ISO 9012:2011
DIN EN 169:2003-02	Persönlicher Augenschutz – Filter für das Schweißen und verwandte Techniken – Transmissionsanforderungen und empfohlene Anwendung; Deutsche Fassung EN 169:2002
DIN EN 175:1997-08	Persönlicher Schutz – Geräte für Augen- und Gesichtsschutz beim Schweißen und bei verwandten Verfahren; Deutsche Fassung EN 175:1997
DIN EN 379:2009-07	Persönlicher Augenschutz – Automatische Schweißerschutzfilter; Deutsche Fassung EN 379:2003 + A1:2009
DIN EN ISO 25980:2015-01	Arbeits- und Gesundheitsschutz beim Schweißen und bei verwandten Verfahren - Durchsichtige Schweißvorhänge, -streifen und -abschirmungen für Lichtbogenschweißprozesse (ISO 25980:2014); Deutsche Fassung EN ISO 25980:2014
DIN EN 14717:2005-07	Schweißen und verwandte Prozesse – Umweltcheckliste; Deutsche Fassung EN 14717:2005
DIN EN ISO 21904-1:2020-06	Arbeits- und Gesundheitsschutz beim Schweißen und bei verwandten Verfahren - Einrichtungen zum Erfassen und Abscheiden von Schweißrauch - Teil 1: Allgemeine Anforderungen (ISO 21904-1:2020); Deutsche Fassung EN ISO 21904-1:2020

Lichtbogenschweißen und Arbeitsschutz	
DIN EN ISO 21904-2:2020-06	Arbeits- und Gesundheitsschutz beim Schweißen und bei verwandten Verfahren - Einrichtungen zum Erfassen und Abscheiden von Schweißrauch - Teil 2: Anforderungen an Prüfung und Kennzeichnung des Abscheidegrades (ISO 21904-2:2020); Deutsche Fassung EN ISO 21904-2:2020
DIN EN ISO 21904-3:2018-07	Arbeits- und Gesundheitsschutz beim Schweißen und bei verwandten Verfahren - Anforderungen, Prüfung und Kennzeichnung von Luftreinigungssystemen - Teil 3: Bestimmung des Erfassungsgrades von brenner-integrierten Absaugeinrichtungen für Schweißrauch (ISO 21904-3:2018); Deutsche Fassung EN ISO 21904-3:2018
DIN EN ISO 21904-4:2020-06	Arbeits- und Gesundheitsschutz beim Schweißen und bei verwandten Verfahren - Einrichtungen zum Erfassen und Abscheiden von Schweißrauch - Teil 4: Bestimmen des Mindestluftvolumenstromes von Absaugeinrichtungen (ISO 21904-4:2020); Deutsche Fassung EN ISO 21904-4:2020
DIN EN ISO 15011-1:2010-03	Arbeits- und Gesundheitsschutz beim Schweißen und bei verwandten Verfahren – Laborverfahren zum Sammeln von Rauch und Gasen - Teil 1: Bestimmung der Rauch-emissionsrate beim Lichtbogenschweißen und Sammeln von Rauch zur Analyse (ISO 15011-1:2009); Deutsche Fassung EN ISO 15011-1:2009
DIN EN ISO 15011-2:2010-03	Arbeits- und Gesundheitsschutz beim Schweißen und bei verwandten Verfahren – Laborverfahren zum Sammeln von Rauch und Gasen - Teil 2: Bestimmung der Emissionsraten von Kohlenmonoxid (CO), Kohlendioxid (CO_2), Stickstoffmonoxid (NO) und Stickstoffdioxid (NO_2) beim Lichtbogenschweißen, Schneiden und Fugenhobeln (ISO 15011-2:2009); Deutsche Fassung EN ISO 15011-2:2009
DIN EN ISO 15011-3:2010-03	Arbeits- und Gesundheitsschutz beim Schweißen und bei verwandten Verfahren – Laborverfahren zum Sammeln von Rauch und Gasen - Teil 3: Bestimmung der Emissionsrate von Ozon beim Lichtbogenschweißen (ISO 15011-3:2009); Deutsche Fassung EN ISO 15011-3:2009
DIN EN ISO 15011-4:2018-05	Arbeits- und Gesundheitsschutz beim Schweißen und bei verwandten Verfahren - Laborverfahren zum Sammeln von Rauch und Gasen - Teil 4: Rauchdatenblätter (ISO 15011-4:2017); Deutsche Fassung EN ISO 15011-4:2018
DIN EN ISO 15011-5:2012-01	Arbeits- und Gesundheitsschutz beim Schweißen und bei verwandten Verfahren – Laborverfahren zum Sammeln von Rauch und Gasen – Teil 5: Identifizierung von thermischen Zersetzungsprodukten erzeugt beim Schweißen oder Schneiden von ganz oder teilweise aus organischen Materialien bestehenden Produkten mittels der Pyrolyse-Gaschromatographie-Massenspektrometrie (ISO 15011-5:2011); Deutsche Fassung EN ISO 15011-5:2011

Lichtbogenschweißen und Arbeitsschutz	
DIN CEN ISO/TS 15011-6:2012-12; DIN SPEC 91189:2012-12	Arbeits- und Gesundheitsschutz beim Schweißen und bei verwandten Verfahren – Laborverfahren zum Sammeln von Rauch und Gasen – Teil 6: Verfahren zur quantitativen Bestimmung von Rauchen und Gasen beim Widerstandspunktschweißen (ISO/TS 15011-6:2012 + Cor. 1:2012); Deutsche Fassung CEN ISO/TS 15011-6:2012 + AC:2012
DIN EN ISO 10882-1:2012-01	Arbeits- und Gesundheitsschutz beim Schweißen und bei verwandten Verfahren – Probenahme von partikelförmigen Stoffen und Gasen im Atembereich des Schweißers – Teil 1: Probenahme von partikelförmigen Stoffen (ISO 10882-1:2011); Deutsche Fassung EN ISO 10882-1:2011
DIN EN ISO 10882-2:2001-04	Arbeits- und Gesundheitsschutz beim Schweißen und bei verwandten Verfahren – Probenahmen von partikelförmigen Stoffen und Gasen im Atembereich des Schweißers – Teil 2: Probenahme von Gasen (ISO 10882-2:2000); Deutsche Fassung EN ISO 10882-2:2000

Zerstörungsfreie Prüfungen	
DIN EN 13018:2016-06	Zerstörungsfreie Prüfung - Sichtprüfung - Allgemeine Grundlagen; Deutsche Fassung EN 13018:2016
DIN EN ISO 9712:2012-12	Zerstörungsfreie Prüfung – Qualifizierung und Zertifizierung von Personal der zerstörungsfreien Prüfung (ISO/DIS 9712:2012); Deutsche Fassung EN ISO 9712:2012
DIN EN ISO 9712 Beiblatt: 2014-05	Zerstörungsfreie Prüfung – Qualifizierung und Zertifizierung von Personal der zerstörungsfreien Prüfung; Beiblatt 1: Empfehlungen zur Anwendung von DIN EN ISO 9712:2012-12
DIN EN ISO 17635:2017-04	Zerstörungsfreie Prüfung von Schweißverbindungen - Allgemeine Regeln für metallische Werkstoffe (ISO 17635:2016); Deutsche Fassung EN ISO 17635:2016
DIN EN ISO 17637:2017-04	Zerstörungsfreie Prüfung von Schweißverbindungen - Sichtprüfung von Schmelzschweißverbindungen (ISO 17637:2016); Deutsche Fassung EN ISO 17637:2016
DIN EN ISO 17636-1:2013-05	Zerstörungsfreie Prüfung von Schweißverbindungen - Durchstrahlungsprüfung – Teil 1: Röntgen- und Gammastrahlungstechniken mit Filmen (ISO 17636-1:2013); Deutsche Fassung EN ISO 17636-1:2013
DIN EN ISO 17636-2:2013-05	Zerstörungsfreie Prüfung von Schweißverbindungen – Durchstrahlungsprüfung – Teil 2: Röntgen- und Gammastrahlungstechniken mit digitalen Detektoren (ISO 17636-2:2013); Deutsche Fassung EN ISO 17636-2:2013
DIN EN ISO 11699-1:2012-01	Zerstörungsfreie Prüfung –Industrielle Filme für die Durchstrahlungsprüfung – Teil 1: Klassifizierung von Filmsystemen für die industrielle Durchstrahlungsprüfung (ISO 11699-1:2011); Deutsche Fassung EN ISO 11699-1:2011

Zerstörungsfreie Prüfungen	
DIN EN ISO 11699-2:2018-12	Zerstörungsfreie Prüfung - Industrielle Filme für die Durchstrahlungsprüfung - Teil 2: Kontrolle der Filmverarbeitung mit Hilfe von Referenzwerten (ISO 11699-2:2018); Deutsche Fassung EN ISO 11699-2:2018
DIN EN ISO 17640:2019-02	Zerstörungsfreie Prüfung von Schweißverbindungen - Ultraschallprüfung - Techniken, Prüfklassen und Bewertung (ISO 17640:2018); Deutsche Fassung EN ISO 17640:2018
DIN EN ISO 7963:2010-12	Zerstörungsfreie Prüfung – Ultraschallprüfung – Beschreibung des Kalibrierkörpers Nr. 2 (ISO 7963:2006); Deutsche Fassung EN ISO 7963:2010
DIN EN ISO 3452-1:2014-09	Zerstörungsfreie Prüfung - Eindringprüfung - Teil 1: Allgemeine Grundlagen (ISO 3452-1:2013, korrigierte Fassung 2014-05-01); Deutsche Fassung EN ISO 3452-1:2013
DIN EN ISO 3452-2:2014-03	Zerstörungsfreie Prüfung – Eindringprüfung – Teil 2: Prüfung von Eindringprüfmitteln (ISO 3452-2:2013); Deutsche Fassung EN ISO 3452-2:2013
DIN EN ISO 3452-3:2014-03	Zerstörungsfreie Prüfung – Eindringprüfung – Teil 3: Kontrollkörper (ISO 3452-3:2013); Deutsche Fassung EN ISO 3452-3:2013
DIN EN ISO 3452-4:1999-02	Zerstörungsfreie Prüfung – Eindringprüfung – Teil 4: Geräte (ISO 3452-4:1998); Deutsche Fassung EN ISO 3452-4:1998
DIN EN ISO 3452-5:2009-04	Zerstörungsfreie Prüfung – Eindringprüfung – Teil 5: Eindringprüfung bei Temperaturen über 50 °C (ISO 3452-5:2008); Deutsche Fassung EN ISO 3452-5:2008
DIN EN ISO 3452-6:2009-04	Zerstörungsfreie Prüfung – Eindringprüfung – Teil 6: Eindringprüfung bei Temperaturen unter 10 °C (ISO 3452-6:2008); Deutsche Fassung EN ISO 3452-6:2008
DIN EN ISO 17638:2017-03	Zerstörungsfreie Prüfung von Schweißverbindungen - Magnetpulverprüfung (ISO 17638:2016); Deutsche Fassung EN ISO 17638:2016
DIN EN ISO 17643:2016-12	Zerstörungsfreie Prüfung von Schweißverbindungen - Wirbelstromprüfung von Schweißverbindungen durch Vektorauswertung (ISO 17643:2015); Deutsche Fassung EN ISO 17643:2015
DIN EN ISO 9015-1:2011-05	Zerstörende Prüfung von Schweißverbindungen an metallischen Werkstoffen – Härteprüfung – Teil 1: Härteprüfung für Lichtbogenschweißverbindungen (ISO 9015:2001); Deutsche Fassung EN ISO 9015-1:2011
DIN EN ISO 9015-2:2016-10	Zerstörende Prüfung von Schweißverbindungen an metallischen Werkstoffen - Härteprüfung - Teil 2: Mikrohärteprüfung an Schweißverbindungen (ISO 9015-2:2016); Deutsche Fassung EN ISO 9015-2:2016
DIN EN ISO 10863:2020-09	Zerstörungsfreie Prüfung von Schweißverbindungen - Ultraschallprüfung - Anwendung der Beugungslaufzeittechnik (TOFD) (ISO 10863:2020); Deutsche Fassung EN ISO 10863:2020

Zerstörungsfreie Prüfungen	
DIN EN ISO 16826:2014-06	Zerstörungsfreie Prüfung - Ultraschallprüfung - Prüfung auf Inhomogenitäten senkrecht zur Oberfläche (ISO 16826:2012); Deutsche Fassung EN ISO 16826:2014
DIN EN ISO 16827:2014-06	Zerstörungsfreie Prüfung - Ultraschallprüfung - Beschreibung und Größenbestimmung von Inhomogenitäten (ISO 16827:2012); Deutsche Fassung EN ISO 16827:2014
DIN EN ISO 23243:2021-03	Zerstörungsfreie Prüfung - Ultraschallprüfung mit Arrays - Terminologie (ISO 23243:2020); Deutsche Fassung EN ISO 23243:2020
DIN EN ISO 13588:2019-07	Zerstörungsfreie Prüfung von Schweißverbindungen - Ultraschallprüfung - Anwendung von automatisierter phasengesteuerter Array-Technologie (ISO 13588:2019); Deutsche Fassung EN ISO 13588:2019
DIN EN ISO 12718:2019-12	Zerstörungsfreie Prüfung - Wirbelstromprüfung - Terminologie (ISO 12718:2019); Dreisprachige Fassung EN ISO 12718:2019
DIN EN 1330-1:2015-05	Zerstörungsfreie Prüfung - Terminologie - Teil 1: Allgemeine Begriffe; Dreisprachige Fassung EN 1330-1:2014
DIN EN 1330-2:1998-12	Zerstörungsfreie Prüfung – Terminologie – Teil 2: Begriffe, die von allen zerstörungsfreien Prüfverfahren benutzt werden; Dreisprachige Fassung EN 1330-2:1998
DIN EN 1330-3:1997-10	Zerstörungsfreie Prüfung – Terminologie – Teil 3: Begriffe der industriellen Durchstrahlungsprüfung; Dreisprachige Fassung EN 1330-3:1997
DIN EN ISO 5577:2017-05	Zerstörungsfreie Prüfung - Ultraschallprüfung - Terminologie (ISO 5577:2017); Deutsche Fassung EN ISO 5577:2017
DIN EN ISO 12707:2016-08	Zerstörungsfreie Prüfung - Magnetpulverprüfung - Vokabular (ISO 12707:2016); Deutsche Fassung EN ISO 12707:2016
DIN EN 1330-9:2017-10	Zerstörungsfreie Prüfung - Terminologie - Teil 9: Begriffe der Schallemissionsprüfung; Deutsche Fassung EN 1330-9:2017
DIN EN 1330-10:2003-05	Zerstörungsfreie Prüfung – Terminologie – Teil 10: Begriffe für Sichtprüfung; Dreisprachige Fassung EN 1330-10:2003
DIN EN ISO 15708-1:2019-09	Zerstörungsfreie Prüfung - Durchstrahlungsverfahren für Computertomographie - Teil 1: Terminologie (ISO 15708-1:2017); Deutsche Fassung EN ISO 15708-1:2019
DIN EN ISO 15708-2:2019-09	Zerstörungsfreie Prüfung - Durchstrahlungsverfahren für Computertomographie - Teil 2: Grundlagen, Geräte und Proben (ISO 15708-2:2017); Deutsche Fassung EN ISO 15708-2:2019
DIN EN ISO 15708-3:2019-09	Zerstörungsfreie Prüfung - Durchstrahlungsverfahren für Computertomographie - Teil 3: Durchführung und Auswertung (ISO 15708-3:2017); Deutsche Fassung EN ISO 15708-3:2019
DIN EN ISO 15708-4:2019-09	Zerstörungsfreie Prüfung - Durchstrahlungsverfahren für Computertomographie - Teil 4: Qualifizierung (ISO 15708-4:2017); Deutsche Fassung EN ISO 15708-4:2019

Annahmekriterien für ZfP	
DIN EN ISO 5817:2014-06	Schweißen – Schmelzschweißverbindungen an Stahl, Nickel, Titan und deren Legierungen (ohne Strahlschweißen) – Bewertungsgruppen von Unregelmäßigkeiten (ISO 5817:2014); Deutsche Fassung EN ISO 5817:2014
DIN EN ISO 10042:2019-01	Schweißen - Lichtbogenschweißverbindungen an Aluminium und seinen Legierungen - Bewertungsgruppen von Unregelmäßigkeiten (ISO 10042:2018); Deutsche Fassung EN ISO 10042:2018
DIN EN ISO 10675-1:2017-04	Zerstörungsfreie Prüfung von Schweißverbindungen - Zulässigkeitsgrenzen für die Durchstrahlungsprüfung - Teil 1: Stahl, Nickel, Titan und deren Legierungen (ISO 10675-1:2016); Deutsche Fassung EN ISO 10675-1:2016
DIN EN ISO 10675-2:2018-02	Zerstörungsfreie Prüfung von Schweißverbindungen - Zulässigkeitsgrenzen für die Durchstrahlungsprüfung - Teil 2: Aluminium und seine Legierungen (ISO 10675-2:2017); Deutsche Fassung EN ISO 10675-2:2017
DIN EN ISO 11666:2018-05	Zerstörungsfreie Prüfung von Schweißverbindungen - Ultraschallprüfung - Zulässigkeitsgrenzen (ISO 11666:2018); Deutsche Fassung EN ISO 11666:2018
DIN EN ISO 23279:2017-12	Zerstörungsfreie Prüfung von Schweißverbindungen - Ultraschallprüfung - Charakterisierung von Inhomogenitäten in Schweißnähten (ISO 23279:2017); Deutsche Fassung EN ISO 23279:2017
DIN EN ISO 22825:2018-02	Zerstörungsfreie Prüfung von Schweißverbindungen - Ultraschallprüfung - Prüfung von Schweißverbindungen in austenitischen Stählen und Nickellegierungen (ISO 22825:2017); Deutsche Fassung EN ISO 22825:2017
DIN EN ISO 23277:2015-06	Zerstörungsfreie Prüfung von Schweißverbindungen - Eindringprüfung von Schweißverbindungen - Zulässigkeitsgrenzen (ISO 23277:2015); Deutsche Fassung EN ISO 23277:2015
DIN EN ISO 23278:2015-06	Zerstörungsfreie Prüfung von Schweißverbindungen - Magnetpulverprüfung von Schweißverbindungen - Zulässigkeitsgrenzen (ISO 23278:2015); Deutsche Fassung EN ISO 23278:2015
DIN EN ISO 18265:2014-02	Metallische Werkstoffe – Umwertung von Härtewerten (ISO/18265:2013); Deutsche Fassung EN ISO 18265:2013
DIN EN ISO 15626:2018-11	Zerstörungsfreie Prüfung von Schweißverbindungen - Beugungslaufzeittechnik (TOFD) - Zulässigkeitsgrenzen (ISO 15626:2018); Deutsche Fassung EN ISO 15626:2018

Zerstörende Prüfungen	
DIN EN ISO 4136:2013-02	Zerstörende Prüfung von Schweißverbindungen an metallischen Werkstoffen - Querzugversuch (ISO 4136:2012); Deutsche Fassung EN ISO 4136:2012
DIN EN ISO 5178:2019-05	Zerstörende Prüfung von Schweißverbindungen an metallischen Werkstoffen - Längszugversuch an Schweißgut in Schmelzschweißverbindungen (ISO 5178:2019); Deutsche Fassung EN ISO 5178:2019
DIN EN ISO 9018:2016-02	Zerstörende Prüfung von Schweißverbindungen an metallischen Werkstoffen - Zugversuch am Doppel-T-Stoß und Überlappstoß (ISO 9018:2015); Deutsche Fassung EN ISO 9018:2015
DIN EN ISO 5173:2012-02	Zerstörende Prüfungen von Schweißnähten an metallischen Werkstoffen – Biegeprüfungen (ISO 5173:2009 + Amd 1:2011); Deutsche Fassung EN ISO 5173:2010 + A1:2011
DIN EN ISO 9017:2018-04	Zerstörende Prüfung von Schweißverbindungen an metallischen Werkstoffen - Bruchprüfung (ISO 9017:2017); Deutsche Fassung EN ISO 9017:2018
DIN EN ISO 9016:2013-02	Zerstörende Prüfung von Schweißverbindungen an metallischen Werkstoffen - Kerbschlagbiegeversuch - Probenlage, Kerbrichtung und Beurteilung (ISO 9016:2012); Deutsche Fassung EN ISO 9016:2012
DIN EN ISO 9015-1:2011-05	Zerstörende Prüfung von Schweißverbindungen an metallischen Werkstoffen – Härteprüfung – Teil 1: Härteprüfung für Lichtbogenschweißverbindungen (ISO 9015:2001); Deutsche Fassung EN ISO 9015-1:2011
DIN EN ISO 9015-2:2016-10	Zerstörende Prüfung von Schweißverbindungen an metallischen Werkstoffen - Härteprüfung - Teil 2: Mikrohärteprüfung an Schweißverbindungen (ISO 9015-2:2016); Deutsche Fassung EN ISO 9015-2:2016
DIN EN ISO 17639:2013-12	Zerstörende Prüfung von Schweißverbindungen an metallischen Werkstoffen Makroskopische und mikroskopische Untersuchungen von Schweißnähten (ISO 17639:2003); Deutsche Fassung EN ISO 17639:2013
DIN CEN ISO/TR 16060:2014-10; DIN SPEC 8548:2014-10	Zerstörende Prüfung von Schweißverbindungen an metallischen Werkstoffen - Ätzungen für die makroskopische und mikroskopische Untersuchung (ISO/TR 16060:2003); Deutsche Fassung CEN ISO/TR 16060:2014
DIN EN ISO 17641-1:2004-10	Zerstörende Prüfung von Schweißverbindungen an metallischen Werkstoffen – Heißrissprüfungen für Schweißungen – Lichtbogenschweißprozesse – Teil 1: Allgemeines (ISO 17641-1:2004); Deutsche Fassung EN ISO 17641-1:2004
DIN EN ISO 17641-2:2016-03	Zerstörende Prüfung von Schweißverbindungen an metallischen Werkstoffen - Heißrissprüfungen für Schweißungen - Lichtbogenschweißprozesse - Teil 2: Selbstbeanspruchende Prüfungen (ISO 17641-2:2015); Deutsche Fassung EN ISO 17641-2:2015

Zerstörende Prüfungen	
DIN-Fachbericht ISO/TR 17641-3:2004-10	Zerstörende Prüfung von Schweißverbindungen an metallischen Werkstoffen – Heißrissprüfungen für Schweißungen – Lichtbogenschweißprozesse – Teil 3: Fremdbeanspruchte Prüfungen (ISO/TR 17641-3:2004); Deutsche Übersetzung des CEN/TR 17641-3
DIN EN ISO 17642-1:2004-10	Zerstörende Prüfung von Schweißverbindungen an metallischen Werkstoffen – Kaltrissprüfungen für Schweißungen – Lichtbogenschweißprozesse – Teil 1: Allgemeines (ISO 17642-1:2004); Deutsche Fassung EN ISO 17642-1:2004
DIN EN ISO 17642-2:2005-09	Zerstörende Prüfung von Schweißverbindungen an metallischen Werkstoffen – Kaltrissprüfungen für Schweißungen – Lichtbogenschweißprozesse – Teil 2: Selbstbeanspruchende Prüfungen (ISO 17642-2:2005); Deutsche Fassung EN ISO 17642-2:2005
DIN EN ISO 17642-3:2005-09	Zerstörende Prüfung von Schweißverbindungen an metallischen Werkstoffen – Kaltrissprüfungen für Schweißungen – Lichtbogenschweißprozesse – Teil 3: Fremdbeanspruchte Prüfungen (ISO 17642-3:2005); Deutsche Fassung EN ISO 17642-3:2005
DIN-Fachbericht ISO/TR 17844:2004-11	Schweißen – Vergleich von genormten Verfahren zur Vermeidung von Kaltrissen (ISO/TR 17844:2004); Deutsche Übersetzung CEN ISO/TR 17844:2004

Schweißzusätze	
DIN EN 13479:2017-10	Schweißzusätze - Allgemeine Produktnorm für Zusätze und Pulver zum Schmelzschweißen von metallischen Werkstoffen; Deutsche Fassung EN 13479:2017
DIN EN 12074:2000-07	Schweißzusätze – Qualitätsanforderungen für die Herstellung, die Lieferung und den Vertrieb von Zusätzen für das Schweißen und verwandte Verfahren; Deutsche Fassung EN 12074:2000
DIN EN ISO 544:2018-04	Schweißzusätze - Technische Lieferbedingungen für Schweißzusätze und Pulver - Art des Produktes, Maße, Grenzabmaße und Kennzeichnung (ISO 544:2017); Deutsche Fassung EN ISO 544:2017
DIN EN ISO 14344:2010-06	Schweißzusätze – Beschaffung von Schweißzusätzen (ISO 14344:2010); Deutsche Fassung EN ISO 14344:2010
DIN EN 14532-1:2005-02	Schweißzusätze – Prüfverfahren und Qualitätsanforderungen – Teil 1: Grundprüfungen und Konformitätsbewertung von Schweißzusätzen für Stahl, Nickel und Nickellegierungen; Deutsche Fassung EN 14532-1:2004
DIN EN 14532-2:2005-02	Schweißzusätze – Prüfverfahren und Qualitätsanforderungen – Teil 2: Ergänzende Prüfungen und Konformitätsbewertung von Schweißzusätzen für Stahl, Nickel und Nickellegierungen; Deutsche Fassung EN 14532-2:2004

DIN EN 14532-3:2005-02	Schweißzusätze – Prüfverfahren und Qualitätsanforderungen – Teil 3: Konformitätsbewertung von Drahtelektroden, Drähte und Stäbe zum Schweißen von Aluminiumlegierungen; Deutsche Fassung EN 14532-3:2004
DIN EN ISO 15792-1:2020-12	Schweißzusätze - Prüfverfahren - Teil 1: Herstellung von Schweißgutprüfstücken und -proben an Stahl, Nickel und Nickellegierungen (ISO 15792-1:2020); Deutsche Fassung EN ISO 15792-1:2020
DIN EN ISO 15792-2:2020-12	Schweißzusätze - Prüfverfahren - Teil 2: Vorbereitung von Prüfstücken und Proben zur Prüfung von Einlagen- und Lage/Gegenlage-Schweißungen an Stahl (ISO 15792-2:2020); Deutsche Fassung EN ISO 15792-2:2020
DIN EN ISO 15792-3:2011-08	Schweißzusätze – Prüfverfahren – Teil 3: Prüfung zur Einteilung der Schweißzusätze nach ihrer Eignung für Schweißpositionen und Wurzeleinbrand an Kehlnähten (ISO 15792-3:2011); Deutsche Fassung EN ISO 15792-3:2011
DIN EN ISO 6847:2021-01	Schweißzusätze - Auftragung von Schweißgut zur Bestimmung der chemischen Zusammensetzung (ISO 6847:2020); Deutsche Fassung EN ISO 6847:2020
SN EN ISO 14372:2011-10	Schweißzusätze – Bestimmung der Feuchteresistenz von Elektroden für das Lichtbogenhandschweißen durch Messung des diffusiblen Wasserstoffs (ISO 14372:2011); Deutsche Fassung EN ISO 14372:2011
DIN EN ISO 8249:2018-11	Schweißen - Bestimmung der Ferrit-Nummer (FN) in austenitischem und ferritisch-austenitischem (Duplex-) Schweißgut von Cr-Ni-Stählen (ISO 8249:2018); Deutsche Fassung EN ISO 8249:2018
DIN EN ISO 3690:2018-12	Schweißen und verwandte Prozesse - Bestimmung des Wasserstoffgehaltes im Lichtbogenschweißgut (ISO 3690:2018); Deutsche Fassung EN ISO 3690:2018
DIN EN ISO 2401:2018-12	Schweißzusätze - Umhüllte Stabelektroden - Bestimmung der Ausbringung, der Gesamtausbringung und des Abschmelzkoeffizienten (ISO 2401:2018); Deutsche Fassung EN ISO 2401:2018
DIN EN ISO 6848:2015-12	Lichtbogenschweißen und -schneiden - Wolframelektrode - Einteilung (ISO 6848:2015); Deutsche Fassung EN ISO 6848:2015
DIN EN 14700:2014-07	Schweißzusätze – Schweißzusätze zum Hartauftragen; Deutsche Fassung EN 14700:2014
DIN EN ISO 1071:2016-05	Schweißzusätze - Umhüllte Stabelektroden, Drähte, Stäbe und Fülldrahtelektroden zum Schmelzschweißen von Gusseisen - Einteilung (ISO 1071:2015); Deutsche Fassung EN ISO 1071:2015

Unlegierte Stähle und Feinkornstähle	
DIN EN ISO 2560:2021-01	Schweißzusätze - Umhüllte Stabelektroden zum Lichtbogenhandschweißen von unlegierten Stählen und Feinkornstählen - Einteilung (ISO 2560:2020); Deutsche Fassung EN ISO 2560:2020
DIN EN ISO 14341:2020-12	Schweißzusätze - Drahtelektroden und Schweißgut zum Metall-Schutzgasschweißen von unlegierten Stählen und Feinkornstählen - Einteilung (ISO 14341:2020); Deutsche Fassung EN ISO 14341:2020
DIN EN ISO 636:2017-09	Schweißzusätze - Stäbe, Drähte und Schweißgut zum Wolfram-Inertgasschweißen von unlegierten Stählen und Feinkornstählen - Einteilung (ISO 636:2017); Deutsche Fassung EN ISO 636:2017
DIN EN ISO 14171:2016-12	Schweißzusätze - Massivdrahtelektroden, Fülldrahtelektroden und Draht-Pulver-Kombinationen zum Unterpulverschweißen von unlegierten Stählen und Feinkornstählen - Einteilung (ISO 14171:2016); Deutsche Fassung EN ISO 14171:2016
DIN EN ISO 17632:2016-05	Schweißzusätze - Fülldrahtelektroden zum Metall-Lichtbogenschweißen mit und ohne Schutzgas von unlegierten Stählen und Feinkornstählen - Einteilung (ISO 17632:2015); Deutsche Fassung EN ISO 17632:2015
DIN EN ISO 20378:2018-12	Schweißzusätze - Stäbe zum Gasschweißen von unlegierten und warmfesten Stählen - Einteilung (ISO 20378:2017); Deutsche Fassung EN ISO 20378:2018

Hochfeste Stähle	
DIN EN ISO 18275:2018-12	Schweißzusätze - Umhüllte Stabelektroden zum Lichtbogenhandschweißen von hochfesten Stählen - Einteilung (ISO 18275:2018); Deutsche Fassung EN ISO 18275:2018
DIN EN ISO 16834:2012-08	Schweißzusätze – Drahtelektroden, Drähte, Stäbe und Schweißgut zum Schutzgasschweißen von hochfesten Stählen – Einteilung (ISO 16834:2012 Deutsche Fassung EN ISO 16834:2012
DIN EN ISO 26304:2018-05	Schweißzusätze - Massivdrahtelektroden, Fülldrahtelektroden und Draht-Pulver-Kombinationen zum Unterpulverschweißen von hochfesten Stählen - Einteilung (ISO 26304:2017); Deutsche Fassung EN ISO 26304:2018
DIN EN ISO 18276:2017-07	Schweißzusätze - Fülldrahtelektroden zum Metall-Lichtbogenschweißen mit und ohne Schutzgas von hochfesten Stählen - Einteilung (ISO 18276:2017); Deutsche Fassung EN ISO 18276:2017

Warmfeste Stähle	
DIN EN ISO 3580:2017-08	Schweißzusätze - Umhüllte Stabelektroden zum Lichtbogenhandschweißen von warmfesten Stählen - Einteilung (ISO 3580:2017); Deutsche Fassung EN ISO 3580:2017
DIN EN ISO 21952:2012-08	Schweißzusätze – Drahtelektroden, Drähte, Stäbe und Schweißgut zum Schutzgasschweißen von warmfesten Stählen – Einteilung (ISO 21952:2012); Deutsche Fassung EN ISO 21952:2012
DIN EN ISO 24598:2019-09	Schweißzusätze - Drahtelektroden, Fülldrahtelektroden und Draht-Pulver-Kombinationen für das Unterpulverschweißen von warmfesten Stählen - Einteilung (ISO 24598:2019); Deutsche und Englische Fassung EN ISO 24598:2019
DIN EN ISO 17634:2015-12	Schweißzusätze - Fülldrahtelektroden zum Metall-Schutzgasschweißen von warmfesten Stählen - Einteilung (ISO 17634:2015); Deutsche Fassung EN ISO 17634:2015
DIN EN ISO 20378:2018-12	Schweißzusätze - Stäbe zum Gasschweißen von unlegierten und warmfesten Stählen - Einteilung (ISO 20378:2017); Deutsche Fassung EN ISO 20378:2018

Nichtrostende Stähle	
DIN EN ISO 3581:2018-03	Schweißzusätze - Umhüllte Stabelektroden zum Lichtbogenhandschweißen von nichtrostenden und hitzebeständigen Stählen - Einteilung (ISO 3581:2016, korrigierte Fassung 2017-11-01); Deutsche Fassung EN ISO 3581:2016
DIN EN ISO 14343:2017-08	Schweißzusätze - Drahtelektroden, Bandelektroden, Drähte und Stäbe zum Lichtbogenschweißen von nichtrostenden und hitzebeständigen Stählen - Einteilung (ISO 14343:2017); Deutsche Fassung EN ISO 14343:2017
DIN EN ISO 17633:2018-05	Schweißzusätze - Fülldrahtelektroden und Füllstäbe zum Metall-Lichtbogenschweißen mit und ohne Gasschutz von nichtrostenden und hitzebeständigen Stählen - Einteilung (ISO 17633:2017); Deutsche Fassung EN ISO 17633:2018

Nickel und Nickellegierungen	
DIN EN ISO 14172:2016-02	Schweißzusätze - Umhüllte Stabelektroden zum Lichtbogenhandschweißen von Nickel und Nickellegierungen - Einteilung (ISO 14172:2015); Deutsche Fassung EN ISO 14172:2015
DIN EN ISO 18274:2011-04	Schweißzusätze – Massivdrähte, -bänder und -stäbe zum Schmelzschweißen von Nickel und Nickellegierungen – Einteilung (ISO 18274:2010); Deutsche Fassung EN ISO 18274:2010
DIN EN ISO 12153:2012-07	Schweißzusätze Fülldrahtelektroden zum Metall-Lichtbogenschweißen mit und ohne Gasschutz von Nickel und Nickellegierungen Einteilung (ISO 12153:2011); Deutsche Fassung EN ISO 12153:2012

Kupfer und Kupferlegierungen	
DIN EN ISO 24373:2018-11	Schweißzusätze - Massivdrähte und -stäbe zum Schmelzschweißen von Kupfer und Kupferlegierungen - Einteilung (ISO 24373:2018); Deutsche Fassung EN ISO 24373:2018

Aluminium und Aluminiumlegierungen	
DIN EN ISO 18273:2016-05	Schweißzusätze - Massivdrähte und -stäbe zum Schmelzschweißen von Aluminium und Aluminiumlegierungen - Einteilung (ISO 18273:2015); Deutsche Fassung EN ISO 18273:2015

Titan und Titanlegierungen	
DIN EN ISO 24034:2020-12	Schweißzusätze - Massivdrahtelektroden, Massivdrähte und Massivstäbe zum Schmelzschweißen von Titan und Titanlegierungen - Einteilung (ISO 24034:2020); Deutsche Fassung EN ISO 24034:2020

Schutzgase, Schweißpulver	
DIN EN ISO 14175:2008-06	Schweißzusätze – Gase und Mischgase für das Lichtbogenschweißen und verwandte Prozesse (ISO 14175:2008); Deutsche Fassung EN ISO 14175:2008
DIN EN 1089-3:2011-10	Ortsbewegliche Gasflaschen – Gasflaschen-Kennzeichnung (ausgenommen Flüssiggas (LPG)) – Teil 3: Farbcodierung; Deutsche Fassung EN 1089-3:2011
DIN EN ISO 14174:2019-09	Schweißzusätze - Pulver zum Unterpulverschweißen und Elektroschlackeschweißen - Einteilung (ISO 14174:2019); Deutsche und Englische Fassung EN ISO 14174:2019

Weitere Normen	
DIN EN ISO 9606-3:1999-06	Prüfung von Schweißern – Schmelzschweißen – Teil 3: Kupfer und Kupferlegierungen (ISO 9606-3:1999); Deutsche Fassung EN ISO 9606-3:1999
DIN EN ISO 9606-4:1999-06	Prüfung von Schweißern – Schmelzschweißen – Teil 4: Nickel und Nickellegierungen (ISO 9606-4:1999); Deutsche Fassung EN ISO 9606-3:1999
DIN EN ISO 9606-5:2000-04	Prüfung von Schweißern – Schmelzschweißen – Teil 5: Titan und Titanlegierungen, Zirkonium und Zirkoniumlegierungen (ISO 9606-5:2000); Deutsche Fassung EN ISO 9606-5:2000
DIN EN 287-6:2018-07	Prüfung von Schweißern - Schmelzschweißen - Teil 6: Gusseisen; Deutsche Fassung EN 287-6:2018
DIN EN ISO 12932:2013-10	Schweißen - Laserstrahl-Lichtbogen-Hybridschweißen von Stählen, Nickel und Nickellegierungen - Bewertungsgruppen für Unregelmäßigkeiten (ISO 12932:2013); Deutsche Fassung EN ISO 12932:2013
DIN EN ISO 15614-2:2005-07	Anforderung und Qualifizierung von Schweißverfahren für metallische Werkstoffe - Schweißverfahrensprüfung – Teil 2: Lichtbogenschweißen von Aluminium und seinen Legierungen (ISO 15614-2:2005); Deutsche Fassung EN ISO 15614-2:2005
DIN EN ISO 15614-3:2008-06	Anforderung und Qualifizierung von Schweißverfahren für metallische Werkstoffe – Schweißverfahrensprüfung – Teil 3: Schmelzschweißen von unlegierten und niedriglegierten Gusseisen (ISO 15614-3:2008); Deutsche Fassung EN ISO 15614-3:2008
DIN EN ISO 15614-5:2004-07	Anforderung und Qualifizierung von Schweißverfahren für metallische Werkstoffe – Schweißverfahrensprüfung – Teil 5: Lichtbogenschweißen von Titan, Zirkonium und ihren Legierungen (ISO 15614-5:2004); Deutsche Fassung EN ISO 15614-5:2004
DIN EN ISO 15614-6:2007-01	Anforderung und Qualifizierung von Schweißverfahren für metallische Werkstoffe – Schweißverfahrensprüfung – Teil 6: Lichtbogen- und Gasschweißen von Kupfer und seinen Legierungen (ISO 15614-6:2006); Deutsche Fassung EN ISO 15614-6:2006
DIN EN ISO 15614-7:2020-03	Anforderung und Qualifizierung von Schweißverfahren für metallische Werkstoffe - Schweißverfahrensprüfung - Teil 7: Auftragschweißen (ISO 15614-7:2016); Deutsche Fassung EN ISO 15614-7:2019
DIN EN ISO 15614-8:2016-11	Anforderung und Qualifizierung von Schweißverfahren für metallische Werkstoffe - Schweißverfahrensprüfung - Teil 8: Einschweißen von Rohren in Rohrböden (ISO 15614-8:2016); Deutsche Fassung EN ISO 15614-8:2016
DIN EN ISO 15614-14:2013-12	Anforderung und Qualifizierung von Schweißverfahren für metallische Werkstoffe – Schweißverfahrensprüfung – Teil 14: Laserstrahl-Lichtbogen-Hybridschweißen von Stählen, Nickel und dessen Legierungen (ISO 15614-6:2013); Deutsche Fassung EN ISO 15614-6:2013

Weitere Normen	
DIN EN ISO 11970:2016-08	Anforderungen und Anerkennung von Schweißverfahren für das Produktionsschweißen von Stahlguss (ISO 11970:2016); Deutsche Fassung EN ISO 11970:2016
DIN EN 1011-5:2003-10	Schweißen Empfehlungen zum Schweißen metallischer Werkstoffe – Teil 5: Schweißen von plattierten Stählen; Deutsche Fassung EN 1011-5:2003
DIN EN 1011-8:2018-07	Schweißen - Empfehlungen zum Schweißen metallischer Werkstoffe - Teil 8: Schweißen von Gusseisen; Deutsche Fassung EN 1011-8:2018
DIN-Fachbericht CEN/TR 15235:2006-11	Schweißen – Verfahren zur Beurteilung von Unregelmäßigkeiten bei metallischen Bauteilen; Deutsche Fassung CEN/TR 15235:2005

Qualitätsanforderungen für das Schmelzschweißen	
DIN EN ISO 3834-1:2006-03	Qualitätsanforderungen für das Schmelzschweißen von metallischen Werkstoffen - Teil 1: Kriterien für die Auswahl der geeigneten Stufe der Qualitätsanforderungen (ISO 3834-1:2005); Deutsche Fassung EN ISO 3834-1:2005
DIN EN ISO 3834-2:2006-03	Qualitätsanforderungen für das Schmelzschweißen von metallischen Werkstoffen - Teil 2: Umfassende Qualitätsanforderungen (ISO 3834-2:2005); Deutsche Fassung EN ISO 3834-2:2005
DIN EN ISO 3834-3:2006-03	Qualitätsanforderungen für das Schmelzschweißen von metallischen Werkstoffen - Teil 3: Standard-Qualitätsanforderungen (ISO 3834-3:2005); Deutsche Fassung EN ISO 3834-3:2005

10 Zusammenhang von DIN EN ISO 14731 und DIN EN ISO 3834

Im Folgenden werden die Merkmale DIN EN ISO 14731 und DIN EN ISO 3834 gegenübergestellt. Diese Gegenüberstellung beweist die gute Übereinstimmung der Qualitätsanforderungen beim Schweißen mit den Aufgaben und der Verantwortung des Schweißaufsichtspersonals.

DIN EN ISO 14731:2019		**DIN EN ISO 3834**	
1	Überprüfung der Anforderungen	1	Prüfung der Anforderungen
2	Technische Überprüfung	2	Technische Prüfung
3	Untervergabe	3	Untervergabe
4	Schweißtechnisches Personal	4	Schweißer und Bediener
		5	Schweißaufsichtspersonal
		6	Überwachungs- und Prüfpersonal
5	Einrichtungen	7	Produktions- und Prüfeinrichtungen
		8	Instandhaltung der Einrichtungen
		9	Beschreibung der Einrichtungen
6	Fertigungsplanung	10	Fertigungsplanung
7	Qualifizierung von Schweißverfahren	12	Qualifizierung der Schweißverfahren
8	Schweißanweisungen	11	Schweißanweisungen, Arbeitsanweisungen
9	Arbeitsanweisungen		
10	Schweißzusätze	13	Losprüfung
		14	Lagerung und Handhabung der Schweißzusätze
11	Werkstoffe	15	Lagerung der Grundwerkstoffe
12	Überwachung und Prüfung vor dem Schweißen	17	Überwachung und Prüfung vor, während und nach dem Schweißen
13	Überwachung und Prüfung während des Schweißens		
14	Überwachung und Prüfung nach dem Schweißen		
15	Wärmenachbehandlung nach dem Schweißen	16	Wärmenachbehandlung
16	Mangelnde Übereinstimmung und Korrekturmaßnahmen	18	Mangelnde Übereinstimmung und Korrekturmaßnahmen
17	Kalibrierung und Validierung von Mess-, Überwachungs- und Prüfeinrichtungen	19	Kalibrierung und Validierung der Mess-, Überwachungs- und Prüfgeräte
18	Kennzeichnung und Rückverfolgbarkeit	20	Kennzeichnung während der Verarbeitung
		21	Rückverfolgbarkeit
19	Qualitätsberichte	22	Qualitätsaufzeichnungen
20	Umwelt, Gesundheit und Sicherheit	./.	./.

11 Schlussfolgerung

Viele der bewährten Merkmale aus DIN EN 719 wurden in DIN EN ISO 14731 übernommen. Aufbau und Begriffe der weltweiten Norm für das Schweißaufsichtspersonal folgen der Normreihe DIN EN ISO 3834. Die für die qualitätsrelevanten Tätigkeiten einer „Schweißaufsicht" zutreffenden Merkmale wurden in DIN EN ISO 14731 übernommen. Neue Aufgaben sind für die Schweißaufsichtsperson nicht hinzugekommen, mit Ausnahme des Abschnitte B.20 von DIN EN ISO 14731. Die bekannten Aufgaben stehen in Einklang mit der Normreihe DIN EN ISO 3834 (siehe Kapitel 10).

DIN EN ISO 14731 ist somit ein verbindliches Regelwerk zur Erfüllung der Inhalte nach der Normreihe DIN EN ISO 3834. Im Teil 5 von DIN EN ISO 3834 „Qualitätsanforderungen für das Schmelzschweißen metallischer Werkstoffe" ist DIN EN ISO 14731 zukünftig die technische Unterlage, deren Anforderungen erfüllt sein müssen, um die Übereinstimmung mit den Anforderungen von DIN EN ISO 3834-2 und -3 nachzuweisen. In der dortigen Tabelle 2 „Schweißaufsichtspersonal" wird (DIN EN) ISO 14731 namentlich genannt.

Aus den hier im Buch beschriebenen näheren Erläuterungen, was sich detailliert hinter den im Anhang B von DIN EN ISO 14731 beschriebenen Aufgaben verbirgt, wird nach Lektüre deutlich, dass die Übernahme der Verantwortung als Schweißaufsicht keine so einfache Aufgabe ist. Kurze Stichworte wie in der Tabelle des Anhangs B von DIN EN ISO 14731 wiedergegeben, bergen eine Fülle von zu beachtenden Tätigkeiten, um nicht Gefahr zu laufen, etwas zu vergessen, oder gar möglicherweise fahrlässig oder vorsätzlich gegen bestehende technische Normen zu verstoßen.

Das Buch soll aber Personen positiv motivieren, diese anspruchsvolle und reizvolle Position einer (verantwortlichen) Schweißaufsicht zu übernehmen. Es ist eine Gedankenstütze für die tägliche Arbeit und soll den Blick für alles rund um das Schweißen schärfen! Schweißen kann richtig Spaß machen – auch als Schweißaufsichtsperson – und es verbindet!

Notizen

Notizen

Notizen

Notizen